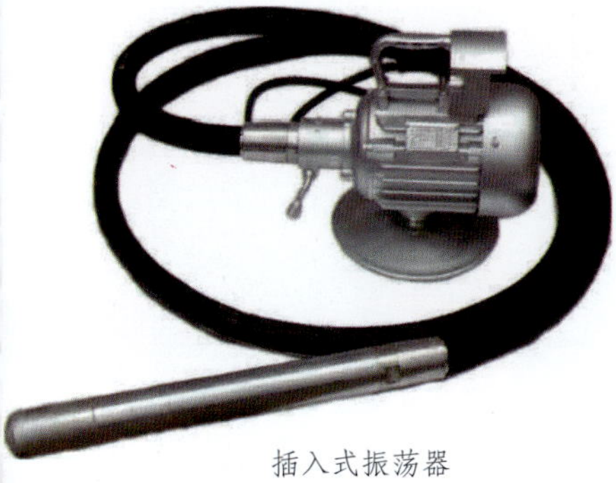
插入式振荡器

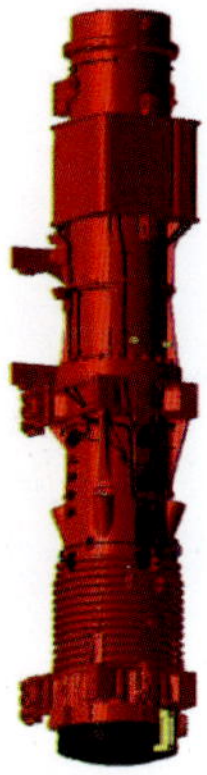
柴油打桩锤

点焊机

电动砂轮机

电动圆锯

附着式振荡器

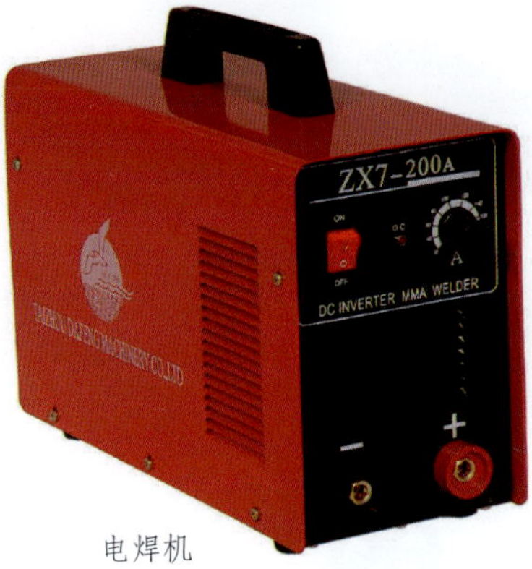

电焊机

钢筋冷拉机

剥肋滚压直螺纹成型机

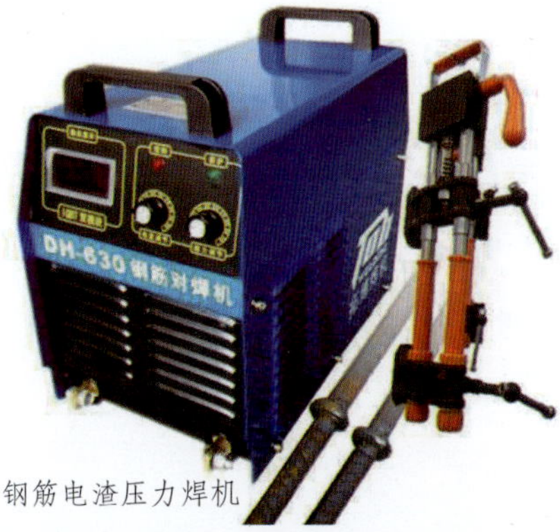

钢筋电渣压力焊机

钢筋对焊机

钢筋调直机

对焊机

钢筋切断机

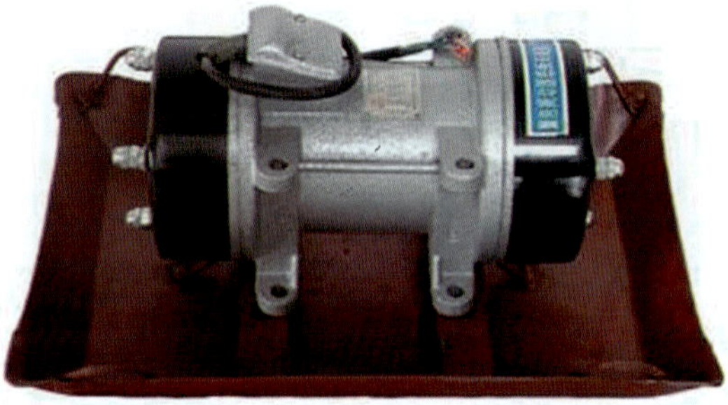

平板振动器

钢筋弯曲机

钢筋直螺纹剥肋滚丝机

高处作业吊蓝

高处作业吊篮

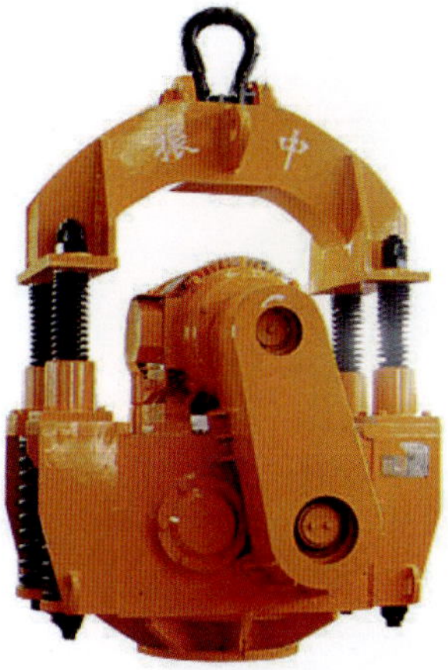

振动锤

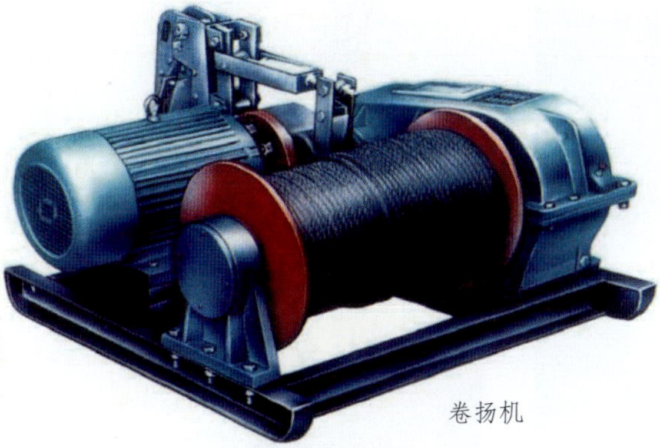
卷扬机

手持电钻

钢筋套丝机

锥形反转出料搅拌机

水泵

强制式搅拌机

物料提升机

螺旋钻孔机

施工升降机

冲抓钻孔机

施工升降机

导杆式柴油锤

潜水钻孔机

静压桩机

塔式起重机

全国高职高专教育土木建筑类专业新理念教材

（第二版）

建筑施工机械

◎ 主编 郑惠忠

同濟大學出版社
TONGJI UNIVERSITY PRESS

内 容 提 要

本书较为全面、系统地介绍了目前土建项目管理迫切需要的建筑起重机械、桩工机械、钢筋机械、混凝土机械和其他施工机械的构造、特点、工作原理及应用选型等相关知识，同时介绍了特种设备专项施工方案编制及设备安全装置和设备安全管理等当前高职高专土建类学生急需掌握的知识，丰富了目前市场上此类高职高专教材的内容。本书具有内容精练、图文并茂、紧密联系施工实际、深入浅出、通俗易懂以及便于教学和自学等特点，并尽可能反映了当前的新机型和新技术。

本书可作为高等职业院校土木工程、工程管理、市政、交通及建筑设备等专业的教学用书，也适合建设单位、施工单位及监理单位等工程技术人员和管理人员学习参考。

图书在版编目(CIP)数据

建筑施工机械 / 郑惠忠主编. --2 版. --上海：同济大学出版社，2021.8

ISBN 978-7-5608-7859-1

Ⅰ.①建… Ⅱ.①郑… Ⅲ.①建筑机械—施工机械—高等职业教育—教材 Ⅳ.①TU6

中国版本图书馆 CIP 数据核字(2021)第 156348 号

建筑施工机械(第二版)

主　编　郑惠忠

责任编辑　马继兰　　**责任校对**　徐春莲　　**封面设计**　陈益平

出版发行　同济大学出版社　　www.tongjipress.com.cn

（地址：上海市四平路 1239 号　邮编：200092　电话：021-65985622）

经　　销　全国各地新华书店

印　　刷　常熟市华顺印刷有限公司

开　　本　787mm×1092mm　1/16

印　　张　10.5　　插页 2

字　　数　262 000

版　　次　2021 年 8 月第 2 版　　2021 年 8 月第 1 次印刷

书　　号　ISBN 978-7-5608-7859-1

定　　价　36.00 元

第二版前言

时光荏苒，转瞬间，由郑惠忠主持编写，同济大学出版社出版的高职高专教育校企合作土建类紧缺教材《建筑施工机械》一书已经发行5年有余了。令人欣慰的是，该书自发行以来，丰富了高职高专土建类专业施工现场新型施工机械方面教材的内容，因而广受欢迎，成为众多高职院校专科教材和相当一部分高校本科教学的重要参考书，同时，也由于该教材是由高等职业院校具有多年教学经验的教师和具有丰富施工现场实践知识的企业专家共同编写而成，教材贴近施工实际，通俗易懂，故而被广泛应用于施工企业安全培训以及安全管理工作实践之中，特别是书中介绍的施工现场建筑起重机械特种设备的安全装置及专项施工方案的编写要点，弥补了目前高等职业院校土建类专业学生这方面知识的匮乏，增强了学生对施工机械安全运行管理和编制现场建筑起重机械专项施工方案的能力，实现了作者编写这本教材的初衷。

本书在使用过程中也发现了一些亟需解决的问题和编排上的问题，而且随着时间的推移这些问题日渐凸显。其实，任何一本专业教材都有其局限性，都必须紧跟该领域的研究进展，才能真正起到促进专业教育水平提升的终极作用。包括教师、学生和施工企业专家在内的广大读者亦屡次呼吁该书应与时俱进。因此，我们顺应形势，及时地组织了本书的第二版编撰工作。

回顾当年与多位教授、专家通力合作、呕心沥血之历程，心中再次激情澎湃。想到自己出书之后的教学积淀，特别是在企业的安全培训中，与企业管理者、施工现场技术人员及安全工程师间的交流更是收获颇丰，深感再版编撰任重道远。

由于第一版书稿的多位参编人员因工作调动或另有重任在肩，同时也为了使教材更为系统、完整，笔者决定联合湖州职业技术学院、浙江同泰建设集团有限公司、湖州建工集团有限公司、美欣佳集团有限公司并吸收相关企业的专家完成本书再版的编写工作。

本书再版由郑惠忠担任主编，诸体康担任副主编，茅建坤、沈丰、柳超颖、梁旭参与本书的编写。本书可作为高等职业院校土木工程、工程管理、市政工程、交通、建筑设备等专业的专科、高职等层次师生的教学用书，也可供建设单位、施工单位、监理单位的工程技术人员和管理人员参考及企事业单位安全培训之用。再版除了校正前一版书稿疏漏外,还完善和补充了许多新的机械设施和规范规定。此外,本书也引用了国内外众多专家、学者的著作、教材及相关网站上一些资料,绝大多数已在参考文献中列出,在此向相关资料的作者特致谢意。

科学技术随着社会的发展而逐渐发展完善着,建筑施工机械也是如此。由于学术水平、研究能力和教学经验诸方面的限制,本书可能仍有诸多缺憾,恳请各位读者批评指正。

郑惠忠

2021 年 5 月

第一版前言

项目法施工是我国当代市场经济条件下建筑市场发展的产物，项目部的主要任务之一是对承建的建设项目施工现场独立自主地实施全面管理。从压缩项目管理成本的角度出发，要求有限的项目管理人员应以“一专多能，一岗多职”的原则配置。但纵观当前我国项目施工管理的现状，由于施工机械的选用不合理、使用不当、施工不规范造成的安全问题、经济问题日趋突出。确保建筑施工现场机械设备安全可靠、经济合理和使用方便，了解和熟悉现场常用建筑施工机械，掌握机械设备的选用方法，正确、合理地编制建筑起重机械的专项施工方案，这已成为高等学校土木工程类专业学生和相关工程技术人员应具备的必要业务能力。

本书从建筑工程现场施工的实际出发，以现行建筑法规为指针，以相应的技术标准为依据，结合高职高专教育特点，突出应用性和针对性，针对建筑施工现场项目部管理的职责，在内容上主要介绍现场常用建筑施工机械的类型、构造组成、适用范围、工作原理、技术参数和合理选用要点等。同时特别介绍了现场特种设备的安全装置及专项施工方案的编写要点，弥补了目前高等院校土建类专业学生在现场施工机械方面知识的匮乏，有助于增强学生安全运行管理施工机械和编制现场建筑起重机械专项施工方案的能力。

本书按现场项目部常用和管理的施工机械范畴分类，包括建筑起重机械（如塔式起重机、施工升降机、物料提升机、高处作业吊篮等）、桩工机械、钢筋机械、混凝土机械和其他施工机具等内容。为便于老师教学，每章都注明了教学目标和能力要求，并结合实际编写了习题。书中注重用图表给学生以明确的参数概念，并运用了大量的实物图、示意图和构造图给学生以形象的认识，便于其理解。同时也考虑到本课程的实践性较强，建议各院校采用现场参观、电化教学、多媒体课件等多种教学手段辅助教学，以提高学生学习的兴趣和接受能力。

为更贴近建筑施工现场实际，更符合现行行业的新规范、新标准，本书由浙江湖州职业技术学院具有多年教学经验的专业教师会同浙江泰合建设有限公司具有丰富实践经验的高级工程师共同编写而成。由郑惠忠任主编，陈捷、林军任副主编，萧凡、崔霆、许宝红参编。具体编写分工如下：郑惠忠和林军共同编写第1章，陈捷和崔霆共同编写第2章，郑惠忠编写第3章，萧凡编写第4章，许宝红编写第5章，全书由郑惠忠负责统稿。本书尽可能反映现代的新技术和新机型，并力求做到系统性、先进性、实用性和准确性，而且具有重点突出、深入浅出、通俗易懂以及便于教学和自学等特点。

本书可作为高等院校土木工程、工程管理、市政工程、交通、建筑设备等专业的专科、高职等层次的教学用书，也可供建设单位、施工单位及监理单位的工程技术人员和管理人员参考。

本书在编写过程中参考和借鉴了许多优秀教材、专著和相关文献资料，并得到了浙江泰合建设有限公司赵涛、邵建海、马明权等资深专家和广大技术人员的大力支持与帮助，在此一并致谢！限于编者的水平及经验，书中不足之处在所难免，恳请广大读者批评指正。

本书提供课件下载，有需要的读者可通过扫码获取，读者也可将对本书的意见和建议发送至52703931@qq.com邮箱，我们将及时给予回复。

编　者

2015年5月

全国高职高专教育土木建筑类专业新理念教材

本书编委会

主　编　郑惠忠

副主编　诸体康

参　编　茅建坤　沈　丰

　　　　柳超颖　梁　旭

目　　录

第1章　建筑起重机械

教学目标：熟悉建筑起重机械主要零部件的类型和性能参数，选用和使用管理的相关知识；掌握卷扬机、物料提升机、施工升降机、塔式起重机、高处作业吊篮的类型、特点和工作过程；了解上述机械的构造、工作原理、安全装置和使用场合；编写上述相关机械专项施工方案的要点。

能力要求：能够在工程施工过程中正确选择、使用和管理建筑起重机械中的物料提升机、施工升降机、塔式起重机、高处作业吊篮等，并编写上述机械的专项施工方案。

1.1　概述

工业建筑、民用建筑和工业设备安装等工程中的结构与设备的安装工作以及建筑材料、建筑构件的垂直运输与装卸工作中都广泛地应用各类建筑起重机械。它们对减轻工人的繁重体力劳动、加快施工进度、提高劳动生产率、降低施工成本起着非常重要的作用。

建筑起重机械是工程起重机械的一个分支，是建筑施工不可缺少的组成部分。本章介绍的建筑起重机械是施工现场项目管理的常用施工起重机械，它们基本上都属于危险性较大的特种作业设备，建筑施工机械特性及工作过程也是施工现场安全管理的重要内容。

建筑起重机械是一种间歇动作的机械，它的工作特性是周期性的，也就是以重复、短时间的工作循环来完成提升工作，如千斤顶、物料提升机、施工升降机、高处作业吊篮等，或是在提升的同时还完成移动、回转等多种运动的吊装工作，如塔式起重机。

建筑起重机械一般由金属结构、工作机构、动力装置和控制系统等组成。

(1) 金属结构是建筑起重机械的承重骨架，包括塔身、臂架、导轨架、吊笼、底座等，一般占起重机械整机质量的50%～70%，甚至更大。

(2) 工作机构一般分起升、变幅、回转、行走四种机构，用以实施重物吊升、回转、变幅和整机行走等工作运动。

(3) 对于动力装置，本章介绍的起重机械基本上都是由电力驱动的。

(4) 控制系统有操作系统和安全装置两部分，操作系统用于控制工作机构的各种动作，安全装置用于保证起重机械能够安全作业，有起重量、起重力矩、起升高度和行走终点等限制器，防坠落、防碰撞及相应的信号报警装置。

(5) 此外还有与建筑起重机械相配套的基础设施及附墙装置、悬挂装置等。

1.2　起重机的零部件

1.2.1　钢丝绳

钢丝绳是起重机作业时所使用的绳索，其特点是自重轻、挠性好、强度高、韧性好，能承受冲击荷载作用并且在高速运行时无噪声，破断前有断丝征兆。因此，它被广泛应用于各种起重机上的起重绳、牵引绳以及起重作业中的索绳(吊挂索绳、捆绑索绳)。

1. 钢丝绳的组成和种类

钢丝绳是起重机械和其他建筑机械中用于悬吊、牵引或捆缚重物的挠性件。一般的钢丝绳由直径为0.4～2 mm的钢丝按照一定的规则捻制而成,按照捻制方法,分单绕、双绕和三绕等。单绕是由一层或数层钢丝绕成的;双绕先由钢丝捻成股,再由多根股围绕绳芯绕成绳;三绕以双绕绳为股,再围绕绳芯捻成绳。起重机和建筑机械上常用的是双绕钢丝绳。

钢丝绳的绳芯分纤维芯和金属芯。纤维芯包括天然纤维芯,如由剑麻、合成纤维、棉纱、黄麻或其他符合要求的纤维制成;尼龙纤维芯,如由聚乙烯、聚丙烯、石棉等制成。金属芯包括独立的钢丝绳芯和钢丝股芯两种。纤维芯钢丝绳的挠性和弹性好,但承受横向压力差,耐高温性能差,如采用浸过油脂的纤维芯,则贮油润滑的性能好;石棉芯的性能与纤维芯相似,并可在高温下工作;具有软钢丝绳芯的钢丝绳可耐高温,并能承受横向压力,但挠性较差。钢丝绳芯标记代号:纤维芯为FC;天然纤维芯为NFC;合成纤维芯为SFC;固态聚合物芯为SPC;钢芯为WC;独立钢丝芯为IWRC;钢丝股芯为WSC;压实股独立钢丝绳芯为IWRC(K)。

起重机常用的双绕钢丝绳按照捻制方向分为同向绕、交叉绕和混合绕3种(图1-1)。同向绕[图1-1(a)]是钢丝捻成股的方向与股捻成绳的方向相同,这种绳的挠性好、表面光滑磨损小,但易松散和扭转,不宜用来悬吊重物。交叉绕[图1-1(b)]是指钢丝捻成股的方向与股捻成绳的方向相反,这种绳不易松散和扭转,宜做起吊绳,但挠性差。混合绕[图1-1(c)]指相邻两股的钢丝绳绕向相反,性能介于以上二者之间,制造复杂,用得较少。

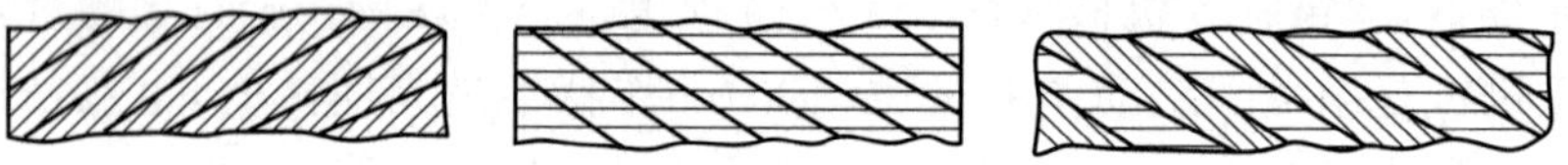

(a) 同向绕绳　(b) 交叉绕绳　(c) 混合绕绳

图1-1　钢丝绳构造类型

捻制类型及方向代号:捻制方向用两个字母(Z或S)表示。第1个字母表示钢丝在股中的捻向,第2个字母表示在钢丝绳中股的捻向。字母Z表示右向捻,字母S表示左向捻;ZZ或SS表示右同向捻或左同向捻,ZS或SZ表示右交互捻或左交互捻;aZ或aS表示右混合捻或左混合捻。

钢丝绳表面状态标记代号:光面钢丝为U;A级镀锌钢丝为A;B级镀锌钢丝为B;B级锌合金镀层为B(Zn/Al);A级锌合金镀层为A(Zn/Al)。

按照钢丝绳股中钢丝与钢丝的接触状态分为点接触和线接触两种,如图1-2所示。

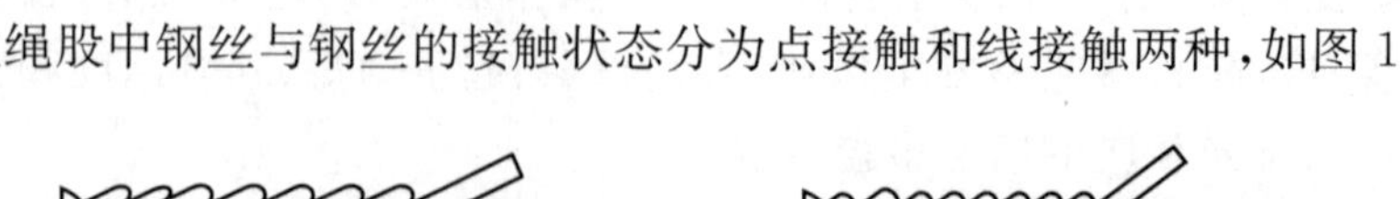

(a) 点接触　(b) 线接触

图1-2　钢丝绳的接触状态

点接触绳[图1-2(a),图1-3(a)]的绳股中各层直径相同,但内外层的钢丝节距不同,相互交叉,形成点接触,因此接触应力高、寿命短,但制造工艺简单,价格低。常用点接触钢丝绳有 6×19 和 6×37 两种形式(即绳由 6 股捻成，每股有 19 根或 37 根钢丝)，其股的标记分别为(1＋6＋12)和(1＋6＋12＋18)。如图 1-2(a)所示为 6×19 点接触绳的截面结构。

线接触绳[图 1-2(b)]的绳股由不同直径的钢丝绕成，各层钢丝的节距相同，外层钢丝位于内层钢丝件沟槽里，形成线接触，接触情况好、挠性大、承载能力大，有利于选用直径较小的滑轮、卷筒，使整个机构的尺寸和重量减小，所以在起重机中应用广泛。

线接触绳分 X 型-西尔型和外粗式，如图 1-3(b)所示，W 型-瓦林型和粗细式如图 1-3(c)所示，T 型-充填型如图 1-3(d)所示。X 型绳股中同层钢丝直径相同，外层钢丝最粗，绳的标记为 6X(19)，绳股结构为(1＋9＋9)。W 型绳股的外层钢丝粗细不同，粗钢丝是位于内层钢丝的内层细钢丝的沟槽内，断面为圆形，充填系数高，绳的标记为 6W(19)，绳股结构为(1＋6＋6/6)。T 型绳股在内层 6 根钢丝槽中以极细的钢丝形成 12 个沟槽，再包上外层 12 层钢丝，使其充填系数大，挠性高，绳的标记为 6T(25)，绳股结构为(1＋6，6＋12)。

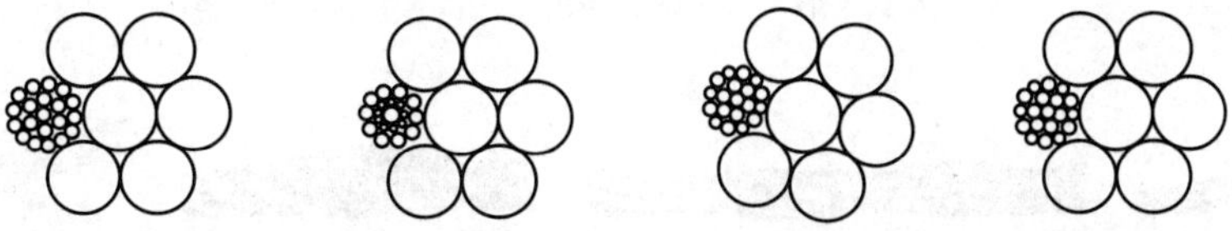

(a) 点接触　(b) 线接触X型　(c) 线接触W型　(d) 线接触T型

图 1-3　钢丝绳的截面形式

为了使起升高度大时钢丝绳不旋转，现已生产不旋转钢丝绳，有的是使内层绳股与外层绳股绕向相反，使扭转趋势相反，相互抵消，也有在捻制工艺上采用预变形加工同向绕方法，即在成绳前，使绳股获得应有的弯曲形状，完全消除旋转、松散的现象。

根据国家标准《钢丝绳术语、标记和分类》(GB/T 8706—2017)，钢丝绳的标记格式如图 1-4 所示。

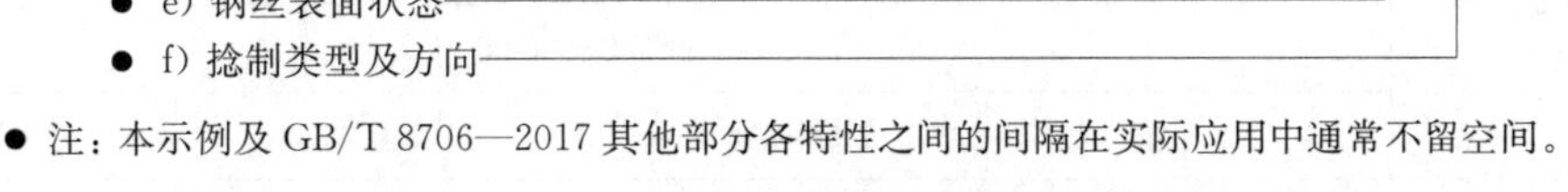

图 1-4　钢丝绳的标记格式

2. 钢丝绳的寿命

钢丝的断裂主要是由于钢丝绳绕过滑轮和卷筒时，在很大拉力作用下，反复弯曲和挤压引起金属疲劳，再加上磨损引起的，具体地说，影响钢丝绳寿命的因素主要有以下几个方面：

(1) 钢丝绳绕过滑轮和卷筒，反复弯绕，使绳寿命降低，因此应尽可能减少反复正反向弯绕。

(2) 当滑轮和卷筒直径较小时，绳的弯曲应力和挤压应力增大，降低绳的寿命，因此滑

轮和卷筒直径 D 与钢丝绳直径 d 之间必须要有合适的比率，即 $D/d \geqslant e$，e 值见表 1-3。

(3) 滑轮和卷筒的材料过硬，会使钢丝绳的寿命降低。

(4) 润滑不良，钢丝绳锈蚀，并加快钢丝磨损。

3. 钢丝绳报废标准

(1) 钢丝绳变形符合图 1-5 规定的图形之一须报废。

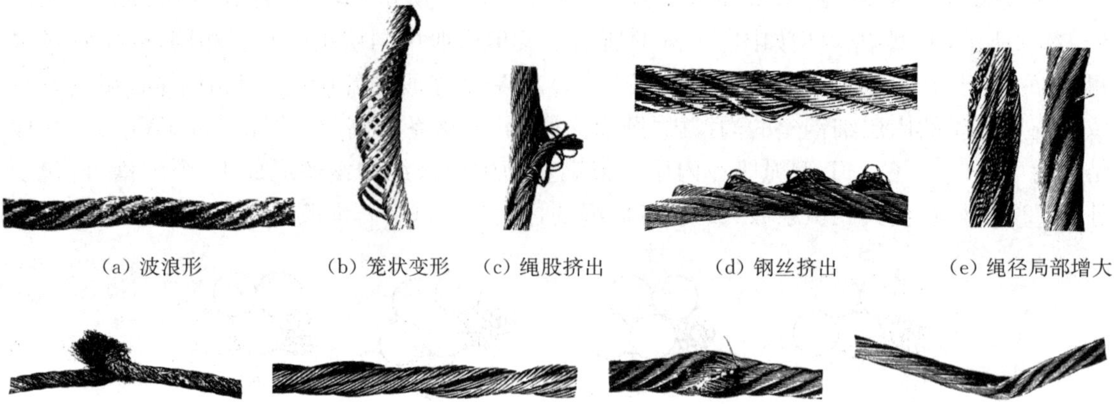

(a) 波浪形　(b) 笼状变形　(c) 绳股挤出　(d) 钢丝挤出　(e) 绳径局部增大

(f) 扭结　(g) 绳径局部减小　(h) 压扁　(i) 弯折

图 1-5　钢丝绳报废标准示意图

(2) 断丝数超过规定的标准：钢丝绳中断丝数达到和超过规定的报废标准时，必须调换新绳。断丝数指在一个编捻的节距内(即绳股绕一周在螺旋线上又到起始位置)的钢丝断裂数。对于交叉绕绳，报废标准为断丝数达到总丝数的 10%；对于同向绕绳，报废标准为总丝数的 5%。对于 W 型绳，细钢丝作 1、粗钢丝作 1.7 计算；对用来运送人或危重物品等使用的钢丝绳，报废标准按照上述断丝数的一半即报废。

此外，当钢丝绳有一股折断或外层表面钢丝磨损大于钢丝直径的 40%时，不论钢丝多少，应立即报废。尚未达到 40%时，断丝数的报废标准见表 1-1。

表 1-1　钢丝绳报废断丝标准

安全系数	钢丝绳结构			
	绳 6W(19)　绳 6×(19)		绳 6×(37)	
	一个捻节距中的断丝数			
	交互捻	同向捻	交互捻	同向捻
小于 6	12	6	22	11
6～7	14	7	26	13
大于 7	16	8	30	15

4. 钢丝绳端头固接方法

钢丝绳使用时经常要与其他零件连接，其端头固接方法如图 1-6 所示。

(1) 绳卡固定法[图 1-6(a)，图 1-7]。绳卡由 U 形螺栓、鞍形件和螺母组成，钢丝绳绕

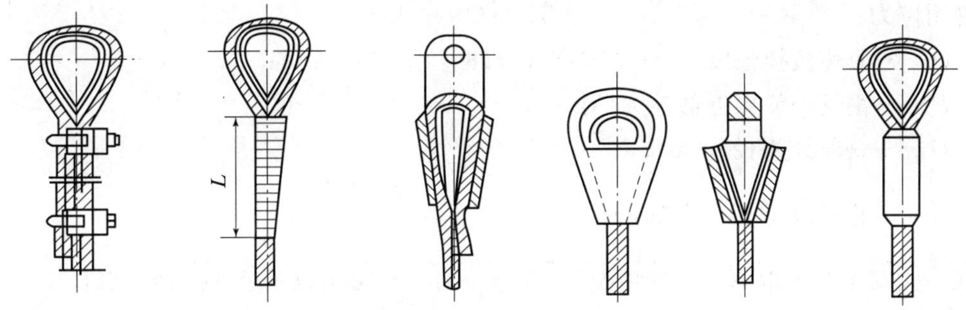

图 1 - 6　绳端固接方法

过环套以后，用绳卡将绳尾固定，鞍形件（压板）应在长绳一边，绳卡之间距离应大于 $6d$（钢丝绳直径）。

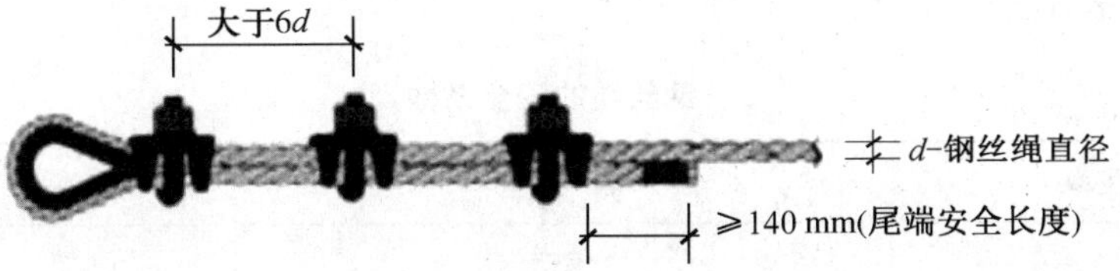

图 1 - 7　钢丝绳直径

绳卡数量与钢丝绳的直径有关，如表 1 - 2 所示。

表 1 - 2　　绳卡数量与钢丝绳对应关系

项目	数据			
钢丝绳直径/mm	7～16	19～27	28～37	38～45
绳卡数量/个	3	4	5	6

(2) 编结法[图 1 - 6(b)]。钢丝绳绕过套环，将尾段各股分别插入绳的各股之间，然后用钢丝绑紧，绑扎长度 $L=(20\sim25)d$，d 为绳的直径，L 不应小于 300 mm。

(3) 楔套固定法[图 1 - 6(c)]。用斜楔自动楔紧固定，此法不宜用于承受震动荷载的情况，以免有拉脱危险。

(4) 灌铅法[图 1 - 6(d)]。将绳尾钢丝拆散擦净，穿入锥形套筒中，并把钢丝末端弯成钩状，然后灌满熔铅。

(5) 压套法[图 1 - 6(e)]。将绳尾折成股，弯转 180°后用钎子分别插入绳的各股之间，切去绳芯，装入铝合金套管中，然后用压力机压住。此法工艺好，重量轻。

5. 钢丝绳的近似计算

在起重作业时，钢丝绳所受的应力很复杂，虽然可用数学公式进行计算，但因实际使用场合下计算时间有限，且也没有必要算得十分精确，因此人们常用估算法计算钢丝绳所受的应力。

破断拉力：

$$Q \approx 50D^2 \tag{1-1}$$

许用拉力：

$$P \approx 50D^2/K \tag{1-2}$$

式中 Q——公称抗拉强度 1 570 MPa 时的破断拉力(kg・f[①])；

P——钢丝绳使用近似拉力(kg・f)；

D——钢丝绳直径(mm)；

K——钢丝绳的安全系数，$K=\dfrac{Q}{P}$。

在一般安全系数取 $K=5$ 的情况下，许用拉力可直接用以下公式近似计算：

$$P \approx 10D^2 \tag{1-3}$$

钢丝绳的安全系数是在钢丝绳受力计算和选择钢丝绳时，考虑到钢丝绳受力不均匀、负荷不精确、计算方法不精确和使用环境较复杂等一系列不利因素，应给予钢丝绳一个储备能力，因此确定钢丝绳的受力时必须考虑一个系数，作为储备能力，这个系数就是选择钢丝绳的安全系数，见表 1-3。

表 1-3　钢丝绳的安全系数

起重机类型	工作类型		K	e
塔式、自行式、桅杆式	手动		4.5	16
	机械驱动	轻级	5.0	16
		中级	5.5	18
		高级	6.0	20
载人起升机构			9.0	30

【例 1-1】 选用一根直径为 16 mm 的钢丝绳，用于吊索，设定安全系数为 8，试问它的破断拉力和许用拉力各为多少？

【解】 已知 $D=16$ mm，$K=8$，得

$Q \approx 50D^2 = 50\times16^2 = 12\,800$ kg・f

$P \approx 50D^2/K = 50\times16^2/8 = 1\,600$ kg・f

该钢丝绳的破断拉力为 12 800 kg・f，许用拉力为 1 600 kg・f。

6. 钢丝绳吊索的受力计算

钢丝绳吊索在吊物重量 W、吊索数目 N 一定的情况下，吊索与水平线的夹角 α 越小，则受力越大，它们之间的关系可用以下公式表示。钢丝绳吊索受力计算简图如图 1-5 所示。

$$F = \frac{W}{N \cdot \sin\alpha} \tag{1-4}$$

在实际使用中，因 α 角不易测得，可用易测的边长 B，C 来计算：

$$\sin\alpha = \frac{H}{C} = \frac{\sqrt{C^2 - B^2}}{C}$$

① 1 kg・f=9.8 N。

$$F=\frac{W\cdot C}{N\cdot \sqrt{C^2-B^2}} \tag{1-5}$$

式中　F——吊索所受力；

C——吊钩至吊索捆绑点距离；

W——吊物重量；

α——吊索与水平线夹角；

B——吊索捆绑点至吊钩中心的水平距离；

N——吊索数量；

P——吊钩受力。

吊索角度 α 受力简图及受力效果如图 1－8 所示。

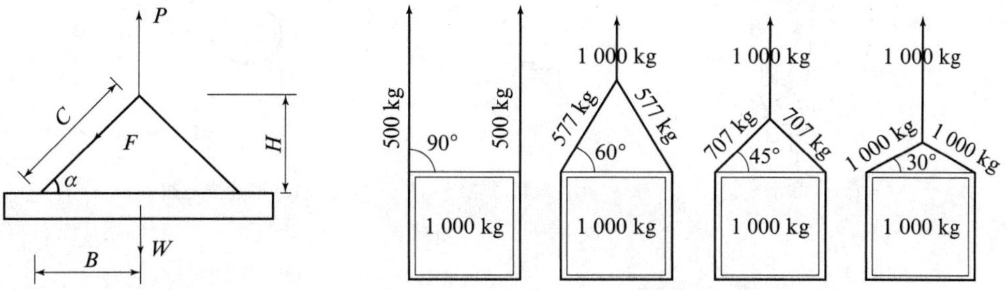

(a) 受力简图　(b) 受力效果示意

图 1－8　钢丝绳吊索吊重物示例

吊索负荷×负荷角度因素(1/sinα)＝实际受力。

当 α＝90°时：500×1.0＝500 kg；

当 α＝60°时：500×1.154＝577 kg；

当 α＝45°时：500×1.414＝707 kg；

当 α＝30°时：500×2.0＝1 000 kg。

1.2.2　滑轮与滑轮组

1. 滑轮

滑轮用于引导钢丝绳，改变绳的运动方向，平衡绳的拉力，并组成滑轮组。滑轮通常通过滑动和滚动轴承支撑在心轴上做旋转运动。

滑轮(图 1－9)一般用灰铸铁或球墨铸铁制成，重载滑轮用铸钢铸造或板件焊成。尼龙和铝合金制成的滑轮，质量轻，并能提高钢丝绳寿命，但成本高，也有采用在普通滑轮槽底镶装尼龙垫的办法以提高钢丝绳寿命。

滑轮的计算直径 D 是指滑轮槽底处的直径。滑轮直径的选用必须遵照表 1－3 规定的滑轮直径 D 与钢丝绳直径 d 的比率 $D/d\geqslant e$。绳槽尺寸可查阅有关手册。

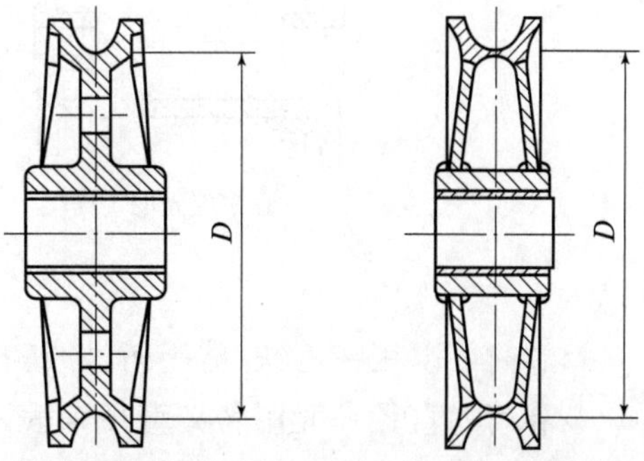

(a) 铸造滑轮　(b) 焊接滑轮

图 1－9　滑轮

2. 滑轮组

滑轮组由钢丝绳依次绕过若干个定滑轮和动滑轮组成,按其功能分为省力滑轮组和增速滑轮组两种。

省力滑轮组可以用较小的拉力起升或牵引较大的重物,是起重机和建筑机械上常用的形式,根据绳绕法又分为单联滑轮组[图 1-10(a)]和双联滑轮组[图 1-10(b)]。

增速滑轮组如图 1-10(c)所示,其气缸或液压缸行程较小的,它可使重物发生成倍的位移,用于气压或液压驱动的起升机构中。

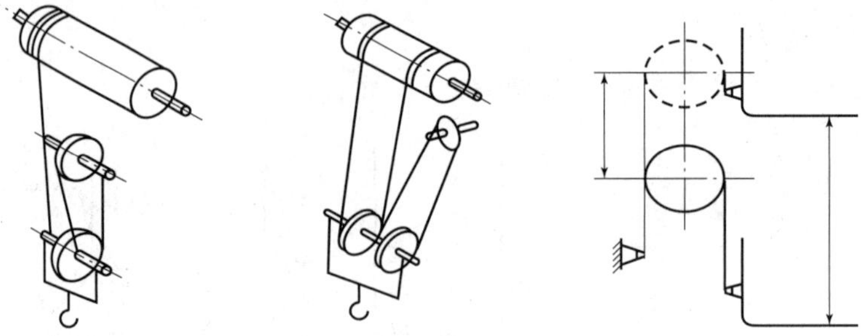

(a) 单联滑轮组　(b) 双联滑轮组　(c) 增速滑轮组

图 1-10　滑轮组

1.2.3　卷筒

卷筒是起重机械用来卷绕钢丝绳的部件,同时是运动转换的简单可靠的部件,即能将自身的回转运动转换为钢丝绳的直线运动,卷筒通常为圆筒形,特殊要求的卷筒也有圆锥形和曲面形。

卷筒分为光面卷筒[图 1-11(a)]和带槽(螺旋槽)卷筒[图 1-11(b)]两种,光面卷筒用于多层钢丝绳缠绕,其侧面高度较大,带槽卷筒用于单层钢丝绳缠绕。螺旋槽的作用可以避免钢丝绳缠绕时互相摩擦和挤压,增大绳与筒的接触面积以降低接触应力,从而延长绳的使用寿命,但容绳量较小。光面卷筒中钢丝绳的磨损大、易于损坏,由于起重机所卷绕的钢丝绳一般都很长,故采用光面卷筒。

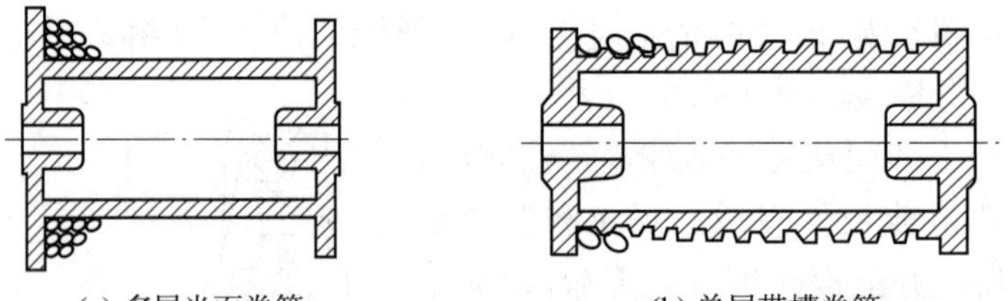

(a) 多层光面卷筒　(b) 单层带槽卷筒

图 1-11　卷筒

卷筒可以用灰铸铁、球墨铸铁或铸钢制成,大尺寸卷筒多用钢板焊成。

卷筒的直径一般用名义直径来表示。名义直径 D 是从绕在卷筒上的钢丝绳中心算起的直径,它与钢丝绳直径 d 之间也应保持表 1-3 所列 e 值的关系。

$$D \geqslant ed \tag{1-6}$$

卷筒长度 L 根据所卷绕的钢丝绳长度 l 来决定，对于带槽卷筒，计算式为

$$L=\left(\frac{l}{\pi D}+Z_0\right)t \tag{1-7}$$

式中　D——卷筒的名义直径，等于卷筒几何直径 D_0 与钢丝绳直径 d 之和，即 $D=D_0+d$；

Z_0——绕在卷筒上不放出的圈数，可在 2～3 范围内取值；

t——卷筒螺旋槽的螺距。

对于多层绕光面卷筒，计算式为

$$L=\frac{\varphi l d}{\pi(D_0 m+dm^2)} \tag{1-8}$$

式中　m——卷筒上绕绳层数；

φ——钢丝绳卷绕不均匀系数。

钢丝绳在卷筒上固定，有楔形孔和压板两种方式。

1. 楔形孔固定法

如图 1-12(a)所示，钢丝绳绕在楔子上，并与楔子一起装入卷筒的楔孔内，在钢丝绳拉力作用下被楔紧。楔子的斜度一般为 $\frac{1}{5}$～$\frac{1}{4}$，以满足自锁条件。这种方法卷筒构造复杂，更换钢丝绳较费事，但可以用于多层绕。对于较粗的钢丝绳，由于其末端不易弯曲，故不能采用此法。

2. 压板固定法

如图 1-12(b)所示，采用带半圆形或梯形槽的压板将绳端压紧在卷筒表面。此法简单可靠，检查与更换钢丝绳方便，应用比较广泛。

钢丝绳在卷筒上的固定端应保留 2～3 圈不能放出，以保证工作时钢丝绳不会被从卷筒上拉脱。

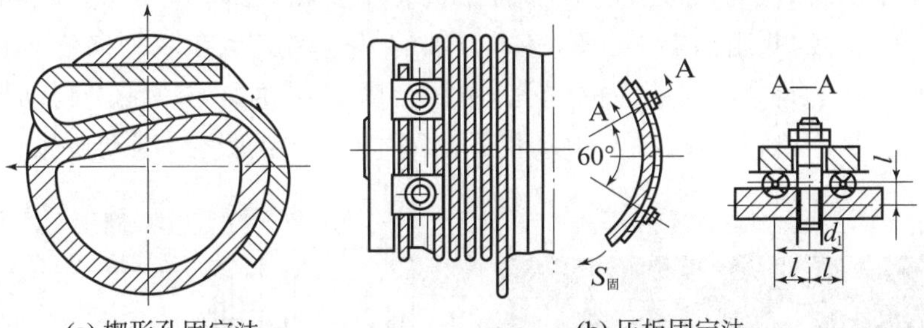

(a) 楔形孔固定法　　(b) 压板固定法

图 1-12　钢丝绳在卷筒上的固定

1.3　建筑卷扬机

卷扬机(绞车)是建筑施工机械中最常用的构造最简单的起重设备之一。一般来说，卷扬机由卷筒、动力部分、操纵系统和机架组成。卷扬机既可以单独作用，也可以作为其他起重机械上的主要工作机构。如塔式起重机上的起升机构和变幅机构、施工现场物料提升机上的动力装置、用于装修工程吊篮的动力装置、一些简易起重设备的动力装置等，这些都是

单独使用卷扬机将材料、机具或重物垂直运送到一定高度或水平运送到指定的地点。

1.3.1 卷扬机的分类

卷扬机的种类很多,一般分为以下几种。

(1) 按钢丝绳牵引速度分类,有快速卷扬机(绳速≥30 m/min)、慢速卷扬机(绳速<30 m/min)和调速卷扬机 3 种。

(2) 按卷筒数量分类,有单筒卷扬机、双筒卷扬机和多筒卷扬机 3 种。

(3) 按传动方式分类,有手动卷扬机、电动卷扬机、液压卷扬机和气动卷扬机等多种。

(4) 按使用行业分类,有建筑卷扬机、林业卷扬机、矿山卷扬机和船舶卷扬机等多种。

1.3.2 卷扬机的型号

卷扬机型号表示如图 1-13 所示。

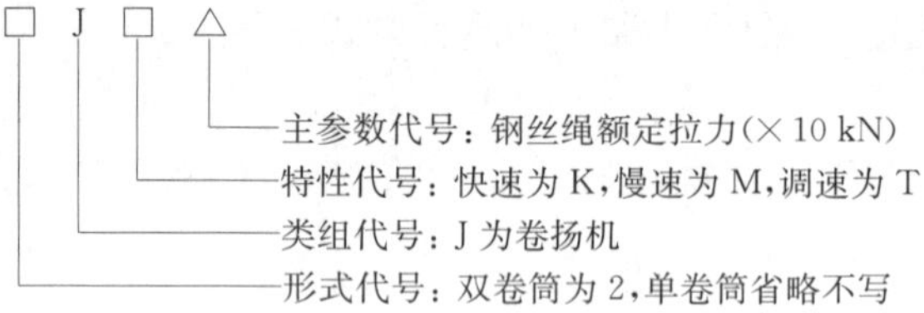

图 1-13 卷扬机型号表示

如:2JK5 型卷扬机,即钢丝绳额定拉力为 50 kN 的双卷筒快速卷扬机;JM5 型卷扬机,即钢丝绳额定拉力为 50 kN 的单卷筒慢速卷扬机;JT2 型卷扬机,即钢丝绳额定拉力为 20 kN 的单卷筒调速卷扬机。

1.3.3 卷扬机的构造

如图 1-14、图 1-15 所示为 JK 型卷扬机外形图及传动机构示意图。电动机与减速器(高速轴端)以弹性柱销联轴器连接,联轴器上带有制动轮,卷筒固定在卷筒轴上,通过十字滑动联轴器与减速器(低速轴端)连接,卷筒心轴的另一端支承在双列向心轴球面轴承的剖分式轴承架上。钢丝绳穿过卷筒上的绳孔,用压板固定在卷筒的一端。制动器采用短行程常闭式块式制动器,当制动电磁铁与电动机同时通电时,磁铁吸合,制动块张开,电动机通过

图 1-14 JK 型卷扬机外形图

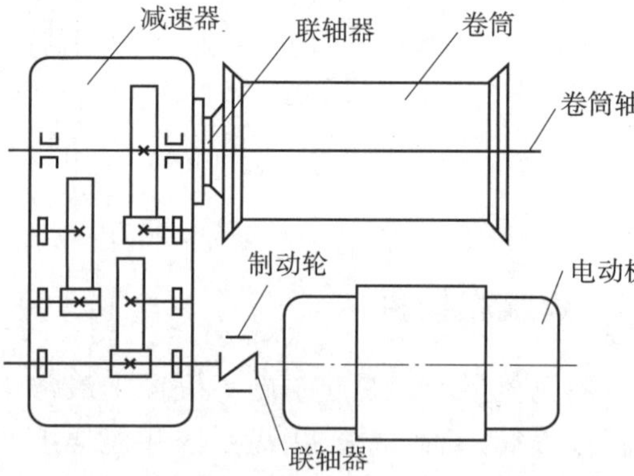

图 1-15 JK 型卷扬机传动机构示意图

减速器带动卷筒旋转,卷进或放出钢丝绳;断电时,制动块将制动轮抱住,卷筒停止运转。常用的 JK 型卷扬机的基本参数见表 1－4、表 1－5。

表 1－4　　JK 型单筒快速卷扬机技术参数

项　目		型　号					
		JK0.5	JK1	JK2	JK3	JK5	JK6
额定静拉力/kN		5	10	20	30	50	80
卷筒	直径/mm	150	245	250	330	330	320
	宽度/mm	465	465	630	560	800	800
	容绳量/m	130	150	200	250	250	400
钢丝绳直径/mm		7.7	9.3	13～14	17	20	28
绳速/(m·min^{-1})		35	40	34	31	40	37

JM 型卷扬机的基本构造与 JK 型的基本相同,其系列和基本参数见表 1－5。

表 1－5　　JM 型单筒慢速卷扬机技术性能

项　目		型　号					
		JM0.5	JM1	JM2	JM3	JM5	JM6
额定静拉力/kN		5	10	20	30	50	80
卷筒	直径/mm	236	260	320	320	320	550
	宽度/mm	417	485	710	710	800	800
	容绳量/m	150	250	230	150	250	450
钢丝绳直径/mm		9.3	11	14	17	23.5	28
绳速/(m·min^{-1})		15	22	22	20	18	10.5

1.3.4　卷扬机的选择、安装、使用

1. 卷扬机的选用

卷扬机合理选择是让所选择的卷扬机能达到技术上可行、经济上合理的目的,主要考虑以下几方面的因素。

(1) 速度选择。对于建筑安装工程,由于提升距离较短,而准确性要求又较高,一般应选用慢速卷扬机;对于长距离提升(如高层建筑施工)或牵引物体的工程,为了提高生产率,减少电能消耗,最好选用快速卷扬机。

(2) 动力选择。可参考电动机的有关内容进行选择。由于电动机械工作安全可靠,运行费用低,可以进行远距离控制,因此凡是有电源的地方,应尽量选用电动卷扬机;如果没有电源,则可根据情况选用手摇卷扬机或内燃卷扬机。

(3) 筒数选择。一般建筑施工多采用单筒卷扬机,其结构简单,操作和移动方便;如果在双线轨道上来回牵引斗车,宜选用双筒卷扬机,以节省投资(在同规格能力的情况下,一台双筒卷扬机比两台单筒卷扬机便宜),可以简化安装工作,减少操作人员,提高生产率。

(4) 传动形式选择。行星式和行星摆线针轮减速器传动的卷扬机,由于机体较小,结构紧凑、质量轻、运转灵活、操作简便,很适合在建筑施工时使用。

(5) 考虑防爆问题。调度绞车有防爆型和非防爆型两种,当工作环境有瓦斯爆炸危险时,应采用防爆的调度绞车,以保证安全;如果工作环境较好,则可采用一般的非防爆绞车,非防爆型绞车的价格比较便宜,电动机冷却条件较好,输出功率较大,使用起来比较合算。

2. 卷扬机的安装要求

(1) 临时安装卷扬机,可利用机座上的预留孔或用钢丝绳盘绕机座固定在地锚上,在机架的后部应加放压铁,并应选择地势稍高、机手视野良好、地基坚实的地方,临时安装的机座下面还需垫上枕木。若需永久性安装,则有地脚螺栓紧固在混凝土基础上的螺栓锚固法、水平锚固法、立桩锚固法和压重锚固法 4 种,卷扬机的固定方法如图 1-16 所示。

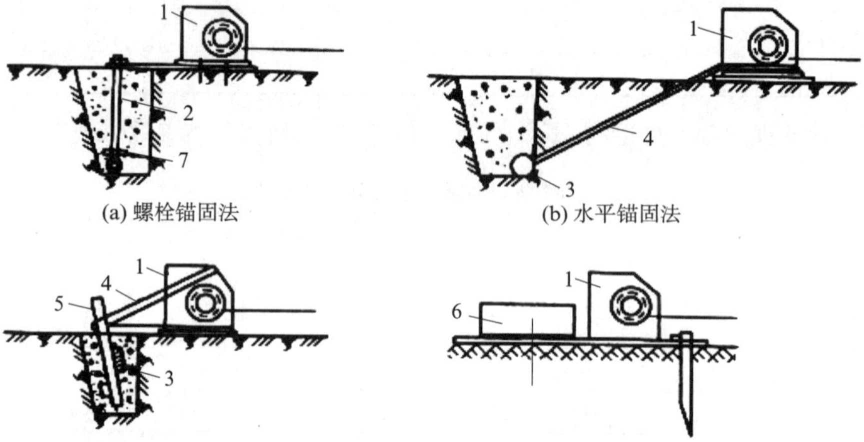

(a) 螺栓锚固法　(b) 水平锚固法　(c) 立桩锚固法　(d) 压重锚固法

1—卷扬机;2—地脚螺栓;3—横木;4—拉索;5—木桩;6—压重;7—压板

图 1-16　卷扬机的固定方法

(2) 钢丝绳出头应从卷筒下方引出,出绳的方向应接近水平;卷筒中心应与前面的第一个导向滑轮中心线垂直,二者之间的距离至少保持 8~12 m,超过 3 t 的卷扬机应大于 15 m。钢丝绳绕在卷筒两端,其倾角不准超过 1.5°~2°,以减少其与导向轮或卷筒槽边的磨损,延长钢丝绳和机具的使用寿命。

(3) 钢丝绳经过的第一个导向滑轮,不准使用开口滑轮,室外安装的卷扬机要有防雨、防潮和防尘措施,一般要搭设简易工棚,工棚搭好后,保证机手能看到被吊物体的起、落情况及地点。

(4) 为确保安全,当重物处于最低位置时,钢丝绳不应从卷筒上全部放出,除压板固定的圈外,至少还应留有 2~3 个安全圈。

(5) 卷扬机的电器控制系统,要设在操作人员身边,电气设备接地或接零良好,所有电气开关及转动部分必须设有保护罩保护,以防触电。

3. 卷扬机的使用要求

(1) 作业前先空载进行 5 min 的试转动,检查钢丝绳、离合器、制动器、传动滑轮及电控装置工作的可靠性,确认无误后方可作业。

(2) 卷扬机的额定起重量,不准超过外层钢丝绳(卷筒上的外层钢丝绳)所允许承受的最大静拉力，因为此层钢丝绳的绳速最大，所以不准超负荷使用。

(3) 卷扬机在作业时，钢丝绳不准拖地运行，每隔 3～5 m 设一个托辊，以减少钢丝绳的磨损。钢丝绳经过过道时，应加保护装置，不准人踩、车压；严禁人员跨越正在运行的受力钢丝绳或在卷扬机前穿过，更不准用卷扬机托盘运送施工人员。

(4) 卷筒上的钢丝绳应保持顺序排列，不准出现乱层和超过卷筒侧边缠绕的现象，以防跳绳而发生损坏联轴节、拉断钢丝绳或挤出卷筒等事故。钢丝绳的绳芯应贮有润滑剂，表面润滑要好。外层钢丝绳距卷筒边缘的高度不得小于钢丝绳直径的 1.5～2.5 倍范围内的值。

(5) 操作人员在施工作业时，应精神集中，严格执行操作规程，在紧急、危险的情况下，对任何人发出的危险信号包括呼叫声等均应听从，立即停止作业，弄清情况后，方可继续。

(6) 当工作结束后，必须将提升中的重物或升降台车的提篮停放在地面位置，不准悬在半空中。下班前要对卷扬机进行清洁、保养，切断电源并锁好电闸箱。

1.4 物料提升机

1.4.1 物料提升机概述

物料提升机是施工现场用来进行物料垂直运输的一种简易设备，按架体结构外形一般分为龙门架式和井架式。

龙门架的架体结构由两个立柱和一根横梁(天梁)组成，横梁架设在立柱的顶部，与立柱组成形如“门框”的架体，习惯称之为“龙门架”。

井架的架体结构由四个立杆、多个水平及倾斜杆件组成。水平及倾斜杆件(缀杆)将立杆联系在一起，从水平截面上看似是一个“井”字，因此得名为井架，也称井字架。

龙门架及井架物料提升机是在上述架体中，加设载物的承载部件，如吊笼、吊篮和吊斗等；设置起重动力装置，如卷扬机、曳引机等；配置传动部件，如钢丝绳、滑轮和导轨等，以及必要的辅助装置(设施)等组装而成的一套完整的起重设备。

按现行的国家行业标准，龙门架及井架物料提升机是额定起重量在 2 000 kg 以下，以地面卷扬机为动力、沿导轨做垂直运行的起重机械设备。

用于建筑施工的物料提升机，经过几十年的发展，尤其是《龙门架及井架物料提升机安全技术规范》(JGJ 88—2010)实施以来，其结构性能有了较大提高，应用范围越来越广，建筑业的飞速发展，对物料提升机的可靠性和安全性提出了越来越高的要求，整机产品的标准化、提升运行的快速化、架体组装的规范化和安全装置的完善性成为今后的发展方向，其性能正在逐步向施工升降机接近。

1.4.2 物料提升机的型号和分类

1. 物料提升机的型号

物料提升机的型号由组、特性、主参数和更新、变型等代号组成，目前有两种编制方法。

1) 把物料提升机按施工升降机进行编制(图 1 - 17)

(1) 主参数代号。单吊笼物料提升机标注一个数值。双吊笼物料提升机标注两个数值，用符号“/”分开，每个数值均为一个吊笼的额定载重量代号。

特性代号是表示物料提升机两个主要特性的符号。

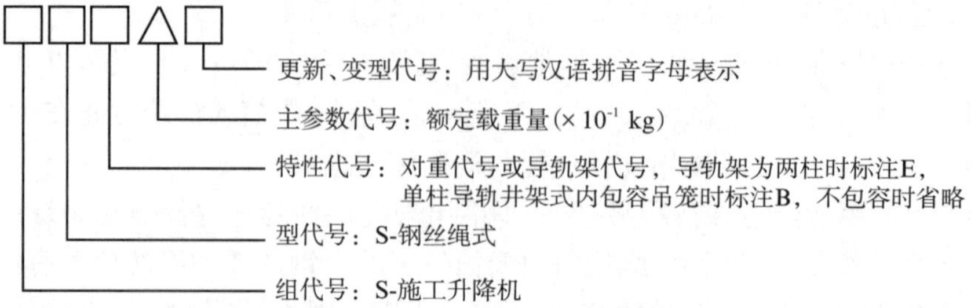

图 1 - 17　物料提升机按规范编号

① 对重代号：有对重时标注 D,无对重时省略;② 导轨架代号：对于 SS 型号的物料提升机,导轨架为两柱时标注 E,单柱导轨井架式内包容吊笼时标注 B,不包容时省略。

(2) 标记示例。SS 型物料提升机,单柱导轨架横截面为矩形,导轨架内包容一个吊笼,额定载重量为 3 200 kg,第一次更新、变型,表示为：SS 型物料提升机 SSB320A(GB 10054.1—2014,GB 10054.2—2014)。

2) 把物料提升机按独立型号编制(图 1 - 18)

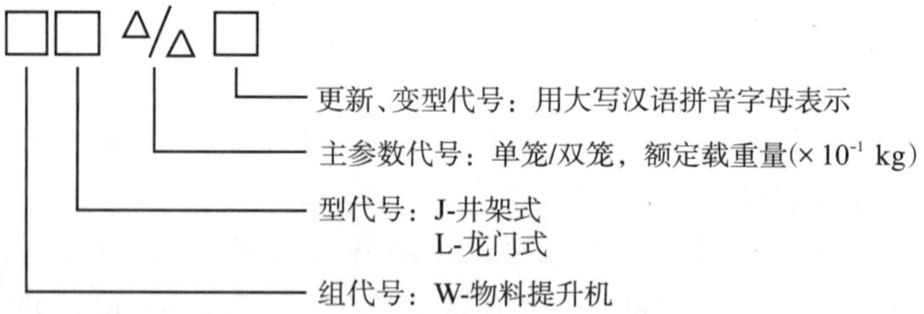

图 1 - 18　物料提升机按独立型号表示

(1) 标记示例。①井架式物料提升机,双笼,额定载重量为 800 kg,表示为：物料提升机 WJ 80/80。②龙门式物料提升机,单笼,额定载重量为 1 600 kg,表示为：物料提升机 WL 160。

(2) 基本参数如表 1 - 6 所示。

表 1 - 6　　物料提升机基本参数

额定载重量/kg	600	800	1 000	1 600	2 000
最大提升高度/m	≥30				
额定提升速度/(m · min^{-1})	≥16				
吊笼内净空高度/m	≥1.8				

2. 按架体结构分类

根据架体的结构形式,物料提升机可分为龙门架物料提升机和井架物料提升机两大类。

龙门架可配用较大的吊笼,适用于载重量较大的场合,一般额定载重量为 800～2 000 kg;但因其刚度和稳定性较差,提升高度一般在 30 m 以下。

井架安装拆卸更为方便,配以附墙装置,可在 150 m 以下的高度使用;但受到结构强度及吊笼空间的限制,仅适用于载重量较小的场合,额定载重量一般在 1 000 kg 以下。

3. 按吊笼分类

(1) 按吊笼数量,物料提升机有单笼和双笼之分。如图 1 - 19 所示为单笼物料提升机,单笼龙门架物料提升机由两根立柱和一根天梁组成,吊笼在两立柱间上下运行;单笼井架物料提升机,吊笼位于井架架体的内部或一侧。如图 1 - 20 所示为双笼物料提升机,双笼龙门架物料提升机由三根立柱和两根横梁组成一体,两个吊笼分别在立柱的两个空间中做上下运行;双笼井架物料提升机,两个吊笼分别位于井架架体的两侧。

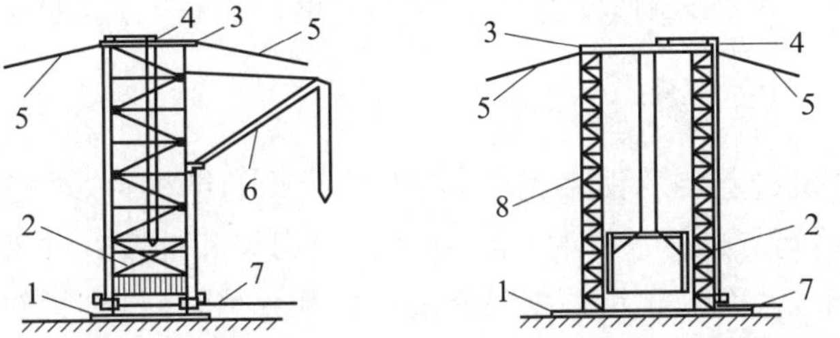

(a) 单笼井架物料提升机　(b) 单笼龙门架物料提升机

1—基础;2—吊笼;3—天梁;4—滑轮;5—缆风绳;6—摇臂把杆;7—卷扬钢丝绳;8—立柱

图 1 - 19　单笼物料提升机

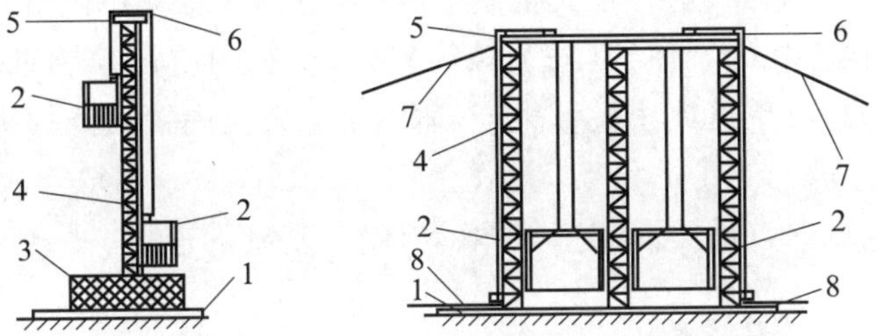

(a) 双笼井架物料提升机　(b) 双笼龙门架物料提升机

1—基础;2—吊笼;3—防护围栏;4—立柱;5—天梁;6—滑轮;7—缆风绳;8—卷扬钢丝绳

图 1 - 20　双笼物料提升机

(2) 根据吊笼位置不同,物料提升机可分为内置式和外置式。

内置式井架的架体因为有较大的截面供吊笼升降,并且吊笼位于内部,架体受力均衡,因此具有较好的刚度和稳定性。由于进出料处要受缀杆的阻挡,常常需要拆除一些缀杆和腹杆,此时各层面在与通道连接的开口处都须进行局部加固。

外置式井架的进出料较为方便,且能发挥更高的使用效率,但与内置式井架相比,架体的刚度和稳定性较低,而且装拆也较复杂;运行中对架体有较大的偏心载荷,因此对井架架体的材料、结构和安装均有较高的要求,一般可参照升降机的形式,将架体制成标准节,既便于安装又可提高连接强度。

4. 按提升高度分类

按提升高度,物料提升机分为低架物料提升机和高架物料提升机。提升高度 30 m 以下(含 30 m)的为低架物料提升机,提升高度 31～150 m 的为高架物料提升机。低架物料提升机和高架物料提升机在设计制造、基础、安装和安全装置等方面具有不同的要求。低架物料提升机用于多层建筑,高架物料提升机可用于高层建筑。由于物料提升机只能载货不可载人,而高层建筑施工现场,需解决人员上下问题,故一般使用施工升降机,因而提升高度在80 m以上的物料提升机实际上很少使用。

1.4.3 物料提升机的组成

物料提升机一般由钢结构件、动力和传动机构、电气系统、安全装置和辅助部件五大部分通过一定的方式组合而成。

1. 钢结构件

物料提升机一般均为钢材制成,主要部件包括架体(立柱)、底架、吊笼(吊篮)、导轨和天梁、摇臂把杆等。

1) 架体

架体是物料提升机最重要的钢结构件,是支承天梁的结构件,承载吊笼的垂直荷载,承担着载物重量,兼有运行导向和整体稳固的功能。龙门架和外置式井架的立柱,其截面可呈矩形、正方形或三角形,截面的大小根据吊笼的布置和受力,经设计计算确定,常采用角钢或钢管,制作成可拼装的杆件,在施工现场再以螺栓或销轴连接成一体,也常焊接成格构式标准节,每个标准节长度为1.5～4 m,标准节之间用螺栓或销轴连接,可以互相调换。

采用标准节连接方式的架体,其断面小、用钢量少、安装方便,安装质量容易得到保证,但加工难度和运输成本略高,适合较大批量生产,适用于高架及外置吊笼的机型。使用角钢或钢管杆件拼装连接方式的架体,其安装较为复杂,安装的质量控制难度也较高,但加工难度和运输成本较低,适合单机或小批量生产,适用于低架及内置吊笼的机型。

2) 底架

架体的底部设有底架(地梁),用于架体(立柱)与基础的连接。

3) 天梁

天梁是安装在架体顶部的横梁,支承顶端滑轮的结构件。天梁是主要的受力构件,承受吊笼自重及物料重量,常用型钢制作,其构件形状和断面大小须经计算确定。当使用槽钢作天梁时,宜使用2根,其规格不得小于[14。天梁的中间一般装有滑轮和固定钢丝绳尾端的销轴。

4) 吊笼

用作盛放运输物件,可上下运行的笼状或篮状结构件,统称为吊笼,它是供装载物料作上下运行的部件,也是物料提升机中唯一以移动状态工作的钢结构件。吊笼由横梁、侧柱、底板、两侧挡板(围网)、斜拉杆和进出料安全门等组成,常见以型钢和钢板焊接成框架,再铺50 mm厚木板或焊有防滑钢板作载物底板。安全门及两侧围挡一般用钢网片或钢栅栏制成,高度应不小于1 m,以防物料或装货小车滑落,有的安全门在吊笼运行至高处停靠时,具有高处临边作业的防护作用。对提升高度超过30 m的高架提升机,吊笼顶部还应设防护顶板,形成吊笼状。吊笼横梁上常装有提升滑轮组,笼体侧面装有导靴。

5) 导靴

导靴是安装在吊笼上沿导轨运行的装置,可防止吊笼在运行中偏斜和摆动,其形式有滚轮导靴和滑动导靴。

有下列情况之一的,必须采用滚轮导靴:① 采用摩擦式卷扬机为动力的提升机;② 架体的立柱兼作导轨的提升机;③ 高架提升机。

6）导轨

导轨是为吊笼上下运行提供导向的部件。

导轨按滑道的数量和位置，可分为单滑道、双滑道及四角滑道。单滑道即左右各有一根滑道，对称设置于架体两侧；双滑道一般用于龙门架上，左右各设置两根滑道，并间隔相当于立柱单肢间距的宽度，可减少吊笼运行中的晃动；四角滑道用于内置式井架，设置在架体内四角，可使吊笼较平稳地运行。导轨可采用槽钢、角钢或钢管。标准节连接式的架体，其架体的垂直主弦杆常兼作导轨。杆件拼装连接方式的架体，导轨常用连接板及螺栓连接。

7）摇臂把杆

摇臂把杆是附设在提升机架体上的起重臂杆。

为解决一些过长、过宽材料物件的垂直运输，摇臂把杆可作为物料提升机附加起重机构安装在提升机架体的一侧。在单肢立杆与水平缀条交接处，安装一根起重臂杆和起重滑轮，并用另一台卷扬机作动力，控制吊钩的升降，由人工拉动溜绳操作转向定位，形成简易的起重机构。摇臂把杆的起重量不应超过 600 kg，摇臂把杆的长度不得大于 6 m；可选用无缝钢管，其外径不得小于 121 mm；也可用角钢焊接成格构式，如图 1-21 所示，其断面尺寸不得小于 240 mm×240 mm，单肢角钢不小于∟30×4。

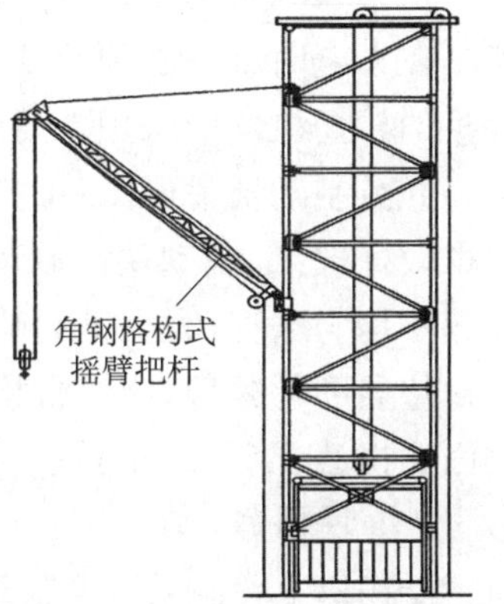

图 1-21　角钢格构式摇臂把杆

2. 动力和传动结构

1）卷扬机

卷扬机是提升物料的动力装置，按传动方式，分为可逆式卷扬机和曳引机两种。

可逆式卷扬机一般由电动机、制动器、减速机和钢丝绳卷筒组成，配以联轴器、轴承座等，固定在钢机架上，如图 1-22 所示。

曳引机一般由电动机、制动器、减速机和摩擦轮（曳引轮）等组成，配以联轴器、轴承座等，固定在钢机架上，如图 1-23 所示；也有将上述机件组装在一个机体之中的，如图 1-24 所示。

图 1-22　可逆式卷扬机

图 1-23　曳引机

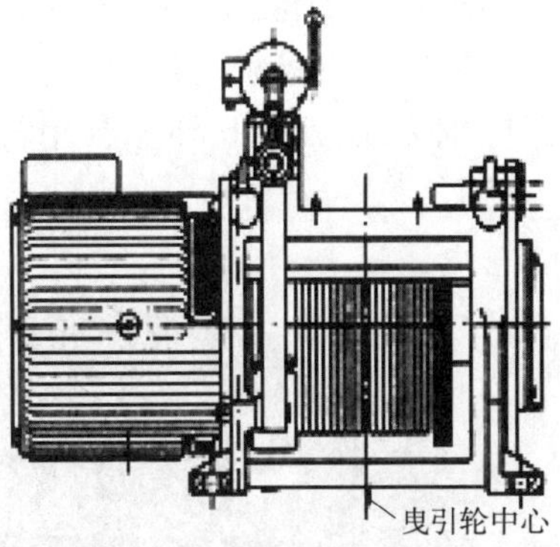

图 1-24　整体式曳引机

高架物料提升机不得使用摩擦式卷扬机。

按现行国家标准，建筑卷扬机有慢速（M）、中速（Z）和快速（K）三个系列，建筑施工用物料提升机配套的卷扬机多为快速系列,卷扬机的卷绳线速度或曳引机的节径线速度一般为 30～40 m/min,钢丝绳端的牵引力一般在 2 000 kg 以下。

(1) 电动机

建筑施工用的物料提升机绝大多数都采用三相交流电动机,功率为 2.0～15 kW,额定转速为 730～1 460 r/min。当牵引绳速需要变化时,常采用绕线式转子的可变速电动机,否则均使用鼠笼式转子定速电动机。

(2) 制动器

根据卷扬机的工作特点,在电动机停止时必须同时使工作机构卷筒也立即停止转动,也就是在失电时制动器须处于制动状态,只有通电时才能松闸,让电动机转动。因此,物料提升机的卷扬机均应采用常闭式制动器。

此类制动器,推杆行程、制动块与制动轮间隙均可调整,要注意两种调整应配合进行,以取得较好效果,制动块与制动轮间隙视制动器型号而异,一般在 0.8～1.5 mm 为宜,太小易引起不均匀磨损;太大则影响制动效果甚至滑移或失灵。随着使用时间的延续,制动块的摩擦衬垫会磨耗减薄,应经常检查和调整,当制动块摩擦衬垫磨损达原厚度 50%时,或制动轮表面磨损达 1.5～2 mm 时,应及时更换。

(3) 联轴器

卷扬机上普遍采用带制动轮弹性套柱销联轴器,由两个半联轴节、橡胶弹性套及带螺母的锥形柱销组成。由于其中的一个半联轴节即为制动轮,故结构紧凑,并具有一定的位移补偿及缓冲性能;当超载或位移过大时,弹性套和柱销会破坏,同时避免传动轴及半联轴节的破坏,起到一定的安全保护作用,对中小功率的电动机和减速机连接,有良好的效果,如图 1-25 所示。该联轴器的弹性套,在补偿位移(调心)过程中极易磨损,必须经常检查和更换。

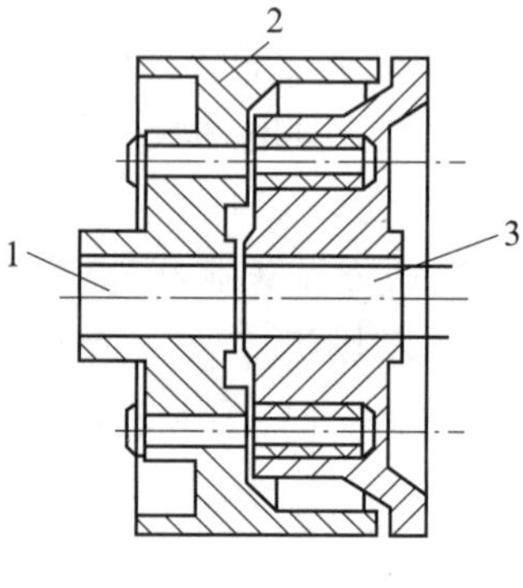

1—减速机轴;2—制动轮;3—电机轴

图 1-25　联轴器

(4) 减速机

减速机的作用是将电动机的旋转速度降低到所需要的转速,同时提高输出扭矩。

最常用的减速机是渐开线斜齿轮减速机,其转动效率高,输入轴和输出轴不在同一轴线上,体积较大。此外也有用行星齿轮、摆线齿轮或蜗轮蜗杆减速机,这类减速机可以在体积较小的空间内获得较大的传动比。卷扬机的减速机还需要根据输出功率、转速、减速比和输入输出轴的方向位置来确定形式和规格。

物料提升机的减速机通常是齿轮传动,多级减速,齿轮减速机如图 1-26 所示。

图 1-26　齿轮减速机

(5) 钢丝绳卷筒

卷扬机的钢丝绳卷筒(驱动轮)是供缠绕钢丝绳的部件,它的作用是卷绕缠放钢丝绳,传递动力,把旋转运动变为直线运动,也就是将电动机产生的动力传递到钢丝绳、产生牵引力的受力结构件上。

曳引机的钢丝绳驱动轮是依靠摩擦作用将驱动力提供给牵引(起重)钢丝绳的。驱动轮上开有绳槽,钢丝绳绕过绳槽张紧后,驱动轮的牵引动力才能传递给钢丝绳。由于单根钢丝绳产生的摩擦力有限,一般在驱动轮圈外表面上有数个绳槽,可容纳多根钢丝绳,有较大的牵引能力,如图1-27、图1-28所示。

图1-27　曳引机的驱动轮

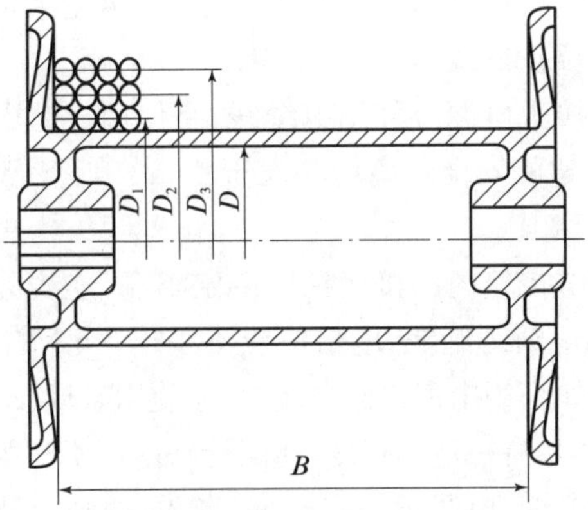

图1-28　卷筒

2）钢丝绳

钢丝绳是物料提升机的重要转动部件,物料提升机使用的钢丝绳一般是圆股互捻钢丝绳,即先由一定数量的钢丝按一定螺旋方向(右或左螺旋)绕成股,再由多股围绕着绳芯拧成绳。常用的钢丝绳为6×19或6×37钢丝绳。

3）滑轮

物料提升机的底部和天梁上通常装有导向定滑轮,吊笼顶部装有动滑轮。

物料提升机采用的滑轮通常是铸铁或铸钢制造的。铸铁滑轮的绳槽硬度低,对钢丝绳的磨损小,但脆性大且强度较低,不宜在强烈冲击振动的情况下使用。铸钢滑轮的强度和冲击韧性都较高。滑轮通常支承在固定的轴上,简单的滑轮可用滑动轴承,大多数起重机的滑轮都采用滚动轴承,滚动轴承的效率较高,装配维修也方便。

滑轮除了结构、材料应符合要求外,滑轮和轮槽的直径必须与钢丝绳相匹配,直径过小的滑轮将导致钢丝绳早期磨损、断丝和变形等。低架提升机滑轮直径与钢丝绳直径的比率不应小于25,高架提升机滑轮直径与钢丝绳直径的比率不应小于30,使用时应给予充分注意。

滑轮的钢丝绳导入导出处应设置防钢丝绳跳槽装置。物料提升机不得使用开口拉板式滑轮。选用滑轮时应注意卷扬机的额定牵引力、钢丝绳运动速度、吊笼额定载重量和提升速度及正确选择滑轮和钢丝绳的规格。

3. 电气系统

物料提升机的电气系统包括电气控制箱、电器元件、电缆电线和保护系统四部分,前三部分组成了电气控制系统。

1）电气控制箱

电气控制箱应满足以下要求:

(1) 如因双笼载物或摇臂把杆吊物的需要配置多台卷扬机的,则应分别设置控制电路,实施“一机一闸一漏”,即每台卷扬机必须单独设置电闸开关和漏电保护开关。

(2) 电气控制箱壳体必须完好无损,符合防雨、防晒、防砸和防尘等密封要求。

(3) 电气控制箱的高度、位置和方向应方便司机操作。

(4) 固定式电气控制箱必须安装牢靠,电器元件的安装基板必须采用绝缘材料。

(5) 电气控制箱必须装有安全锁,避免闲杂人员触摸开启。

2) 电缆、电线

(1) 接入电源应使用电缆线,宜使用五芯电缆线。架空导线离地面的直接距离、离建筑物或脚手架的安全距离均应大于 4 m。架空导线不得直接固定在金属支架上,也不得使用金属裸线绑扎。

(2) 电控箱内的接线柱应固定牢靠,连线应排列整齐,保持适当间隔;各电器元件、导线与箱壳间应对地绝缘,电阻值应不小于 0.5 MΩ。

(3) 如采用携带式操纵装置,应使用有橡胶护套绝缘的多股铜芯电缆线,操纵装置的壳体应完好无损,有一定的强度,能耐受跌落等不利的使用条件,电缆引线的长度不得大于 5 m。

(4) 电缆、电线不得有破损、老化,否则应及时更换。

4. 安全装置与辅助部件

物料提升机的安全装置主要包括安全停靠装置、断绳保护装置、上极限限位器、下极限限位器、紧急断电开关、缓冲器、超载限制器、信号装置和通信装置等。低架提升机应设置安全停靠装置、断绳保护装置、上极限限位器、紧急断电开关和信号装置等安全装置;高架提升机除应设置低架提升机的全部安全装置外,还应设置下极限限位器、缓冲器、超载限制器和通信装置。

物料提升机的辅助部件包括附墙架、地锚和缆风绳等。

1.4.4 物料提升机的工作原理

施工现场的物料提升机一般用电力作为源动力,通过电能转换成机械能,实现做功,完成载物运输的过程。可简单表示为:电源→电动机转换为机械能→减速机改变转速和扭力→卷扬机卷筒(或曳引轮)→牵引钢丝绳→滑轮组改变牵引力的方向和大小→吊笼载物升降(或摇杆吊运物料)。

用于物料提升的卷扬机一般与架体分别安装在不同位置的基础上,两基础相隔有一定距离,但也有安装在架体底部的。吊笼是沿导轨上下升降成直线运动,把卷扬机产生的旋转扭力改变成直线牵引力,是依靠卷筒缠绕钢丝绳来完成的,如图 1-29 所示。

同理,物料提升机的摇臂把杆也是依靠钢丝绳牵引来完成吊物提升。一般摇臂起重把杆钢丝绳走向方式见图 1-30。

曳引式卷扬机与可逆式卷扬机不同,它是依靠钢丝绳与驱动轮之间的摩擦力来传递牵引力的。无论吊笼是否载重,其牵引钢丝绳必须张紧,才能对驱动轮有压力,产生足够的摩擦牵引力。因此曳引机通常直接设置在架体的底部,除有吊笼外,还需有对重块来保持张力平衡。当吊笼上升时,对重块下降;当吊笼下降时,对重块上升。其钢丝绳穿绕方式见图 1-31。

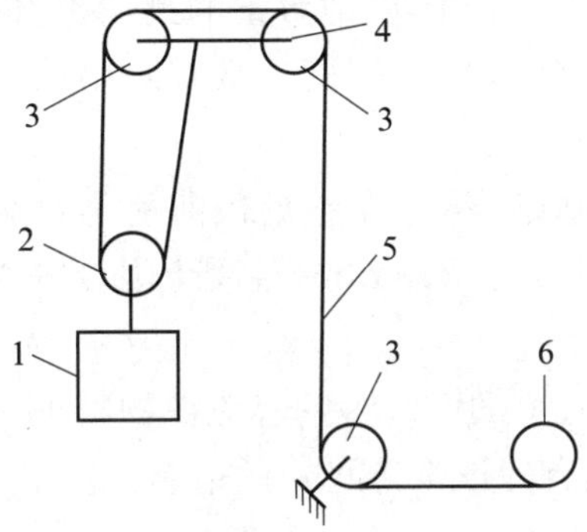

1—吊笼；2—笼顶动滑轮；3—导向滑轮；
4—天梁；5—钢丝绳；6—卷筒

图 1 - 29　物料提升机牵引示意图

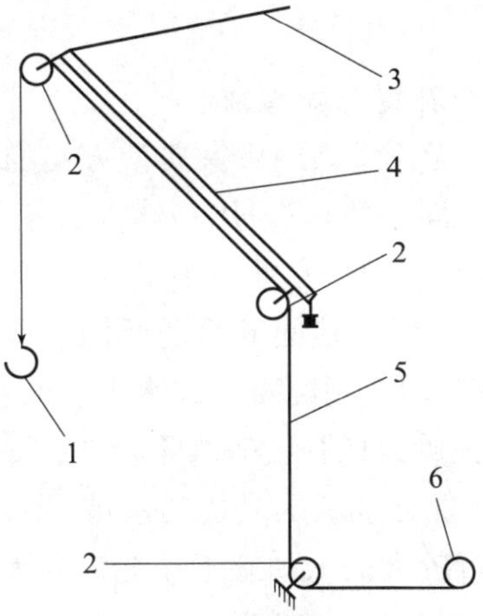

1—吊钩；2—导向滑轮；3—把杆缆索；
4—把杆；5—起重钢丝绳；6—卷筒

图 1 - 30　摇臂起重把杆钢丝绳走向示意图

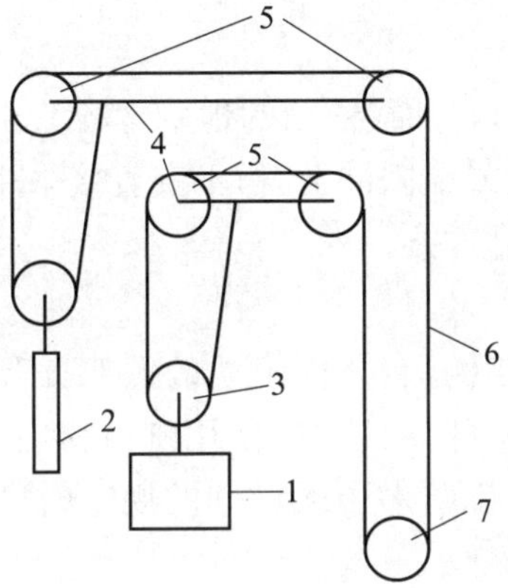

1—吊笼；2—对重块；3—笼顶动滑轮；4—天梁；5—导向滑轮；6—钢丝绳；7—摩擦驱动轮

图 1 - 31　曳引机钢丝绳穿绕示意图

1.4.5　物料提升机的基础与稳固

1. 地基与承载力

物料提升机的基础必须能够承受架体的自重、载运物料的重量以及缆风绳、牵引绳等产生的附加重力和水平力。物料提升机生产厂家的产品说明书一般都提供了典型的基础方案，当现场条件相近时宜直接采用。当制造厂未规定地基承载力要求时，对于低架提升机，应先清理、夯实、整平基础土层，使其承载力不小于 80 kPa。在地势低洼地点的基础，应在离基础适当距离外，开挖排水沟槽，排除积水。无自然排水条件的，可在基础边设置集水井，使用抽水设备排水。高架提升机的基础应进行设计，计算时应考虑载物、吊具和架体等重力，还必须注意到附加装置和设施产生的附加力，如安全门、附着杆、钢丝绳、防护设施以及风荷载等产生的影响。当地基承载力不足时，应采取措施，使之达到设计要求。

当基础设置在构筑物上，如在地下室顶板上，或屋面构筑在梁、板上时，应验算承载梁板的强度,保证能可靠承受作用在其上的全部荷载。必要时应采取措施,对梁板进行支撑加固处理。

2. 物料提升机基础

(1) 无论是采用厂家典型方案的低架提升机,还是有专门设计方案的高架提升机,基础设置在地面上的,应采用整体混凝土基础。基础内应配置构造钢筋。基础最小尺寸不得小于底架的外轮廓,厚度不小于 300 mm,混凝土强度等级不低于 C20。

(2) 放置在地面的驱动卷扬机应有适当的地基基础,不论在卷扬机前后是否有锚桩或绳索固定,均宜用混凝土或水泥砂浆找平,一般厚度不小于 200 mm,混凝土强度等级不低于 C20,水泥砂浆的强度等级不低于 M20。

(3) 保持物料提升机与基坑(沟、槽)边缘 5 m 以上的距离,尽量避免在物料提升机基础近旁进行较大的振动施工作业。如无法避让时,必须有保证架体稳定的措施。

3. 预埋件和锚固件

(1) 混凝土基础浇捣前,应根据物料提升机型号和底架的尺寸,设置固定底架、导向滑轮座的钢制预埋件或地脚螺栓等锚固件。预埋件应准确定位,最大水平偏差不得大于 10 mm,地脚螺栓的规格、数量和材质应符合产品说明书的要求。在混凝土基础上还应设置供防护围栏固定的预埋件。

(2) 卷扬机基础也应设置预埋件或锚固的地脚螺栓。由于架体、底座的材质多样,可焊性很难确定,因此固定在预埋件或锚固件上时,不宜直接采用电焊固定,宜用压板、螺栓等方法将架体、底座与预埋件、锚固件连接。

4. 附墙架

为保证物料提升机架体不倾倒,有条件附墙的低架提升机以及所有高架提升机都应采用附墙架稳固架体。附墙架的支撑主杆件应使用刚性材料,不得使用软索。常用的刚性材料有角钢、钢管等型钢。当产品说明书中无详细的规定时,应进行设计计算,并满足强度和稳定性的要求。

当用型钢制作附墙架时,型钢材料的强度不得低于架体。附墙架与架体的连接点,应设置在架体主杆与腹杆的结点处,不得随意向上或向下移位。连接点应使用紧固件将附墙架牢靠固定,不得使用现场焊接等不易控制连接强度和损伤架体的方法。

附墙架应能保证几何结构的稳定性,杆件不得少于 3 根,形成稳定的三角形状态。各杆件与建筑物连接面处需有适当的距离分开,使之受力良好,杆件与架体中心线夹角一般宜控制在 40°左右。内置式井架物料提升机的连接方法如图 1-32 所示,外置式井架物料提升机的连接方法如图 1-33 所示,龙门架连接方法如图 1-34 所示。

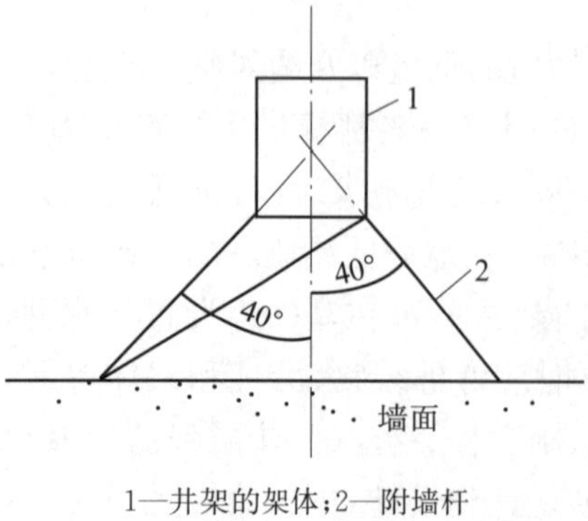

1—井架的架体;2—附墙杆

图 1-32　内置式井架附墙连接示意图

附墙架与建筑物连接应采用预埋件、穿墙螺栓或穿墙管件连接等方式。采用紧固件的,应保证有足够的连接强度。不得采用钢丝、铜线绑扎等非刚性连接方式,严禁与建筑脚手架相牵连,附墙架与建筑物连接点的构造如图 1-35 所示。

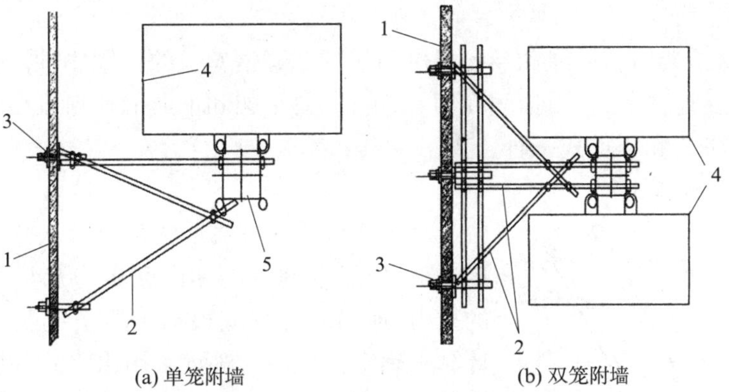

1—建筑物；2—附墙杆；3—穿墙螺栓；4—吊笼；5—架体立柱

图 1 - 33　外置式井架物料提升机附墙连接示意图

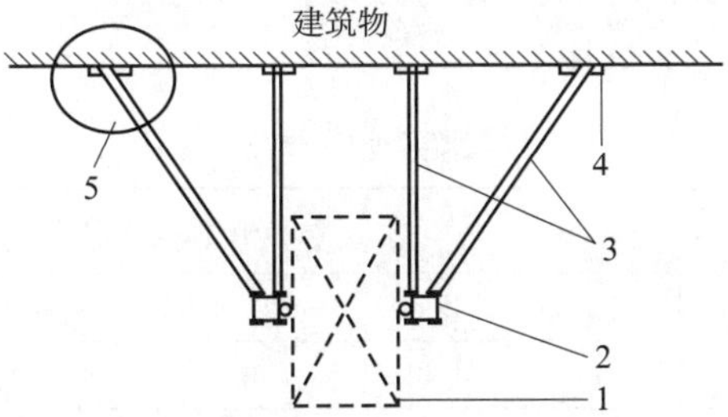

1—吊笼；2—龙门架立柱；3—附墙架；4—预埋件；5—节点

图 1 - 34　龙门架型钢附墙架与预埋件连接

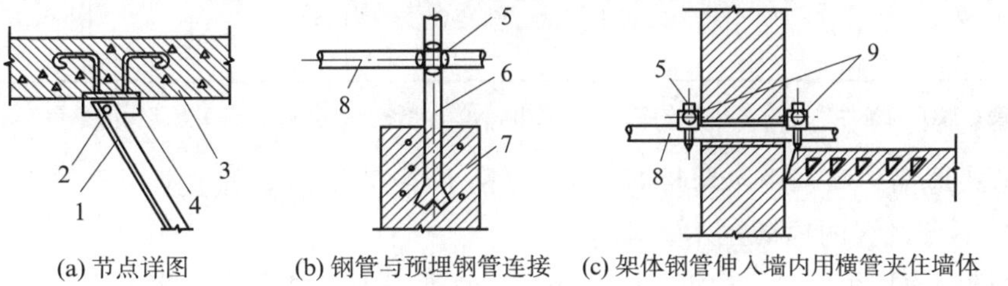

1—附墙架杆件；2—连接螺栓；3—建筑物结构；4—预埋件；5—扣件；
6—预埋短管；7—钢筋混凝土梁；8—附墙架杆；9—横管

图 1 - 35　附墙架与建筑物连接点的构造

5. 缆风绳

当受施工现场的条件限制，低架物料提升机无法设置附墙架时，可采用缆风绳稳固架体。缆风绳的上端与架体连接，下端一般与地锚连接，通过适当张紧缆风绳，保持架体垂直和稳定。

高架提升机架体不得采用缆风绳等软索稳固。

缆风绳应使用钢丝绳，不得使用钢丝、钢筋和麻绳等代替。钢丝绳应能承受足够的拉力，选用时应根据现场实际情况计算确定。缆风钢丝绳的直径不得小于 9.3 mm，安全系数不得小于 3.5。

缆风绳与架体的连接应设置在主位杆与腹杆节点等加强处，应采用护套、连接耳板和卸扣等进行连接，防止架体钢材等棱角对缆风绳造成剪切破坏。

6. 地锚

地锚是提供给架体缆风绳和卷扬机牵引机的锚索钢丝绳的拴固物件。采用缆风绳稳固架体时,应拴固在地锚上,不得拴固在树木、电杆、脚手架和堆放的材料设备上。地锚的形式通常有水平式、桩式和压重式三种。

1) 水平式和桩式地锚

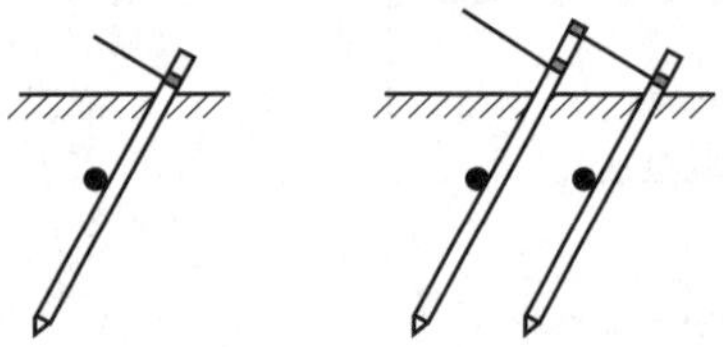
(a) 单桩地锚　　(b) 双桩地锚

图 1-36　桩式地锚

水平式地锚和桩式地锚都是埋入式地锚。设置在土层地下,依靠土的重力和内摩擦力来承受缆风绳或锚索的拉力,地锚的设置应根据土质情况及受力大小经设计计算来确定。地锚一般宜采用水平式地锚,当土质坚实,地锚受力小于 15 kN 时,也可选用桩式地锚。桩式地锚的设置形式如图 1-36 所示。

当地锚无设计规定时,其规格和形式可按以下情况选用。

(1) 水平地锚可按表 1-7 选用。

表 1-7　水平地锚参数

参　数	相对应数据							
作用荷载/N	24 000	21 700	38 600	29 000	42 000	31 400	51 800	33 000
缆风绳水平夹角/(°)	45	60	45	60	45	60	45	60
衡置木(直径 240 mm)根数×长度/mm	1×2 500		3×2 500		3×3 200		3×3 300	
埋设深度/m	1.7		1.7		1.8		2.2	
压板(密排圆木)长×宽/mm×mm	—		—		800×3 200		800×3 200	

注:本表系按下列条件确定:木材容许应力为 11 MPa;填土密度为 1 600 kg/m³;土层内摩擦角为 45°。

(2) 桩式地锚。当采用木单桩时,圆木直径不小于 20 mm,埋深不小于 1.7 m,并在桩的前上方和后下方设置两根横挡木。

当采用脚手钢管(ϕ48)或角钢(∟75×6)时,应不小于 2 根且并排设置,间隔为 0.5~1.0 m,打入深度不小于 1.7 m;桩顶部应有缆风绳防滑措施。

2) 压重式地锚

压重式地锚也称重力地锚。当土层不能开挖,无法埋置地锚时,可采用此方法。压重式地锚通常有一钢架底座,底座上设有锚点耳板。缆索绳通过卸扣、耳板拴牢在钢架上。锚固力的大小与底座上的压重多少相关,应通过设计计算。计算时应充分注意钢架底座与地面的摩擦系数,为保证地锚不滑动,压重应大于所需的计算重力,其安全系数 k 不得小于 2。计算简图如图 1-37 所示,计算应同时满足式(1-9)和式(1-10)。

$$g \geqslant \frac{T \cdot \cos\alpha}{f} \tag{1-9}$$

$$g \geqslant T \cdot \sin\alpha \tag{1-10}$$

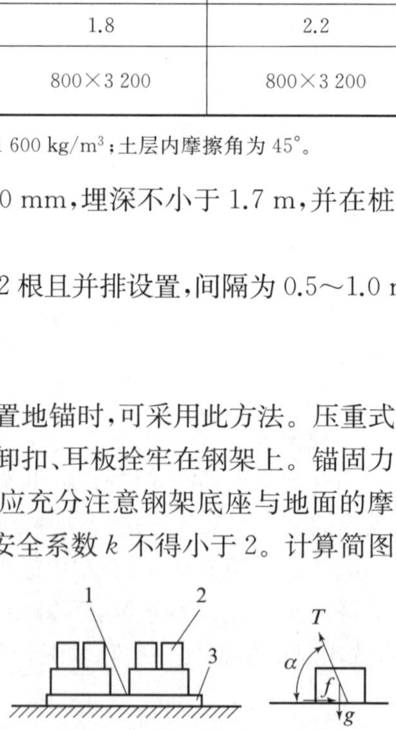

1—缆风绳;2—压重;3—底架

图 1-37　压重式地锚示意图

式中　g——计算重力;

f——钢架底座与地面的摩擦系数;

T——缆风绳(锚索)拉力；

α——缆风绳与地面的夹角。

实际压重 G 应满足式(1-11)的要求。

$$G \geqslant kg(k \geqslant 2) \tag{1-11}$$

1.4.6　安全装置

1. 安全停靠装置

安全停靠装置的主要作用是当吊笼运行到位时，出料门打开后，如果突然发生钢丝绳断裂事故，吊笼将可靠地悬挂在架体上，从而起到避免发生吊笼自由坠落、保护施工人员安全的作用。该安全装置能使吊笼可靠定位，并能承受吊笼自重、额定荷载、装卸物料人员重量及装卸时的工作荷载。此时钢丝绳不受力，只起保险作用。停靠装置为非标部件，因此其形式不一，有手动机械式，也有弹簧自动及电磁联动式；挂靠吊笼的部件可以是挂钩、楔块，也可以是弹闸、销轴。不论采用何种形式，在吊笼停靠时，都必须保证与架体可靠连接。常见的有：

(1) 插销式楼层安全停靠装置(图1-38)；

(2) 牵引式楼层安全停靠装置(图1-39)；

(3) 连锁式楼层安全停靠装置(图1-40)。

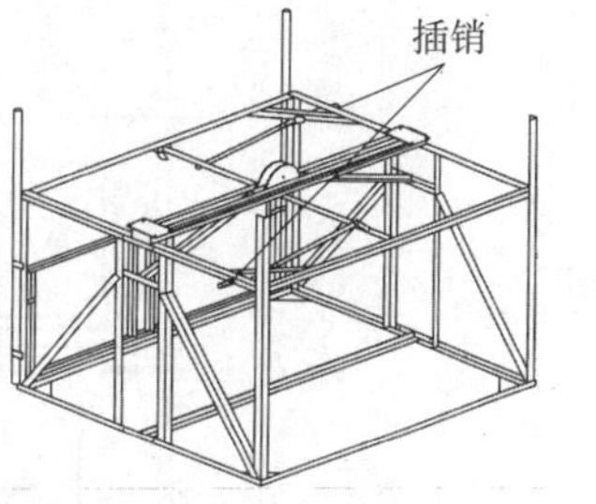

图1-38　插销式楼层安全停靠装置示意图

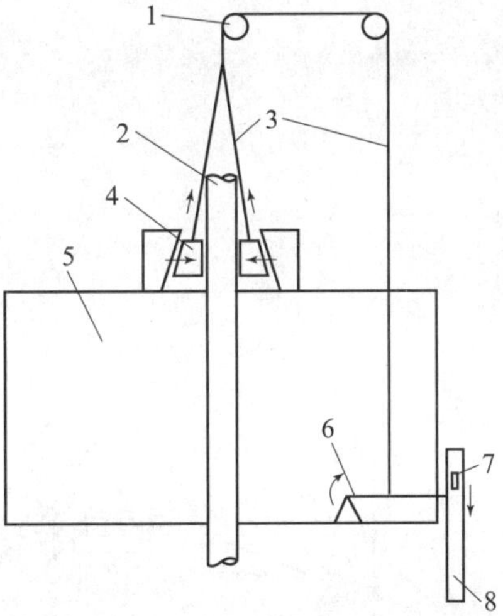

1—导向滑轮；2—导轨；3—拉索；4—楔块抱闸；5—吊笼；6—转动臂；7—碰撞块；8—出料门

图1-39　牵引式楼层安全停靠装置

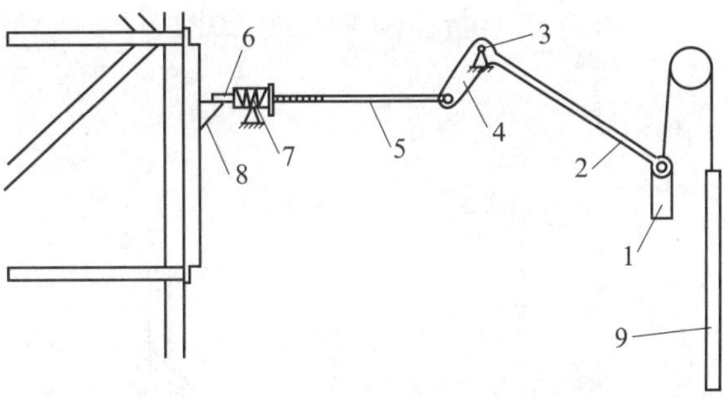

1—吊笼门平衡重；2—拐臂杆；3—转轴；4—拐臂；5—拉线；6—插销；7—压簧；8—横担；9—吊笼门

图1-40　连锁式楼层安全停靠装置示意图

2. 断绳保护装置

断绳保护装置又称防坠安全装置。当钢丝绳突然断裂或钢丝绳尾部的固定件松脱时，该装置能立刻动作，使吊笼可靠停住并固定在架体上，阻止吊笼坠落。防坠安全装置的形式较多，从简易到复杂有一个逐步完善的发展过程。20世纪80年代前，多采用弹闸、杠杆挂钩等简易瞬时防坠装置，冲击力较大，易对架体缀杆和吊笼造成损伤。为改变这种弊病，逐步出现了夹钳式、楔块抱闸式和旋撑制动式等较复杂渐进式防坠装置,吊笼在坠落过程中依靠偏心轮、斜楔或旋撑杆的作用,逐渐接近架体上的导轨,直至摩擦构件压紧导轨并锁住,使吊笼牢靠地固定在导轨即架体上。因锁紧作用的发生有一个延时的过程,冲击力衰减,对架体和吊笼损伤较小。采用此类防坠装置必须保证摩擦锁紧效果,注意保持导轨和偏心轮、斜楔或旋撑杆的清洁,尤其锁紧面不得沾有油污。

任何形式的防坠安全装置,当断绳或固定件松脱时,吊笼锁住前的最大滑行距离在满载情况下,不得超过 1 m。常见的保护装置有:

(1) 弹闸式防坠装置,如图 1-41 所示。

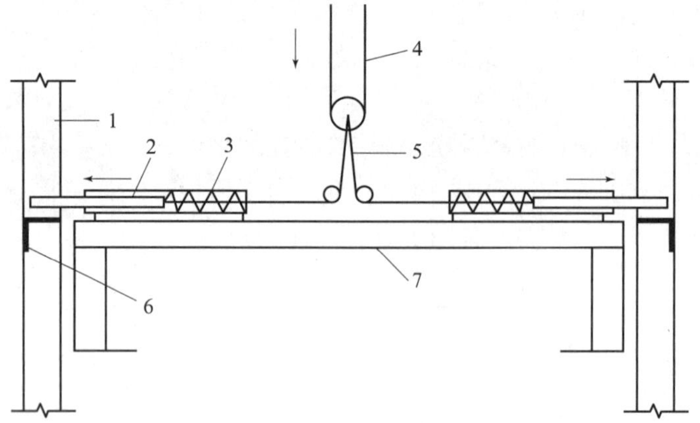

1—架体;2—弹闸销轴;3—弹簧;4—起升钢丝绳;5—弹闸拉索;6—架体横缀杆;7—吊笼横梁

图 1-41　弹闸式防坠装置示意图

(2) 夹钳式断绳保护装置,如图 1-42 所示。

(3) 拨杆楔形断绳保护装置,如图 1-43 所示。

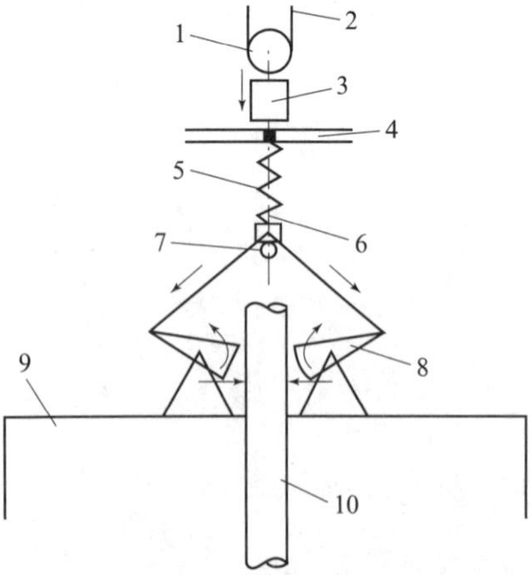

1—提升滑轮;2—提升钢丝绳;3—平衡梁;
4—防坠器架体(固定在吊篮上);5—弹簧;
6—拉索;7—拉环;8—制动夹钳;
9—吊篮;10—导轨

图 1-42　夹钳式断绳保护装置

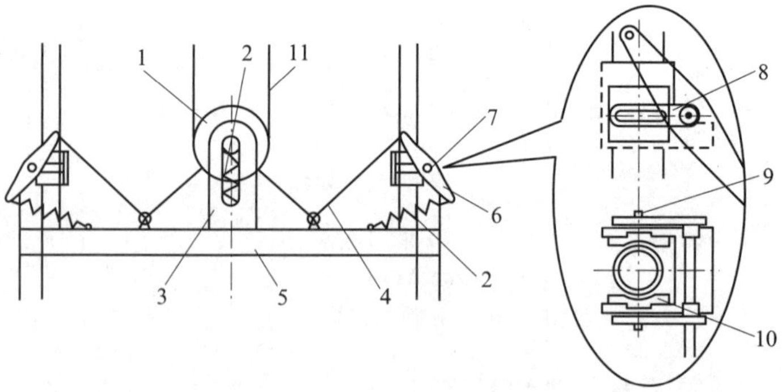

1—滑轮;2—拉簧;3—耳板;4—传力钢丝绳;
5—吊笼;6—摆杆;7—转轴;8—拨杆;
9—拨销;10—楔块;11—起升钢丝绳

图 1-43　拨杆楔形断绳保护装置

(4) 旋撑制动断绳保护装置,如图 1-44 所示。

(5) 惯性楔块断绳保护装置,如图 1-45 所示。

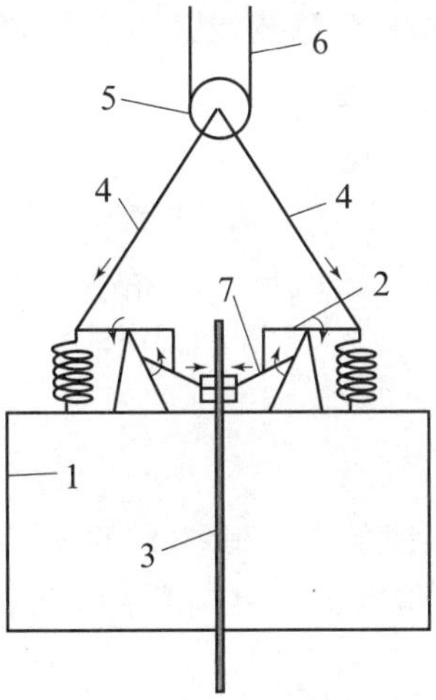

1—吊笼;2—拨叉;3—导轨;
4—拉索;5—吊笼提升动滑轮;
6—提升机钢丝绳;7—撑杆

图 1-44　旋撑制动断绳保护装置

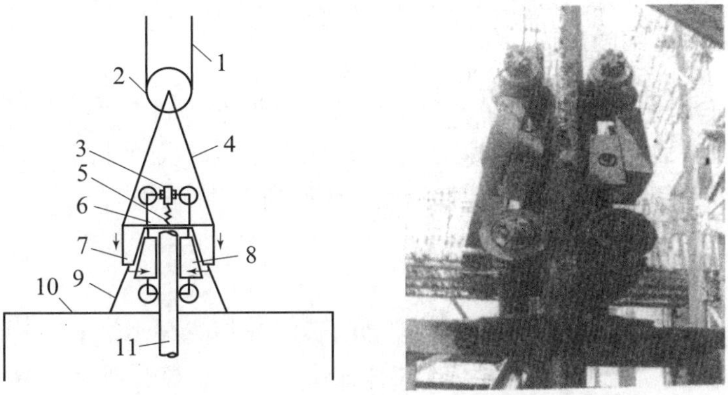

(a) 防坠工作原理　　(b) 外观实物照片

1—提升钢丝绳;2—吊笼提升动滑轮;3—调节螺栓;
4—拉索;5—悬挂弹簧;6—导向轮悬挂板;7—制动架;
8—楔形制动块;9—支座;10—吊笼;11—导轨

图 1-45　惯性楔块断绳保护装置

3. 限位限载装置

1) 上极限限位器

为防止操作人员误操作或机电故障引起吊笼上升时失控,应在吊笼允许提升的最高工作位置,设置限位装置,一般由可自动复位的行程开关和撞铁组成;也可以在卷扬机的钢丝绳卷筒轴端设置限位开关。当吊笼达到极限位置时即自行切断电源(指可逆卷扬机),此时吊笼只能下降,不能上升。该极限位置应设在吊笼顶的最高处离天梁最低处距离不小于 3 m 的地方,该距离称为吊笼的越程距离。

2) 下极限限位器

为防止吊笼下降时超越最低的极限位置,造成钢丝绳乱绕和意外事故,在吊笼允许达到的最低规定位置处设置下极限限位器,与上极限限位器类同,一般也由可自动复位的行程开关和撞铁组成,当吊笼达到极限位置时,应在吊笼碰到缓冲器前即动作并自行切断电源,此时吊笼只能上升,不能下降。

3) 超载限制器

超载限制器是高架物料提升机重要的安全装置。当起升荷载超过额定荷载时,该装置能输出电信号,切断起升控制回路,并能发出警报,达到防止物料提升机超载的目的。常用的超载限制器有机械式和电控式两种。机械式超载限制器的主要传感元件为触板和弹簧,触板随荷载增大而变形,达到一定程度时克服弹簧的弹力,触动行程开关切断起升电源,吊笼不能上升,只有卸载到额定载重量后才能通电启动;电控式超载限制器通过限载传感器和传输电缆,将载重量变换成电信号,超载时切断起升控制回路电源,在卸荷到额定值时才恢复通电,方能启动。超载限制器应在荷载达到额定荷载的90%时,即发出警报,以引起司机和运料人员的注意,超过额定荷载时即切断起升电源。

4) 紧急断电开关

简称急停开关,应装在司机容易控制的位置,采用非自动复位的红色按钮开关。在紧急情况下,能及时切断电源。排除故障后,必须人工复位,以免误动作,确保安全。

5) 缓冲器

缓冲器是为缓解吊笼超过最低极限位置或意外下坠时产生的冲击,在架体底部设置的一种弹性装置,可采用螺旋弹簧、钢板锥卷弹簧或弹性实体如橡胶等。该装置应在吊笼以额定载荷和速度作用其上时,承受并吸收所产生的冲击力。

4. 信号通信装置

1) 信号装置

信号装置是一种由司机控制的音响或灯光显示装置,能足以使各层装卸物料的人员清晰听到或看到。常见的是在架体或吊笼上装设警铃或蜂鸣器,由司机操作鸣响开关,通知有关人员吊笼的运行状况。

2) 通信装置

因架体较高,吊笼停靠楼层较多时,司机看不清作业及指挥人员信号,应加设电气通信装置,该装置必须是一个闭路双向通信系统,司机能与每层楼通话联系。一般是在楼层上装置呼叫按钮,由装卸物料的人员使用,司机可以清晰地了解使用者的需求,并通过音响装置给予回复。

1.4.7 防护设施

1. 安全门与防护棚

1) 底层围栏和安全门

为防止物料提升机的作业区周围闲杂人员进入,或散落物坠落伤人,在底层应设置不低于1.5 m高的围栏,并在进料口设置安全门。

2) 楼层通道接口安全门

为避免施工作业人员进入运料通道时不慎坠落,宜在每层楼通道口设置常闭状态的安全门或栏杆,只有在吊笼运行到位时才能打开。宜采用联锁装置的形式,门或栏杆的强度应能承受1 kN(100 kg左右重量)的水平荷载。

3) 上料口防护棚

物料提升机的进料口是运料人员经常出入和停留的地方,吊笼在运行过程中有可能发生坠物伤人事故,因此在地面进料口搭设防护棚十分必要,应根据吊笼运行高度、坠物坠落半径,搭设防护棚。

4) 警示标志

物料提升机进料口应悬挂严禁乘人标志和限载警示标志。

2. 电气防护

物料提升机应当采用TN-S接零保护系统,也就是工作零线(N线)与保护零线(PE线)分开设置的接零保护系统。

(1) 提升机的金属结构及所有电气设备的金属外壳应接地,其接地电阻不应大于10 Ω。

(2) 在相邻建筑物、构筑物的防雷装置保护范围以外的物料提升机应安装防雷装置。

① 防雷装置的冲击接地电阻值不得大于30 Ω。

② 接闪器(避雷针)可采用长1～2 m,ϕ16镀锌圆钢。

③ 提升机的架体可作为防雷装置的引下线,但必须有可靠的电气连接。

(3) 物料提升机上作防雷接地的电气设备,所连接的PE线必须同时做重复接地。

(4) 同一台物料提升机的重复接地和防雷接地可共用同一接地体,但接地电阻应符合重复接地电阻值的要求。

(5) 接地体可分为自然接地体和人工接地体两种。

① 自然接地体是指原已埋入地下并可兼作接地用的金属物体,如原已埋入地中的直接与地接触的钢筋混凝土基础中的钢筋结构、金属井管和非燃气金属管道等,均可作为自然接地体。利用自然接地体,应保证其电气连接和热稳定。

② 人工接地体是指人为埋入地中直接与地接触的金属物体。用作人工接地体的金属材料通常可以采用圆钢、钢管、角钢、扁钢及其焊接件,但不得采用螺纹钢和铝材。

1.4.8 物料提升机的安装与拆卸

1. 物料提升机安装、拆卸专项方案

在物料提升机安装、拆除前,应根据工程实际情况编制专项安装、拆除方案,应经过安装、拆除单位技术负责人审批后实施。专项安装、拆除方案应具有针对性、可操作性,主要包括下列内容:

(1) 工程概况。

(2) 编制依据。

(3) 安装位置及示意图。

(4) 专业安装、拆除技术人员的分工及职责。

(5) 辅助安装、拆除起重设备的型号、性能、参数及位置。

(6) 安装、拆除的工艺程序和安全技术措施。

(7) 主要安全装置的调试及试验程序。

2. 物料提升机的安装

(1) 在安装作业前,应查验物料提升机的出厂产品合格证、检验报告、特种设备制造许可证及随机资料。

(2) 根据施工现场工作条件及设备情况编制专项施工方案并经过了审批。

(3) 根据物料提升机说明书对基础的要求,进行基础施工技术交底,做好基础混凝土浇筑。

(4) 根据专项方案对全体作业人员进行安全技术交底,明确人员分工,确定指挥、专职安全员、技术负责人。所有特种作业人员均应持证上岗操作。

(5) 进入现场须带好安全防护用品。

(6) 确定安全警戒区,设置安全警示绳、警告牌,指定监护人员到岗。

1.5 施工升降机

1.5.1 概述

施工升降机是用吊笼载人、载物沿导轨进行上下运输的施工机械。它主要应用于高层和超高层建筑施工，也用于仓库、码头等固定设施的垂直运输，如图 1-46、图 1-47 所示。

图 1-46 应用于超高设施施工

(a) 应用于铁塔施工

(b) 应用于桥梁施工

图 1-47 施工升降机的应用

施工升降机是在 20 世纪 70 年代开始应用于建筑施工中。20 世纪 70 年代中期我国研制了 76 型施工升降机，该机采用单驱动机构、五挡涡流调速、圆柱蜗轮减速器、柱销式联轴器和楔块捕捉式限速器，额定提升速度为 36.4 m/min，基本上满足了当时高层建筑施工的需要。20 世纪 80 年代，随着我国建筑业的迅速发展，高层建筑的不断增加，对施工升降机提出了更高的要求，在引进消化进口施工升降机的基础上，我国研制了 SCD200/200 型施工升降机。该机采用双驱动形式，专用电机、平面二次包络蜗轮减速器和锥形摩擦式双向限速器，最大额定载荷为 2 000 kg，最大提升高度为 150 m；该机具有较高的传动效率和先进的防坠安全器，同时也增大了额定载重和提升高度，达到了国外同类产品的技术性能，基本满足了施工需要，已逐步成为国内使用最多的施工升降机基本机型。进入 20 世纪 90 年代，由于超高层建筑的不断出现，施工升降机的运用速度已满足不了施工要求，更高速度的施工升降机先后诞生，其最大提升速度达到了 90 m/min 以上，最大提升高度达到了 400 m。同时，为了适应特殊建筑物的施工要求，还出现了倾斜式和曲线式施工升降机。

1.5.2 施工升降机的型号和分类

1. 施工升降机的型号

施工升降机的型号由组、特性、主参数和更新、变型等代号组成。编制方法如图 1-48 所示。

1）主参数代号

单吊笼施工升降机标注一个数值。双吊笼施工升降机标注两个数值，用符号“/”分开，每个数值均为一个吊笼的额定载重量代号。对于 SH 型施工升降机，前者为齿轮齿条传动吊笼的额定载重量代号，后者为钢丝绳吊笼的额定载重量代号。

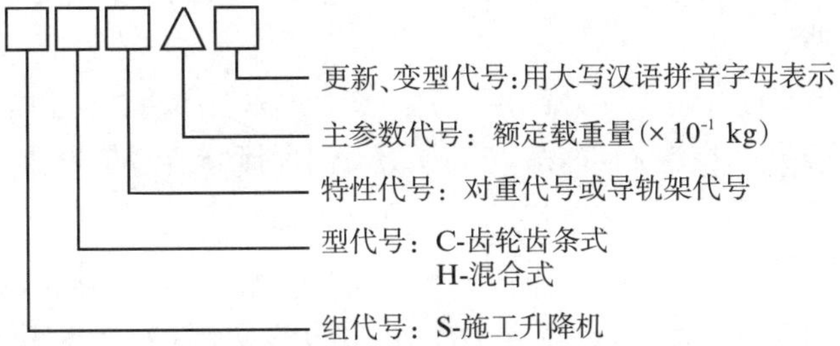

图 1-48　施工升降机的型号表示

2）特性代号

特性代号是表示施工升降机两个主要特性的符号。① 对重代号：有对重时标注 D，无对重时省略；② 导轨架代号：对于 SC 型施工升降机，三角形截面标注 T；矩形或片式截面省略，斜式或曲线式导轨架则不论何种截面均标注 Q。

3）标记示例

齿轮条式施工升降机，双吊笼，有对重，一个吊笼的额定载重量为 2 000 kg，另一个吊笼的额定载重量为 2 500 kg，导轨架横截面为矩形，表示为：施工升降机 SCD200/250。

2. 施工升降机的分类

施工升降机按其传动形式可分为齿轮齿条式、钢丝绳式和混合式三种。钢丝绳式施工升降机一般为货用升降机，本书将其列入物料提升机章节内；混合式施工升降机是指一个吊笼为齿轮齿条传动，一个吊笼为钢丝绳传动，该机型目前市场上很少，本书不做介绍。以下主要介绍齿轮齿条式人货两用施工升降机。

该施工升降机的传动方式为齿轮齿条式，动力启动装置均通过平面包络环面蜗杆减速器带动小齿轮转动，再由转动小齿轮和导轨架上的齿条啮合，通过小齿轮的转动带动吊笼升降，每个吊笼均装有渐进式防坠安全器，如图 1-49 所示。

目前，按驱动转动方式的不同有普通双驱动或三驱动式、变频调速驱动式、液压传动驱动式；按导轨架结构形式的不同有直立式、倾斜式、曲线式。

(1) 普通施工升降机。是采用专用双驱动或三驱动电机作动力，其起升速度一般为 36 m/min。采用双驱动的施工升降机通常带有对重。其导轨架由标准节通过高强度螺栓连接组装而成的直立结构形式。在建筑施工中广泛使用。

(2) 液压施工升降机。由于采用了液压传动驱动并实现无级调速，启动制动平稳和运行高速。驱动机构通过电机带动柱塞泵产生高压油液，再由高压油液驱使油马达转动，并通过蜗轮减速器及主动小齿轮实现吊笼的上下运行，但由于噪声大、成本高，目前几乎不使用。

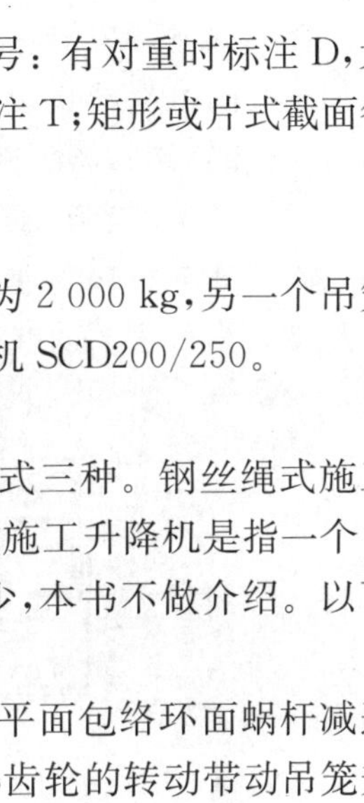

图 1-49　齿轮齿条式施工升降机

(3) 变频调速施工升降机。由于采用了变频调速技术，具有手控有级变速和无级变速，其调速性能更优于液压施工升降机，起、制动更平稳,噪声更小。其工作原理是电源通过变频调速器,改变进入电动机的电源频率,以达到电动机变速。

变频调速施工升降机的最大提升高度可达 450 m 以上,最大起升速度达 96 m/min。由于良好的调速性能、较大的提升高度,故在高层建筑中得到广泛的应用。

(4) 倾斜式施工升降机。是根据特殊形状的建筑物的施工需要而产生的,其吊笼在运行过程中应始终保持垂直状态,导轨架按建筑物需要倾斜安装,吊笼两受力立柱与吊笼框制作成倾斜形式,其倾斜度与导轨架一致。由于吊笼的两立柱、导轨架、齿条与吊笼都有一个倾斜度,故三台驱动装置布置形式呈阶梯状,如图 1 - 50 所示。导轨架轴线与垂直线夹角一般不大于 11°。

倾斜式升降机与直立式施工升降机在设计与制造上主要区别是导轨架的倾斜度由底座的形式和附墙架的长短来决定。附墙架设有长度调节装置,以便在安装中调试附墙架的长短,保证导轨架的倾斜度和直线度。

(5) 曲线式施工升降机。曲线式施工升降机无对重,导轨架采用矩形截面或片状方式,通过附墙架或直接与建筑物内外壁面进行直线、斜线和曲线架设。该机型主要应用于以电厂冷却塔为代表的曲线外形的建筑物施工中,曲线式施工升降机如图 1 - 51 所示。

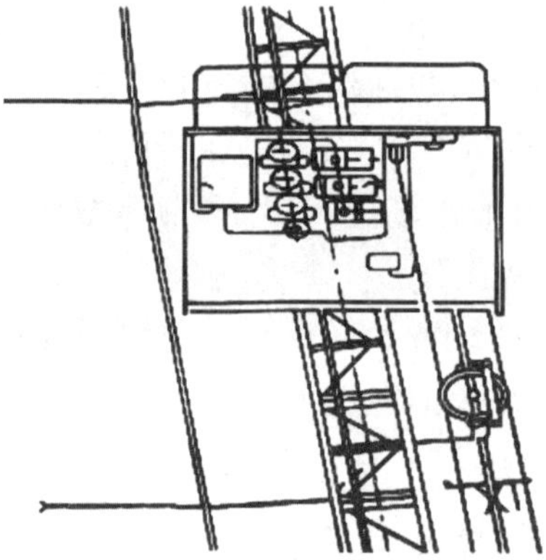

图 1 - 50　驱动装置布置形式

图 1 - 51　曲线式施工升降机

曲线式施工升降机在设计与制作上有以下特点:

① 吊笼采用下固定铰点或中固定铰点,设置有强制式自动调平与手动调平两种制式调平机构,可使吊笼在做多种曲线运行时始终保持垂直。

② 吊笼与驱动装置采用拖式铰接连接,驱动装置采用全浮动机构,使曲线式施工升降机能适应更大的倾角和曲率。

③ 齿轮齿条传动实现小折线近似多种曲线的特殊结构设计,保证传动机构能够平稳可靠地运行。

3. 施工升降机的基本技术参数

1) 施工升降机的主要技术参数

(1) 额定载重量:工作工况下吊笼允许的最大荷载。

(2) 额定提升速度:吊笼装载额定载重量,在额定功率下稳定上升的设计速度。

(3) 吊笼净空尺寸:吊笼内空间大小(长×宽×高)。

(4) 最大提升高度：吊笼运行至最高上限位位置时，吊笼底板与基础底架平面间的垂直距离。

(5) 额定安装载重量：安装工况下吊笼允许的最大荷载，通常是指未安装对重时的吊笼额定载重量。

(6) 标准节尺寸：组成导轨架的可以互换的构件的尺寸大小(长×宽×高)。

(7) 对重重量：有对重的施工升降机的对重重量。

2) 施工升降机主要技术参数示例

① SCD200/200 型施工升降机的主要技术参数见表1-8。

② SCD200/200G 型和 SC200/200G 型变频调速施工升降机的主要技术参数见表1-9。

表1-8　SCD200/200 型施工升降机的主要技术参数

项　目	单位	技术参数	项　目	单位	技术参数
额定载重量	kg	2×2 000	电动机数量	台	2×2
额定提升速度	m/min	38	标准节高度	mm	1 508
最大高度	m	150	安装吊杆起重量	kg	≤200
吊笼净空(长×宽×高)	m×m×m	3.0×1.3×2.5	对重重量	kg	2×1 260
电机功率	kW	11	最大自由端高度	m	9

表1-9　SCD200/200G 型和 SC200/200G 型变频调速施工升降机的主要技术参数

项　目	单　位	技术参数	
		SC200/200G	SCD200/200G
额定载重量	kg	2×2 000	2×2 000
提升速度	m/min	0～60	0～96
最大高度	m	450	450
电动机功率	kW	15	15
电动机数量	台	2×3	2×3
对重重量	kg	—	2×2 000

1.5.3 施工升降机的组成

施工升降机一般由金属结构、传动机构、安全装置和控制系统四部分组成。

1.5.3.1 施工升降机的金属结构

施工升降机的金属结构主要有导轨架、防护围栏、吊笼、附墙架和楼层门等，如图1-52所示。

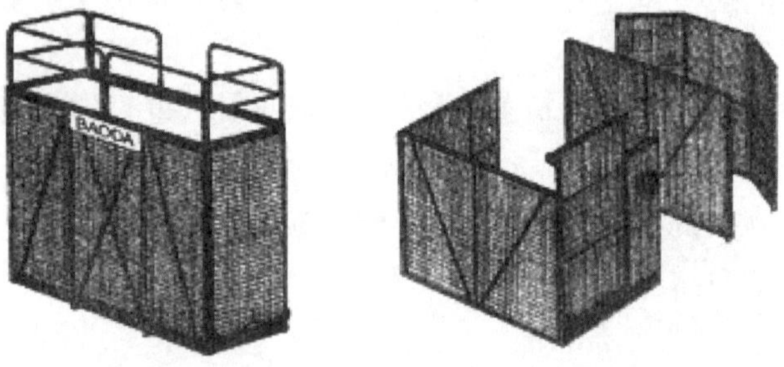

(a) 吊笼　　(b) 防护围栏

图 1－52　施工升降机金属结构

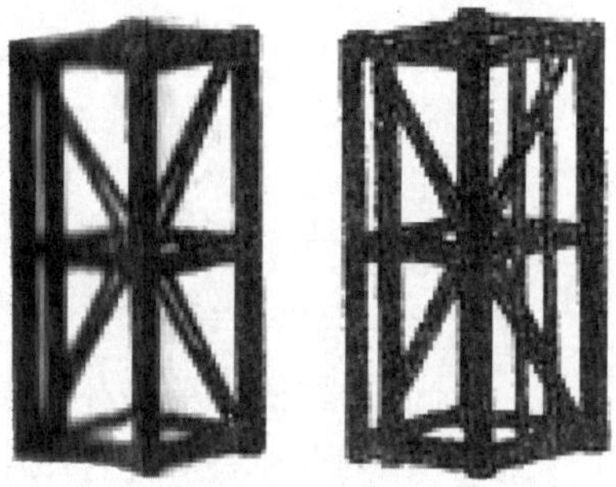

图 1－53　导轨架

1. 导轨架(图 1-53)

(1) 导轨架的作用。施工升降机的导轨架是用以支承和引导吊笼、对重等装置运行的金属构架。它是施工升降机的主体结构之一,主要作用是支撑吊笼、荷载以及平衡重,并对吊笼运行进行垂直导向,因此导轨架必须垂直并有足够的强度和刚度。

施工升降机的导轨架是由标准高度的导轨通过高强度螺栓连接组装而成。标准导轨节(简称标准节)是组成导轨架的可以互换的构件,因此标准节及其连接均需可靠。

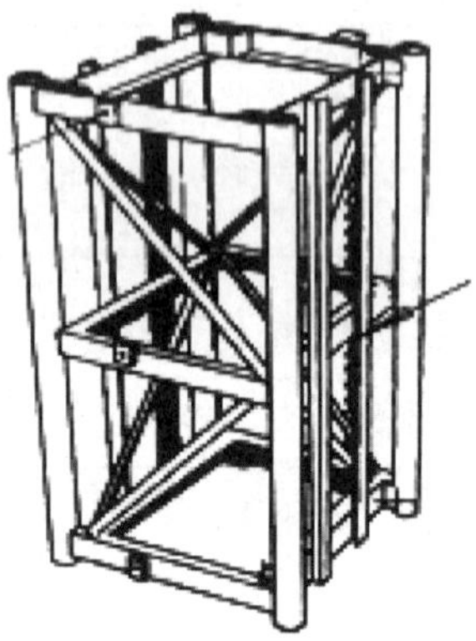

图 1－54　标准节

(2) 标准节的结构与种类。标准节的截面一般有方形、三角形等,常用的是方形,如图 1－54 所示。

标准节由四根布置在四角作为立管的钢管和作为水平杆、斜腹杆的角钢、圆钢焊接而成。齿轮齿条式施工升降机的标准节一般长度为 1 508 mm 的方形格构柱架,并用内六角螺栓把两根符合要求的齿条垂直安装在立柱的左右两侧,作为施工升降机传递力矩用,有对重的施工升降机在立柱前后焊接或组装有对重的导轨,每节标准节上下两端四角立管内侧设置 4 个孔,用来连接上下两节标准节或顶部天轮架。吊笼是通过齿轮齿条啮合传递力矩实现上下运行的。齿轮齿条的啮合精度直接影响到吊笼运行的平稳性及可靠性。为了确保其安装精度,齿条的安装除用高强度螺栓固定外,还在齿条两端配有定位销孔,标准节立管的两端设有定位孔,以确保导轨的平直度。

2. 附墙架

(1) 附墙架的作用。附墙架是按一定间距连接导轨架与建筑物或其他固定结构,用以支撑导轨架的构件。当导轨架高度超过最大独立高度时,施工升降机应架设附着装置。

(2) 附墙架的种类。附墙架一般可分为直接附墙架和间接附墙架。采用直接附墙时,附墙架的一端用 U 形螺栓和标准节的框架连接,另一端和建筑物可靠连接以保持其稳定性,如图 1－55 所示。采用间接附墙架时,附墙架的一端用 U 形螺栓和标准节的框架连接,另一端两个扣环扣在两根导柱管上,同时用过桥连杆把 4 根过道竖杆(立管)连接起来,在过桥连杆和建筑物之间用斜支撑等连接成一体。通过调节附墙架可以调节导轨架的垂直度,如图1－56所示。

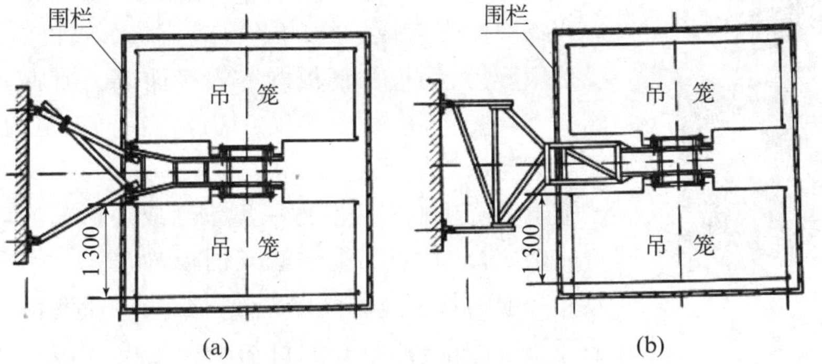

图 1－55　直接附墙架示意图

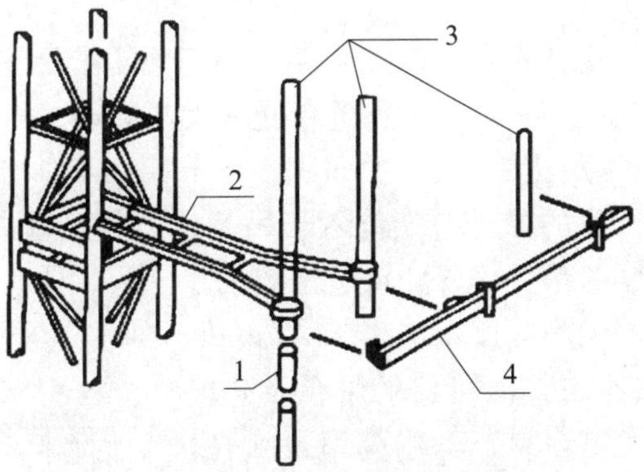

1—立杆接头；2—短前支撑；3—过道竖杆(立管)；4—过桥连杆

图 1－56　间接附墙架示意图

(3) 附墙架与建筑物的连接方法。

根据建筑物条件、相对位置，决定附墙架与建筑物的连接方法、连接件与墙的连接方式，如图 1－57 所示。附墙架连接不得使用膨胀螺栓。

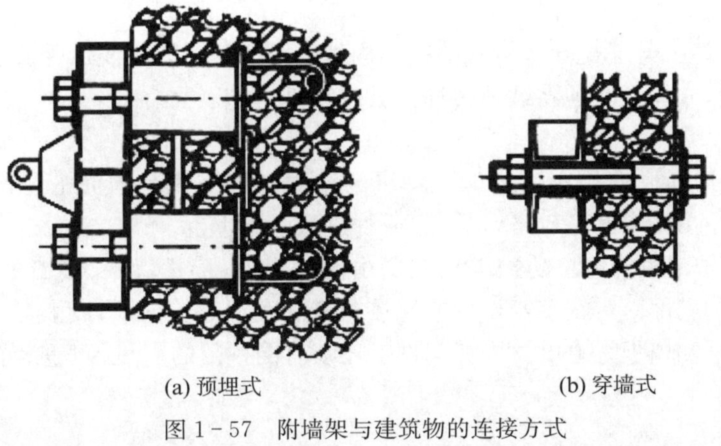

(a) 预埋式　　(b) 穿墙式

图 1－57　附墙架与建筑物的连接方式

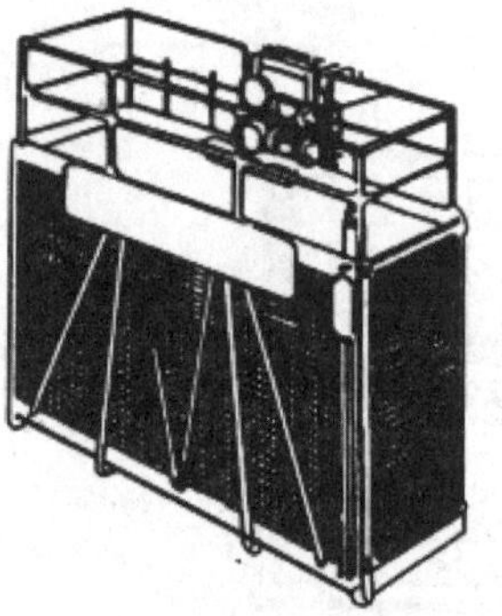

图 1-58　吊笼

3. 吊笼

吊笼是施工升降机用来运载人员或货物的笼形部件,以及用来运载物料的带有侧护栏的平台或斗状容器的总称(图 1-58)。一般是用型钢、钢板和钢板网等焊接而成。前后有进出口和门,一侧装有驾驶室,主要操作开关均设置在驾驶室内。吊笼上安装了导向滚轮沿导轨架运行。

施工升降机的吊笼一般由型钢组成矩形框架,四周封有钢丝网片或金属板,底部铺设木板或钢板,如图 1-58 所示。吊笼外形尺寸一般为长×宽×高=3 m×1.3 m×2.6 m,一端是一扇配有平衡重块的单行门,并能自动平衡定位;而另一端是一扇卸料用的双行门,载人吊笼门框的净高度至少为 2.0 m,净宽度至少为 0.6 m。门应能完全遮蔽开口,其开启高度不应低于 1.8 m。

吊笼门装有机械锁钩,保证在运行时不会自动打开,同时还设有电气安全开关,当门未完全关闭时能有效切断控制回路电源,使吊笼停止或无法启动。

在吊笼顶部设有紧急逃离出口,出口的面积不小于 0.4 m×0.6 m,紧急逃离出口上装有向外开启的天窗盖,抵达天窗的梯子应始终置于吊笼内。紧急逃离出口上还装有电气安全开关联锁,当天窗盖未锁紧时吊笼应停止或无法启动。

载人的吊笼应封顶,笼内净高度不应小于 2 m。吊笼顶部设有天窗和作为安装、拆卸、维修的平台及防护围栏,护栏的上扶手不应低于 1.05 m,中间增设横杆,踢脚板高度不小于 100 mm,护栏与顶板边缘的距离不应大于 100 mm。为保证吊笼在导轨架上顺畅上下运行,吊笼上装有两组滚轮装置如图 1-59 所示,并通过滚轮装置套合在导轨架上。在吊笼的两根主立柱上还安装了两对防止吊笼倾翻的安全钩。

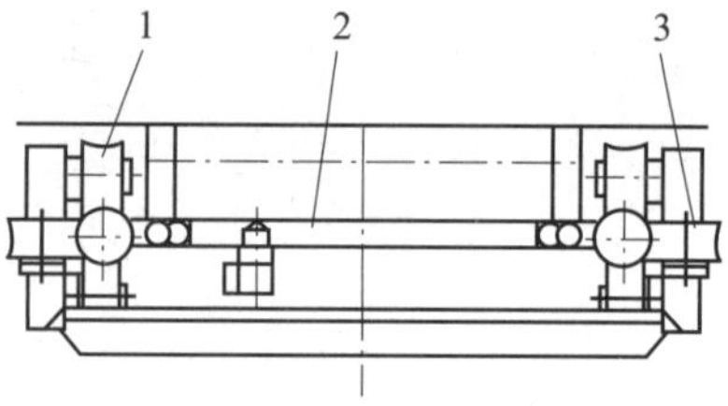

1—正压轮;2—导轨架;3—侧滚轮

图 1-59　滚轮装置

4. 底架、防护围栏与层门

1) 底架

底架是安装施工升降机导轨架及围栏等构件的机架。底架应能承受施工升降机作用在其上的所有载荷,并能有效地将载荷传递到其支承件基础表面。

2) 地面防护围栏

(1) 地面防护围栏的作用。施工升降机的地面防护围栏是地面上包围吊笼的防护围栏,其主要是防止吊笼离开基础平台后,人或物进入基础平台。

(2) 地面防护围栏构造。防护围栏主要由围栏门框、接长墙板、侧墙板、后墙板和围栏门等组成,墙板的底部固定在基础埋件或连接在基础底架上,前后墙板由可调螺栓与导轨架连接,可调整门框和墙板垂直度。围栏门框上还装有围栏门的对重、对重装置以及围栏门的机电联锁装置。

3) 层门

(1) 层门的作用和种类。在楼层的卸料平台上应设置层门,如图 1-60 所示,对卸料通道起安全保护作用。层门应用型钢做框架，封上钢丝网，并设有牢固可靠的锁紧装置，为安全起见，层门应设置成只能向内(在建物一侧)打开，不能向外打开，层门的开、关过程应由吊笼内乘员操作，不得受吊笼运动的直接控制。

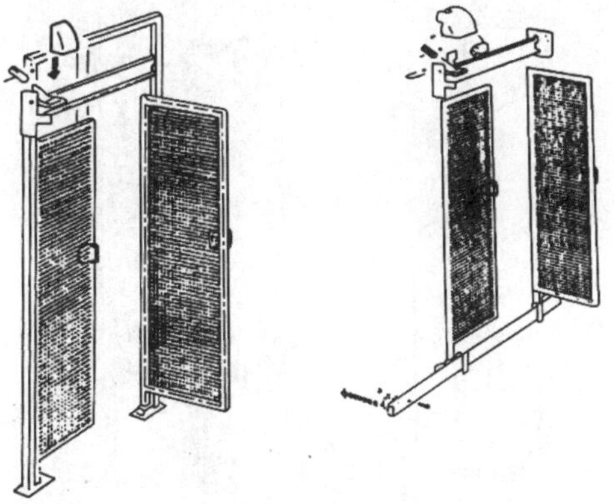

图1-60　层门

5. 对重系统

1) 天轮架

带对重的施工升降机因连接吊笼与对重的钢丝绳需要经过一个定滑轮而工作，故需要设置天轮架。天轮架一般有固定式和开启式两种。如图1-61所示为SC型施工升降机天轮架。

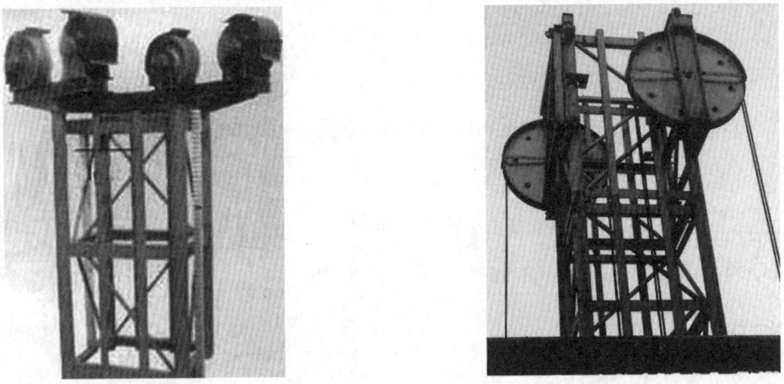

(a) 固定式　　(b) 开启式

图1-61　天轮架

(1) 固定式天轮架。固定式天轮架是用型钢加工的滑轮架，两个滑轮固定在滑轮架上部，滑轮上有防脱绳装置。使用时架设在导轨架的顶部，施工升降机在安装或升节时要整体吊装或取下。其特点是套架结构加工简单，缺点是操作复杂。

(2) 开启式天轮架。开启式天轮架是把滑轮架的一端铰接在导轨架的连系梁上，另一端为可开启的形式。当导轨架需要升降节时，天轮架在两个吊笼的支撑下打开连系梁，把标准节直接吊入天轮架内或吊下来，不需要把天轮架取下。其特点是套架结构加工比较复杂，但操作方便。

2) 对重

对重是对吊笼起平衡作用的重物。施工升降机的对重一般为长方形铸铁件或钢材制成的箱形结构，在两端安装有导向滚轮和防脱轨装置，上端有绳耳与钢丝绳连接。通过钢丝绳的牵引，在导轨架的对重导轨内上下运动。

3) 对重钢丝绳

SC型人货两用施工升降机悬挂对重的钢丝绳不得少于两根，且相互独立。每根绳的安全系数不应小于6，直径不应小于9 mm。SC型货用施工升降机悬挂对重的钢丝绳为单绳时，安全系数不应小于8。

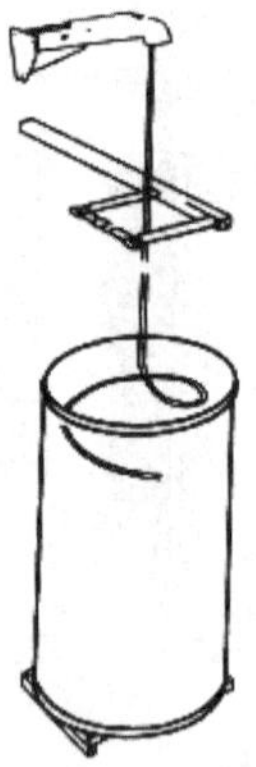

图 1 - 62　电缆储筒

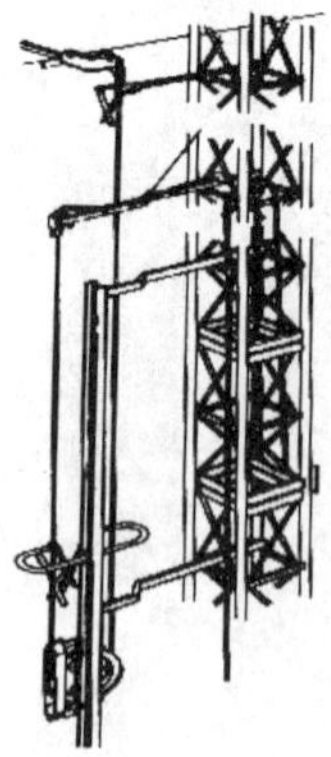

图 1 - 63　电缆滑车

6. 电缆防护装置

电缆防护装置一般由电缆进线架、电缆导向架和电缆储筒组成,电缆储筒如图 1 - 62 所示。当施工升降机架设超过一定高度时应使用电缆滑车,电缆滑车如图 1 - 63 所示。电缆导向架是用以防止随行电缆缠挂并引导其准确进入电缆储筒的装置,是为了保护电缆而设置的。

当施工升降机运行时使电缆始终置于电缆导向架的护圈之中,防止电缆与附近的设施或设备缠绕而发生危险。电缆导向架的设置原则为:在电缆储筒口上方 1.5 m 处安装第一道导向架,第二道导向架安装在第一道上方 3 m 处,第三道导向架安装在第二道上方 4.5 m 处,第四道导向架安装在第三道上方 6 m 处,以后每道安装间隔为 6 m。

电缆储筒是用来储放电缆的部件。当施工升降机向上运行时,吊笼带动电缆从电缆储筒内释放出来;当施工升降机向下运行时,电缆缓缓盘入电缆储筒内,防止电缆散乱在地上造成破坏。

电缆进线架是引导电缆进入吊笼的装置,同时也是拖动电缆在上下运行时安全通过电缆护圈的臂架。另外,电缆进线架还能将电缆对准电缆储筒,使电缆安全地收放。

当施工升降机架设超过一定高度时(一般在 100～150 m 时),受电缆的机械强度限制,应采用电缆滑车系统来收放随行电缆。

1.5.3.2　施工升降机的基础

施工升降机在工作或非工作状态均应有承受各种规定载荷而不倾翻的稳定性,而施工升降机设置在基础上,因此基础应能承受最不利工作或非工作条件下的全部载荷。

1. 基础的形式和构筑

1) 基础形式

基础形式一般分为三种,如图 1 - 64 所示。

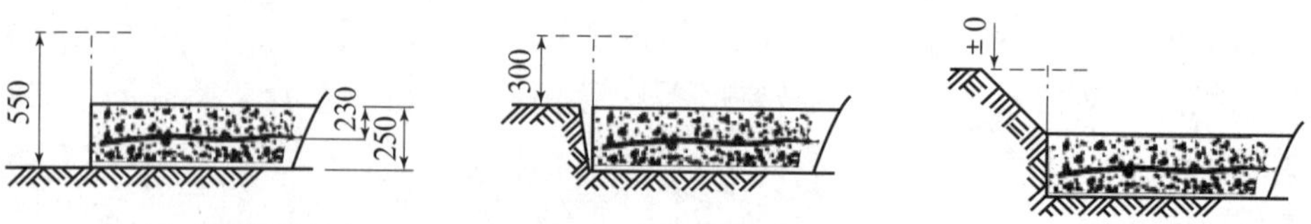

(a) 上料门槛较高　　(b) 上料门槛较低　　(c) 无上料门槛

图 1 - 64　施工升降机基础形式示意图(单位:mm)

(1) 基础平面高于地面,不会积水,但上料门槛较高,如图 1 - 64(a)所示。

(2) 基础上平面与地面持平,不易积水,但上料门槛较低,如图 1 - 64(b)所示。

(3) 基础上平面低于地面,易积水,但可以不设上料门槛,如图 1 - 64(c)所示。

2) 基础的构筑

施工升降机的基础设置有两种类别,如图 1 - 65 所示。基础的构筑应根据使用说明书或工程施工要求进行选择或重新设计。基础一般由钢筋混凝土浇筑而成，厚度为 350 mm，内设双层钢筋网。钢筋网由直径为 10～12 的钢筋间隔 250 mm 组成，钢筋等级选用 HRB335；混凝土强度等级不应低于 C30。

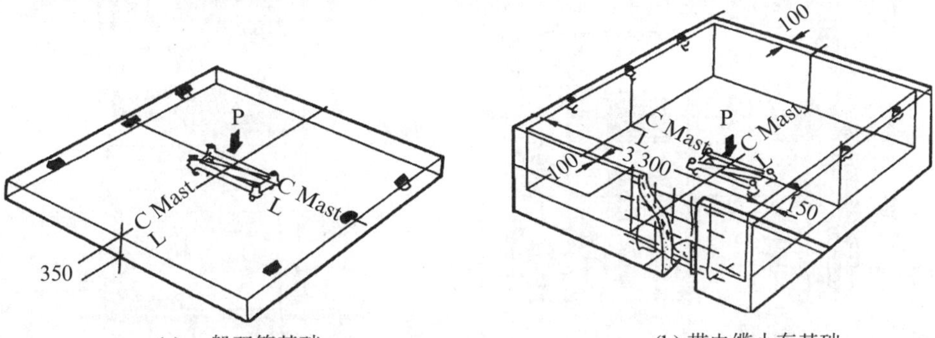

(a) 一般双笼基础　　(b) 带电缆小车基础

图 1－65　施工升降机的基础设置类别(单位：mm)

基础下土壤的承载力一般应大于 0.15 MPa。混凝土基础表面的不平度应控制在 ±5 mm 之内。混凝土基础在浇筑过程中，如果混凝土基础不是采用预留孔二次浇捣的，则应在基础内预埋底脚架和预埋螺栓，底脚架预埋时应把底脚架的螺栓绑扎在基础钢筋上，底脚架四个螺栓应在一个平面内，误差应控制在 1 mm 之内，安装时按规定力矩拧紧，预埋件之间的中心距误差应控制在 5 mm 之内。

2. 基础的安全要求

(1) 基础四周应设置排水设施。

(2) 基础四周 5 m 之内不准开挖深沟。在 30 m 范围内不得进行对基础有较大振动的设施。

1.5.3.3　施工升降机的驱动装置

齿轮齿条式施工升降机的驱动装置。

1. 构造及工作原理

齿轮齿条式传动示意图如图 1－66 所示，导轨架上固定的齿条和吊笼上的传动齿轮合在一起，传动机构通过电动机、减速器传动齿轮转动使吊笼作上升下降运动。

图 1－66　齿轮齿条传动实物图

齿轮齿条式施工升降机的传动机构一般有外挂式和内置式两种，按传动机构的配置形式有双驱动和三驱动之分，如图 1－67 所示。

为保证传动方式的安全有效，首先应保证传动齿轮和齿条的有效啮合。因此，在齿条的背面设置两套背轮，通过调节背轮使传动齿轮和齿条的啮合间隙符合要求。另外，在齿条的背面还设置了两个限位挡块，确保在紧急情况下传动齿轮不会脱离齿条。

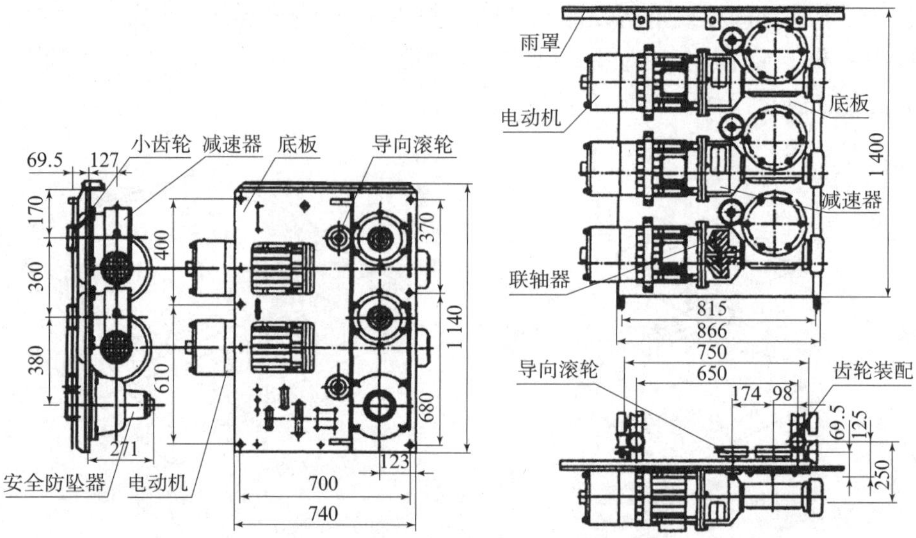

双驱动整体式传动机构　　三驱动分体式传动机构

图 1－67　传动机构的配置形式

2. 电动机

施工升降机传动机构使用的电动机绝大多数为 YZEJ－A132M－4 起重用盘式制动三相异步电动机。该电动机是在引进消化国外同类产品基础上研制生产的新型电动机，尾部有直流制动装置，制动部位的电磁铁随制动片（制动盘）的磨损能自动补偿，无须人为调整制动间隙。尤其是制动装置由块式制动片改成整体式盘状制动片后，降低了电动机的噪声和振动，具有启动、制动平缓，冲击力小的特点。

1）电动机工作条件

（1）环境温度不超过 40 ℃。

（2）海拔不超过 1 000 m。

（3）环境空气相对湿度不超过 85％。

2）电动机主要参数

电动机主要技术参数见表 1－10。

表 1－10　　电动机主要技术参数

型号	额定电压/V	额定频率/Hz	负载持续率	额定功率/kW	额定转速/(r·min^{-1})	额定电流/A	制动器电压/V	制动力矩/(N·m)
YZEJ－A132M－4	380	50	连续	8.5	1 410	19	196	120
			40％	11	1 390	23		
				16.5	1 410	37		
				18.5	1 396	41		

3. 电磁制动器

1）电磁制动器构造

制动部分是由保持制动电磁铁与衔铁间恒定间隙的具有自动跟踪调整功能的直流盘形

制动器组成，如图 1-68 所示。

2）工作原理

当电动机未接通电源时，由于主弹簧 7 通过衔铁 5 压紧制动盘 8 带动制动垫片（制动块）10 与固定制动盘 17 的作用，电动机处于制动状态。当电动机通电时，磁铁线圈 3 产生磁场，通过磁铁架 4，衔铁 5 逐步吸合，制动盘 8 带制动块 10 渐渐摆脱制动状态，电动机逐步启动运转。电动机断电时，由于电磁铁磁场释放的制约作用，衔铁通过主辅弹簧的作用逐步增加对制动块的压力，使制动力矩逐步增大，达到电动机平缓制动的效果，减少升降机的冲击振动。

当制动盘与制动块磨损到一定程度时，必须更换，如图 1-69 所示。

3）紧急下降操作

施工升降机如果出现失去动力或控制失效，在无法重新启动时，可进行手动紧急下降操作，如图 1-70 所示，使吊笼下滑到下一停靠点，使乘员和司机安全离开吊笼。当手动下降操作时，将电动机尾部制动电磁铁手动向外拉释放拉手（环）缓缓向外拉出，使吊笼慢慢地下降。吊笼下降时，不能超过安全器的标定动作速度，否则，会引起安全器动作，吊笼的最大紧急下降速度不应超过 0.63 m/s。每下降 20 m 距离后，应停止 1 min，让制动器冷却后再行下降，防止因过热而损坏制动器。手动下降时必须由专业人员进行操作。

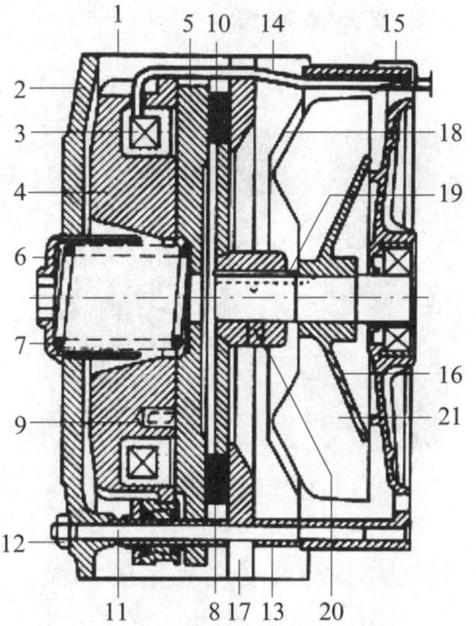

1—电机防护罩；2—端盖；3—磁铁线圈；4—磁铁架；5—衔铁；6—调整轴套；7—制动器弹簧；8—可转制动盘；9—压缩弹簧；10—制动垫片；11—螺栓；12—螺母；13—套圈；14—线圈电线；15—电线夹；16—风扇；17—固定制动盘；18—风扇罩；19—键；20—紧定螺钉；21—端盖

图 1-68　电动机结构示意图

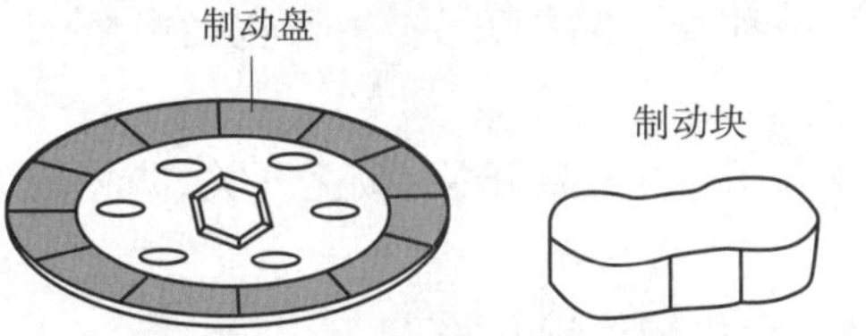

图 1-69　制动盘与制动块

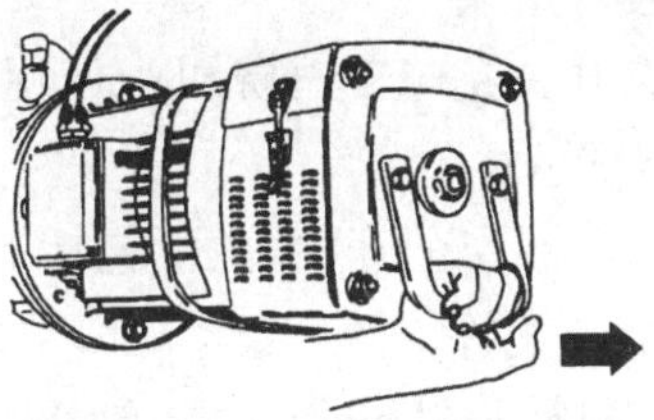

图 1-70　手动紧急下降操作

4）电动机的电气制动

电动机的电气制动可分为反接制动、能耗制动和再生制动。对于反接制动和能耗制动，在一般的电工基础知识已做介绍；现着重针对变频调速与制动有关的再生制动进行介绍。

再生制动的原理是由于外力的作用（如起重机在下放重物时），电动机的转速 n 超过同步转速 n_1，电动机处于发电状态，电动机定子中的电流方向反了，电动机转子导体的受力方向也反了，驱动转矩变为制动转矩，即电动机将机械能转化为电能，向电网反馈输电，故称为再生制动（发电制动）。这种制动只有当 $n>n_1$ 时才能实现。

再生制动的特点不是把转速下降到零，而是使转速受到限制，因此，不仅不需要任何设备装置，还能向电网输电，经济性较好。

4. 蜗轮减速器

1) 减速器的组成

图 1-71　蜗轮减速器

减速器主要由蜗杆、蜗轮以及箱壳、输出轴、轴承、密封件等零件组成。蜗杆一般用合金钢制成,蜗轮一般用铜合金制成,如图 1-71 所示。

蜗轮副的失效形式主要是胶合,所以在使用中蜗轮减速箱内要按规定保持一定量的油液,要防止缺油和发热。

2) 减速箱的润滑

新出厂的蜗轮减速器应防止减速器漏油,运行一定时间后,按说明书要求更换润滑油。减速器的油液,一般使用 N320 蜗轮油,其运动黏度范围在 40 ℃时为 288～352,或按说明书要求使用规定的油液,不得随意使用齿轮油或其他油液。

试用中,减速器的油液升温不得超过 60 ℃,否则,会造成油液的黏度急剧下降,使减速器产生漏油和蜗轮、蜗杆啮合时不能很好地形成油膜,造成胶合,胶合时间长会使蜗轮副失效。

5. 齿轮与齿条

提升齿轮副是 SC 型施工升降机的主要传动机构。齿轮安装在蜗轮减速器的输出轴上,齿条则安装在导轨架的标准节上。

1.5.3.4　施工升降机的安全装置

齿轮齿条式施工升降机的安全装置主要有防坠安全器、安全钩、安全开关、缓冲装置和超载保护装置等。

1. 防坠安全器

防坠安全器按制动特点分为渐进式安全器、瞬时式安全器两种类型。

2. 安全开关

安全开关是施工升降机中使用比较多的一种安全防护开关,主要包括电气安全开关和机械连锁开关。

(1) 电器安全开关,主要包括上下行程限位开关、极限开关、减速开关、防松绳开关及各类门安全开关等。

(2) 机械连锁开关,主要包括围栏门、吊笼门机械连锁开关。

1.5.3.5　电气系统

1. 齿轮齿条式施工升降机的电气系统

电气系统主要分为主电路、主控制电路和辅助电路。

(1) 主电路主要由电动机、断路器、热继电器、电磁制动器和相序断相保护器等电器元件组成。

(2) 主控制电路主要由分断路器、按钮、交流接触器、控制变压器、安全开关、急停按钮和照明灯等电器元件组成。

(3) 辅助电路一般有加节、坠落试验和吊杆等控制电路。

① 加节控制电路由插座、按钮和操纵盒等电器元件组成。

② 坠落试验控制电路由插座、按钮和操纵盒等电器元件组成。

③ 吊杆控制电路由插座、熔断器、按钮、吊杆操纵盒和盘式电动机等电器元件组成。

2. 变频调速施工升降机的电气系统

1）变频器调速的工作原理

三相交流异步电动机变频调速原理是改变电动机电源的频率来进行调速的。变频调速有恒定磁通调速、恒电流调速和恒功率调速三种调速方法。恒磁通调速又称为转矩调速，是将转速往额定转速以下调节，应用最广。恒电流调速时，过载能力较小，用于负载容量小且变化不大的场合。

恒功率调速用于调节转速要高于额定转速，而电源电压又不能提高的场合。变频调速具有质量轻、体积小、惯性小、效率高等优点。采用矢量控制技术，异步电动机调速的机械特性可像励磁直流电动机调速的机械特性一样“硬”。

2）变频器的一般安全使用要点

变频器在工作中会产生高温、高压和高频电波，使用中，不论升降机制造单位和维修人员，原则上必须按说明书严格做好防护措施。

（1）变频器在电控箱中的安装与周围设备必须保持一定距离，以利通风散热，一般上下和背部应预留足够的间隙。

（2）外接电阻箱会产生高温，一般应当与电控箱分开安装。运行中不要轻易用手去触摸它的外壳，防止烫伤。

（3）变频器在运行中，在电容器放电信号灯未熄灭时，切勿打开变频器外罩和接触接线端子等，防止电击伤人。

（4）变频接地必须正确、可靠，有条件的设置专用接地装置。

（5）为防止电磁感应产生冲击干扰，电路中感性线圈荷载（如继电器线圈等）应在发生源两端连接冲击吸收器。

（6）如发生变频器对其他设备信号、控制线干扰时，可根据说明书要求采取措施或对变频器输出电路进行电磁屏蔽，以减少干扰影响。

3. 电器箱

（1）电气控制箱是施工升降机电气系统的心脏部分，内部主要安装有上下运行交流接触器、热继电器以及相序和断相保护器等。电器控制箱安装在吊笼内部，如图 1－72 所示。

（2）操作台是操作施工升降机运行的部分，它主要由电锁、万能转换开关、急停按钮、加节按钮、电铃按钮、指示灯等组成，一般也安装在吊笼内部。如图 1－73 所示为电气控制操纵台。

图 1－72　电气控制箱

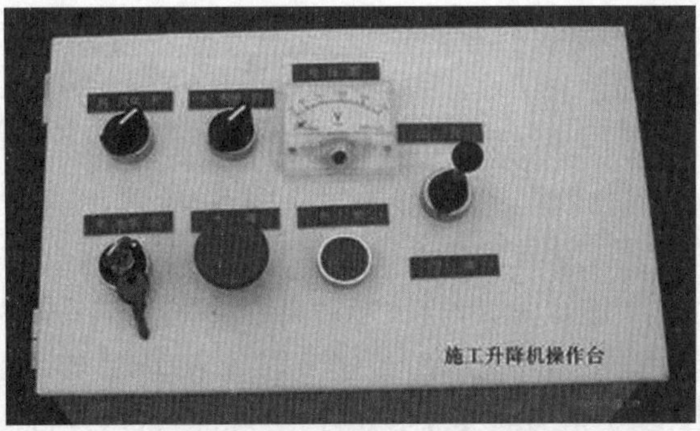

图 1－73　电气控制操纵台

(3) 电源开关箱是施工升降机的电源供给部分,主要由隔离开关、断路器、漏电保护器等组成。

1.5.4 施工升降机的安全装置

1.5.4.1 防坠安全器

1. 防坠安全器的分类及特点

防坠安全器是非电气、气动和手动控制的防止吊笼或对重坠落的机械式安全保护装置。防坠安全器是一种非人为控制的,当吊笼或对重一旦出现失速、坠落情况时,能在设置的距离、速度内使吊笼安全停止。防坠安全器按其制动特点可分为渐进式和瞬时式两种形式。

(1) 渐进式防坠安全器。渐进式防坠安全器是一种初始制动力(或力矩)可调,制动过程中制动力(或力矩)逐渐增大的防坠安全器。其特点是制动距离较长、制动平稳,冲击力小。

(2) 瞬时式防坠安全器。瞬时式防坠安全器是初始制动力(或力矩)不可调,瞬间即可将吊笼或对重制停的防坠安全器。其特点是制动距离较短,制动不平稳,冲击力大。

2. 渐进式防坠安全器

渐进式防坠安全器的全称为齿轮锥鼓形渐进式防坠安全器,简称安全器。

1) 渐进式防坠安全器的使用条件

SC 型施工升降机应采取渐进式防坠安全器,当施工升降机对重质量大于吊笼质量时,还应加设对重防坠安全器。

2) 渐进式防坠安全器的构造

渐进式防坠安全器主要由齿轮、离心式限速装置、锥鼓形制动装置组成。离心式限速装置主要由离心块座、离心块、调速弹簧、螺杆等组成;锥鼓形制动装置主要由壳体、摩擦片、外锥体加力螺母、蝶形弹簧等组成。防坠安全器的构造如图 1-74 所示。

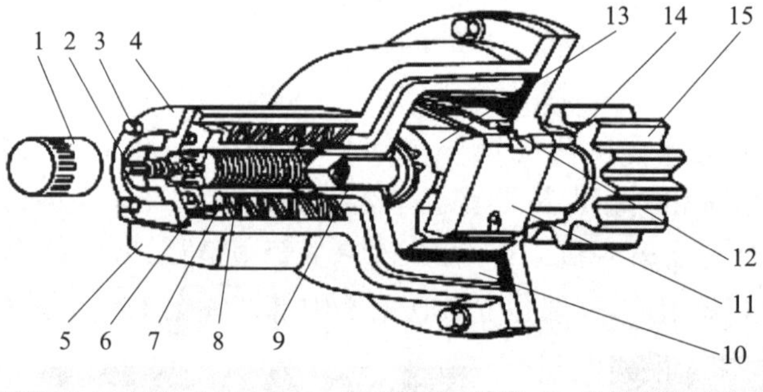

1—罩盖;2—浮螺钉;3—螺钉;4—后盖;5—开关罩;6—螺母;7—防转开关压臂;8—蝶形弹簧;9—轴套;10—旋转制动毂;11—离心块;12—调速弹簧;13—离心座;14—轴套;15—齿轮

图 1-74 防坠安全器的构造

3) 渐进式防坠安全器的工作原理

安全器安装在施工升降机吊笼的传动底板上,一端的齿轮啮合在导轨架的齿条上。当吊笼在正常运行时,齿轮轴带动离心块座、离心块、调速弹簧和螺杆等组件一起转动,安全器也不会动作。当吊笼瞬时超速下降或坠落时,离心块在离心力的作用下压缩调速弹簧并向外甩出,其三角形的头部卡住外锥体的凸台,然后带动外椎体一起转动。此时外椎体尾部的外螺纹在加力螺母内转动,由于加力螺母被固定住,故外锥体只能向后方移动,这样使外锥体的外锥面紧紧地压向胶合在壳体上的摩擦片，当阻力达到一定量时就使吊笼制停。

4）渐进式防坠安全器的主要技术参数

（1）额定值动载荷是指安全器可有效制动停止的最大荷载，目前标准规定为 20 kN，30 kN，40 kN，60 kN 四挡。SC100/100 型和 SCD200/200 型施工升降机上，配备的安全器的额定制动载荷一般为 30 kN；SC200/200 型施工升降机上配备的安全器的额定制动载荷一般为 40 kN。

（2）标定动作速度。标定动作速度是指按所要限定的防护目标运行速度而调定的安全器开始动作时的速度。具体见说明书的规定。

（3）制动距离。制动距离指从安全器开始动作到吊笼被制动停止时，吊笼所移动的距离。制动距离应符合说明书的规定。

1.5.4.2　电气安全开关

电器安全开关是施工升降机中使用比较多的一种安全防护开关。当施工升降机没有满足运行条件或在运行中出现不安全状况时，电气安全开关动作，施工升降机不能启动或自动停止运行。

施工升降机的电气安全开关大致可分为行程安全控制开关和安全装置联锁控制开关两大类。

1. 行程安全控制开关

行程安全控制开关是指当施工升降机的吊笼超越了允许运动的范围时，能自动停止吊笼的运行。主要有上下行程限位开关、减速开关和极限开关。

（1）行程限位开关。上下行程限位开关安装在吊笼安全器底板上，当吊笼运行至上下行程限位位置时，限位开关与导轨架上的限位挡板碰触，吊笼停止运行，当吊笼反方向运行时，限位开关自动复位。

（2）减速开关。变频调速施工升降机必须设置减速开关，当吊笼下降时在触发下限位开关前，应先触发减速开关，使变频器切断加速电路，以避免吊笼下降时冲击底座。

（3）极限开关。施工升降机必须设置极限开关，当吊笼在运行时如果上下限位开关出现失效，超出限位挡板并越程后，极限开关须切断总电源使吊笼停止运行。极限开关应为非自动复位型的开关，其动作后必须手动复位才能使吊笼重新启动。在正常的工作状态下，下极限开关挡板的安装位置，应保证吊笼碰到缓冲器之前，极限开关应首先动作。

2. 安全装置联锁控制开关

当施工升降机出现不安全状态，触发安全装置动作后，能及时切断电源或控制电路，使电动机停止运转。该类电气安全开关主要有防坠安全器安全开关和防松绳开关两种。

1）防坠安全器安全开关

防坠安全器动作时，设在安全器上的安全开关能立即将电动机的电路断开，实现制动器制动。

2）防松绳开关

（1）施工升降机的对重钢丝绳数为两条时，钢丝绳组与吊笼连接的一端应设置张力均衡装置，并装有相对伸长量控制的非自动复位型的防松绳开关。当其中一条钢丝绳出现的相对伸长量超过允许值或断绳时，该开关将切断控制电路，同时制动器制动，使吊笼停止运行。

（2）对重钢丝绳采用单根钢丝绳时，也应设置防松（断）绳开关，当施工升降机出现松绳或断绳时，该开关应立即切断电机控制电路，同时制动器制动，使吊笼停止运行。

3）门安全控制开关

当施工升降机的各类门没有关闭时，施工升降机就不能启动；而当施工升降机在运行中把门打开时，施工升降机吊笼就会自动停止运行。该类电气安全开关主要设有单行门、双行门、顶盖门、围栏门等门类的安全控制开关。

1.5.4.3 机械门锁

施工升降机的吊笼门、顶盖门、地面防护围栏门都装有机械电气联锁装置。各个门未关闭或关闭不严,电气安全开关将不能闭合,吊笼不能启动工作;吊笼运行中,一旦门被打开,吊笼的控制电路也将被切断,吊笼停止运行。

1. 围栏门的机械联锁装置

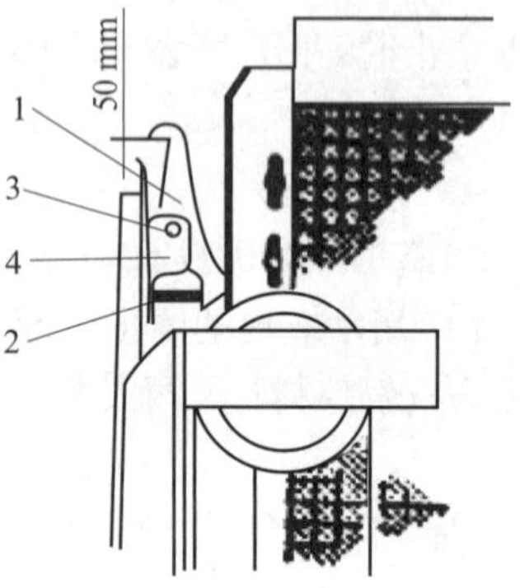

1—机械锁钩;2—压簧;
3—销轴;4—支座

图 1-75 机械联锁装置

1) 围栏门的机械联锁装置的作用

围栏门应装有机械联锁装置,使吊笼只有位于地面规定的位置时围栏门才能开启,且在门开启后吊笼不能启动。目的是为了防止在吊笼离开基础平台后,人员误入基础平台造成事故。

2) 机械联锁装置的结构

如图 1-75 所示,机械联锁装置由机械锁钩 1、压簧 2、销轴 3 和支座 4 组成。整个装置由支座 4 安装在围栏门框上。当吊笼停靠在基础平台上时,吊笼上的开门挡板压着机械锁钩的尾部,机械锁钩脱离围栏门,此时围栏门才能打开,而当围栏门打开时,电气安全开关作用,吊笼则不能启动;当吊笼运行离开基础平台时,机械锁在压簧 2 的作用下,机械锁钩扣住围栏门,围栏门则不能打开;如强行打开围栏门时,吊笼则会立即停止运行。

2. 吊笼门的机械联锁装置

吊笼设有进料门和出料门,进料门一般为单门,出料门一般为双门,进出门均设有机械锁止装置,当吊笼位于地面规定的位置和停层位置时,吊笼门才能开启。进出门完全关闭后,吊笼才能启动运行。如图 1-76 所示为吊笼进料门机械联锁装置,主要由门上的挡块 1、门框上的机械锁钩 2、压簧 3、销轴 4 和支座 5 组成。当吊笼下降到地面时,施工升降机围栏上的开门压板压着机械锁钩的尾部,同时机械锁钩就离开门上的挡块,此时门才能开启。当门关闭吊笼离地后,吊笼门框上的机械锁钩在压簧的作用下嵌入门上的挡块缺口内,吊笼门被锁住。如图 1-77 所示为吊笼出料门的机械联锁装置构造。

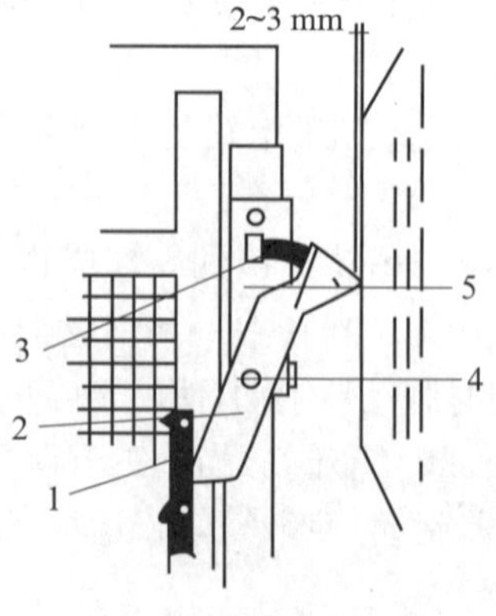

1—挡块;2—机械锁钩;3—压簧;4—销轴;5—支座

图 1-76 机械联锁装置

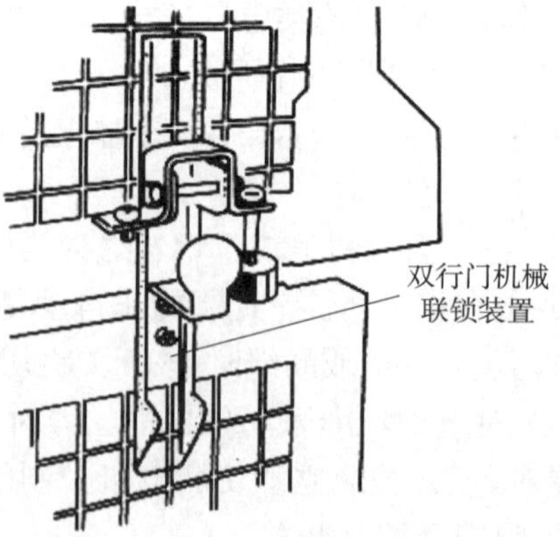

图 1-77 双行门机械联锁装置

1.5.4.4　其他安全装置

1. 缓冲装置

缓冲装置安装在施工升降机底架上，用以吸收下降的吊笼或对重的动能，起到缓冲作用。

施工升降机的缓冲装置主要使用弹簧缓冲器，如图 1－78 所示。

2. 安全钩

（1）安全钩的基本构造。安全钩一般由整体浇铸和钢板加工两种。其结构分底板和钩体两部分，底板由螺栓固定在施工升降机吊笼的立柱上。

（2）安全钩的作用。安全钩是防止吊笼倾翻的挡块。其作用是防止吊笼脱离导轨架或防坠安全器输出端齿轮脱离齿条，如图 1－79 所示。

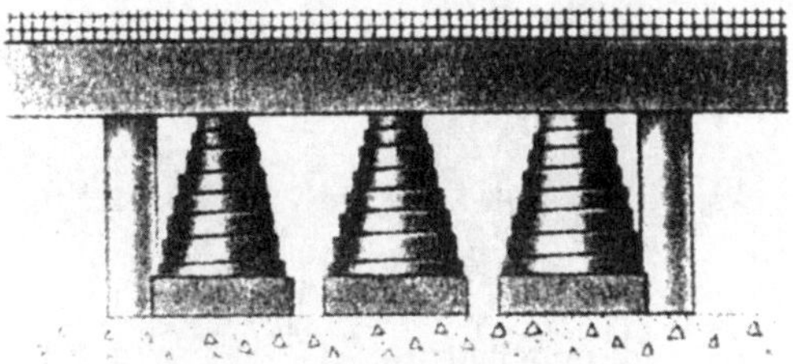

图 1－78　弹簧缓冲器

图 1－79　安全钩

3. 齿条挡块

为避免施工升降机在运行或吊笼下坠时，防坠安全器的齿轮与齿条啮合分离，施工升降机应采用齿条背轮和齿条挡块。当齿条背轮失效后，齿条挡块成为最终防护装置。

4. 错相断相保护器

电路应设有相序和断相保护器。当电路发生错相或断相时，保护器就能通过控制电路及时切断电动机电源，使施工升降机无法启动。

5. 超载保护装置

超载限制器是用于施工升降机超载运行的安全装置，常用的有电子传感式、弹簧式和拉力环式三种。

1）电子传感式保护装置

如图 1－80 所示为施工升降机常用的电子传感式保护装置，其工作原理：当重量传感器得到吊笼内载荷变化而产生的微弱信号，输入放大器后，经 A/D 转换成数字信号，再将数字信号送到微处理器进行处理，其结果与所设定的动作点进行比较，如果通过所设定的动作点，则继电器分别工作。当载荷达到

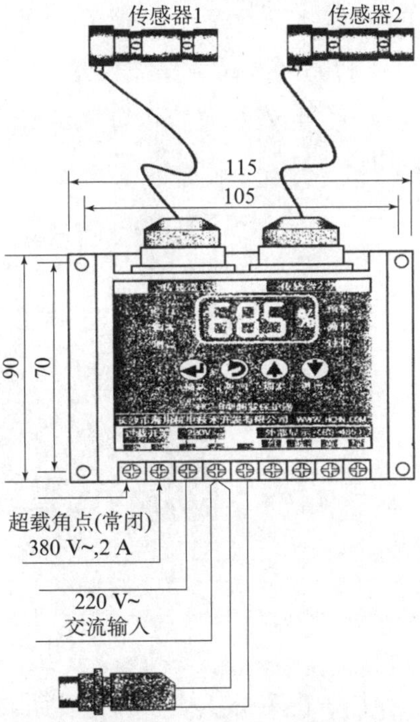

图 1－80　电子传感式保护装置
（单位：mm）

额定载荷的90%时,警示灯闪烁,报警器发出断续声响;当载荷达到或接近额定载荷的110%时,报警器发出连续声响,此时吊笼不能启动。保护装置由于采用了数字显示方式,即可实时显示吊笼内的载荷值变化情况,还能及时发现超载报警点的偏离情况,及时进行调整。

2）弹簧式超载保护装置

弹簧式超载保护装置安装在地面转向滑轮上。如图1-81所示为弹簧式超载保护装置结构示意图。弹簧式超载保护装置由钢丝绳1、地面转向滑轮2、支架3、弹簧4和行程开关5组成。当载荷达到额定载荷的110%时,行程开关被压动,断开控制电路,使施工升降机停机,起到超载保护作用。其特点是结构简单、成本低,但可靠性较差,易产生误操作。

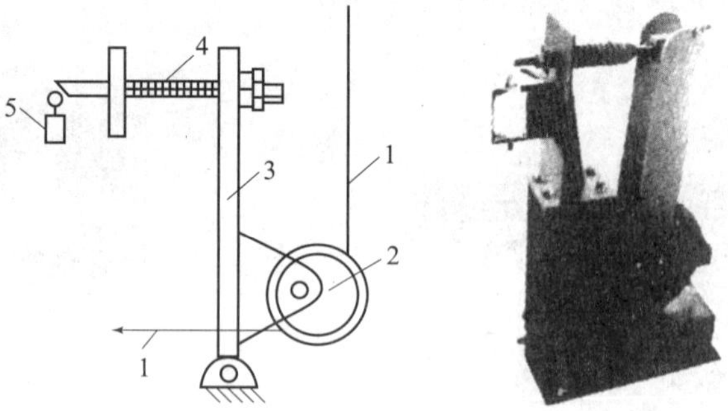

(a) 原理图　　(b) 实物图

1—钢丝绳;2—转向滑轮;3—支架;4—弹簧;5—行程开关

图1-81　弹簧式超载保护器

3）拉力环式超载保护装置

图1-82为拉力环式超载保护装置结构。该超载限制器由弹簧钢片、微动开关和触发螺钉组成。

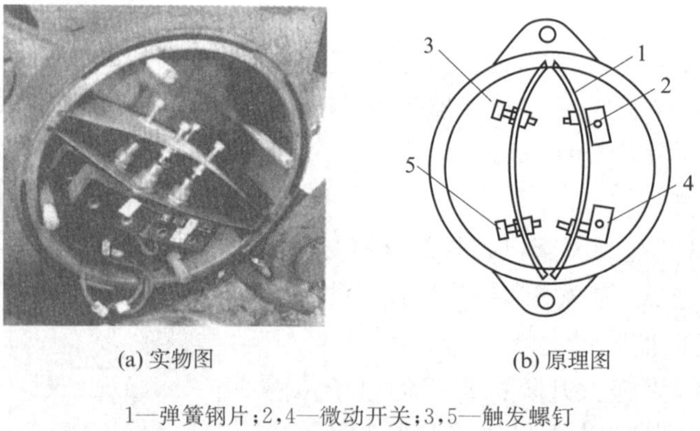

(a) 实物图　　(b) 原理图

1—弹簧钢片;2,4—微动开关;3,5—触发螺钉

图1-82　拉力环式超载保护装置

使用时将两端串入施工升降机吊笼载荷重力时,拉力环立即变形,两块变形钢片立即会向中间挤压,带动装在上边的微动开关和触发螺钉,当受力达到报警限制值时,其中一个开关动作;当拉力环继续增大时,达到调节的超载限制值时,使另一个开关也动作,断开电源,吊笼不能启动。

1.5.5　施工升降机的安装与拆卸

1.5.5.1　施工升降机安装与拆卸的基本条件

施工升降机的技术条件如下所述。

(1) 施工升降机生产厂必须持有国家颁发的特种设备制造许可证。

(2) 施工升降机应当有出厂合格证和产品设计文件、安装及使用维修说明书、有关形式检验合格证明等文件，并已在产权单位工商注册所在地县级以上建设主管部门备案登记。

(3) 应有配件目录及必要的专用随机工具。

(4) 对于购入的旧施工升降机应有两年内完整运行记录及维修、改造资料。

(5) 对改造、大修的施工升降机要有出厂检验合格证。

(6) 施工升降机的各种安全装置、仪器仪表必须齐全和灵敏可靠。

(7) 有下列情形之一的施工升降机，不得出租、安装、使用：

① 是国家明令淘汰或者禁止使用的；

② 超过安全技术标准或者制造厂家规定的使用年限的；

③ 经检验达不到安全技术标准规定的；

④ 没有完整安全技术档案的；

⑤ 没有齐全有效的安全保护装置的。

1.5.5.2　施工升降机安装、拆卸专项施工方案

1. 方案的编制

1) 编制安装、拆卸方案的依据

(1) 施工升降机使用说明书。

(2) 国家、行业、地方有关施工升降机的法规、标准、规范等。

(3) 安装、拆卸现场的实际情况，包括场地、道路、环境等。

2) 安装、拆卸方案的内容

(1) 安装、拆卸现场环境条件的详细说明。

(2) 施工升降机安装位置平面图、立面图和主要安装、拆卸难点。

(3) 对施工升降机基础的外形尺寸、技术要求，以及地基承载能力(地耐力)等要求。

(4) 详细的安装与拆卸程序，包括每一程序的作业要点、安装与拆卸方法，施工升降机安全、质量控制措施。

(5) 施工升降机主要零部件的重量及吊点位置。

(6) 所需辅助设备、吊具、索具的规格、数量和性能。

(7) 安装过程中应自检的项目，以及应达到的技术要求。

(8) 安全技术措施。

(9) 必要的计算资料。

(10) 人员配置及分工。

(11) 重大危险源及事故应急预案。

2. 施工升降机安装、拆卸专项施工方案的审批

施工升降机的安装、拆卸专项施工方案应当由安装单位技术部门组织本单位施工技术、

安全、质量等部门的专业技术人员进行审核。经审核合格的,由安装单位技术负责人签字,并报总承包单位技术负责人签字。

不需要专家论证的专项方案,安装单位审核合格后报监理单位,由项目总监理工程师审核签字。

根据相关规定需要专家论证的专项方案,安装单位应当召开专家论证会。实行施工总承包的,由施工总承包单位组织召开专家论证会。安装单位应当根据论证报告修改完善专项方案,并经安装单位技术负责人、总承包单位技术负责人、项目总监理工程师、建设单位项目负责人签字后,方可组织实施。

1.6 塔式起重机

1.6.1 塔式起重机的类型和特点

1.6.1.1 塔式起重机概述

1. 塔式起重机的用途及发展

塔式起重机简称塔机,亦称塔吊,起源于西欧。塔式起重机主要用于房屋建筑施工中物料的垂直和水平输送及建筑构件的安装。1941 年,有关塔式起重机的德国工业标准 DIN8670 公布。该标准规定以吊载(t)和幅度(m)的乘积(起重力矩,t・m)表示塔式起重机的起重能力。

我国的塔式起重机行业于 20 世纪 50 年代开始起步,从 20 世纪 80 年代起,随着高层建筑的增多,塔式起重机的使用越来越普遍;进入 21 世纪,塔式起重机制造业进入了一个迅速的发展时期,自升式、水平吊臂式等塔式起重机得到了广泛应用。

从塔式起重机的技术发展方面来看,新的产品层出不穷,新产品在生产效能、操作简便、保养容易和运行可靠方面均有提高。目前,塔式起重机的研究正向着组合式发展,即以塔身结构为核心,按结构和功能特点,将塔身分解成若干部分,并依据系列化和通用化要求,遵循模数制原理再将各部分划分成若干模块。根据参数要求,选用适当模块分别组成具有不同技术性能特征的塔式起重机,以满足施工的具体要求。推行组合式的塔式起重机有助于加快塔式起重机产品开发进度,节省产品开发费用,并能更好地为客户服务。

2. 塔式起重机的型号意义

根据国家建筑机械与设备产品型号编制方法的规定,塔式起重机的型号标识有明确的规定。如 QTZ80C 表示如下含义:Q 代表起重,汉语拼音的第一个字母;T 代表塔式,汉语拼音的第一个字母;Z 代表自升,汉语拼音的第一个字母;80 代表最大起重力矩(t・m);C 代表更新、变型代号。

其中,更新、变型代号用英文字母表示;主要参数代号用阿拉伯数字表示,它等于塔式起重机额定起重力矩(单位为 kN・m)$\times 10^{-1}$;组、型、特性代号含义如下:QT 代表上回转塔式起重机;QTZ 代表上回转自升塔式起重机;QTA 代表下回转塔式起重机;QTK 代表快装塔式起重机;QTQ 代表汽车塔式起重机;QTL 代表轮胎塔式起重机;QTU 代表履带塔式起重机;QTH 代表组合塔式起重机;QTP 代表内爬升式塔式起重机;QTG 代表固定式塔式起重机。

目前,许多塔式起重机厂家采用国外的标记方式进行编号,即用塔式起重机最大幅度(m)与臂端(最大幅度)处所能吊起的额定重量(kN)两个主参数来标记塔式起重机的型号。

如 TC5013A 表示如下含义：T 代表塔的英语单词第一个字母（Tower）；C 代表起重机的英语单词第一个字母(Crane)；50 代表最大幅度为 50 m；13 代表臂端（最大幅度）处起重量为 13 kN；A 代表设计序号。

另外，也有个别塔式起重机生产厂家根据企业标准编制型号。

1.6.1.2　塔式起重机的特点及分类

塔式起重机是一种具有竖立塔身、吊臂装在塔身顶部的转臂起重机。由于吊臂装于塔身顶部。形成 T 形工作空间，因而有较大的工作范围和起升高度，其利用幅度比其他起重机高，一般可达全幅度的 80%，而普通轮式和履带式起重机则不超过 50%，塔式起重机在房屋建筑施工中，尤其是高层建筑中得到广泛应用，用于物料的垂直和水平运输及建筑构件的安装。

1. 塔式起重机的特点

（1）工作高度高，有效起升高度大，特别有利于分层、分段安装作业，能满足建筑物垂直运输的全高度。

（2）塔式起重机的起重臂较长，其水平覆盖面广。

（3）塔式起重机具有多种工作速度、多种作业性能，生产效率高。

（4）塔式起重机的驾驶室一般设在与起重臂同等高度的位置，司机的视野开阔。

（5）塔式起重机的构造较为简单，维修、保养方便。

2. 塔式起重机的分类

塔式起重机的分类、主要特点和适用范围如表 1 - 11 所示。

表 1 - 11　　塔式起重机的分类、特点和适用范围

类型		主要特点	适用范围
按行走机构分类	固定式（自升式）	没有行走装置，起重机固定在基础上，塔身随着建筑物的升高而自行升高	高层建筑施工，高度可达 50 m 以上
	移动式（轨道式）	起重机安装在轨道基础上，在轨道上行走，可靠近建筑物，灵活机动，使用方便	起升高度在 50 m 以内的小型工业与民用建筑施工
按爬升部位分类	内部爬升式	起重机安装在建筑物内部（如电梯井、楼梯间），依靠一套托架和提升系统随建筑物升高而升高	框架结构的高层建筑施工，适用于施工现场狭窄的环境
	外部附着式	起重机安装在建筑物一侧，底座固定在基础上，塔身几道附着装置与建筑物固定	高层建筑施工，高度可达 100 m 以上
按起重臂变幅方式分类	俯仰变幅起重臂	起重臂与塔身铰接，变幅时可调整起重臂的仰角，负荷随起重臂一起升降	吊重大，适用于重构件吊装，这类变幅结构我国已较少使用
	小车变幅起重臂	起重臂固定在水平位置，下弦装有起重小车，依靠调整起重小车的距离来改变起重机的幅度，这种变幅装置操作方便，速度快，并能接近机身，还能带负荷变幅	自升式塔式起重机都采用这种结构，工作覆盖面大，适用于高层大型建筑工程
按回转方式分类	上回转塔式起重机	塔身固定，塔顶上安装起重臂及平衡臂，能做 360°回转，可简化塔身与门架的连接，结构简单，安装方便，但重心提高，须增加中心压重	大、中型起重机都采用上回转结构，能适应多种形式建筑物的需要
	下回转塔式起重机	塔身与起重臂同时回转，回转机构在塔身下部，所以传动机构都装在下部，重心低，稳定性好，但回转机构较复杂	适用于整体架设，整体托运的小型塔式起重机，适用于分散施工
按起重量分类	轻型塔式起重机	起重量为 0.5～3 t	5 层以下民用建筑施工
	中型塔式起重机	起重量为 3～15 t	高层建筑施工
	重型塔式起重机	起重量为 20～40 t	重型工业厂房及设备吊装

1.6.2 塔式起重机的主要技术性能参数

塔式起重机的主要技术性能参数包括起重力矩、起重量、幅度、自由高度(独立高度)、最大高度等;其他参数包括工作速度、结构重量、尺寸、(平衡臂)尾部尺寸及轨距轴距等,如图 1-83 所示。

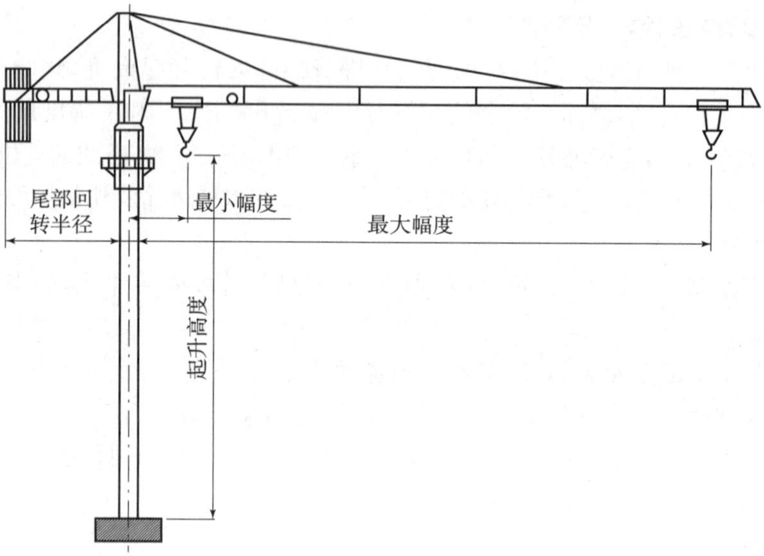

图 1-83 塔式起重机主要参数示意图

1. 额定起重力矩

起重量与相应幅度的乘积为起重力矩,过去的计量单位为 t·m,现行的计量单位为 kN·m,换算关系:1 t·m=10 kN·m。

额定起重力矩是塔式起重机工作能力的最重要参数,它是塔式起重机工作时保持塔式起重机稳定性的控制值。塔式起重机的起重量随着幅度的增加而相应递减,因此,在各种幅度时都有额定的起重量,不同幅度和相应的起重量绘制成起重特性曲线图(详见使用说明书),使操作人员掌握在不同幅度下的额定起重量,防止超载。

2. 起重量

起重量是吊钩能吊起的重量,其中也包括吊索、吊具及容器的重量。

3. 幅度

幅度是从塔式起重机回转中心线至吊钩中心线的水平距离,通常称为回转半径或工作半径。

4. 起升高度

起升高度也称吊钩有效高度,是从塔式起重机基础基准表面(或行走轨道顶面)到吊钩支承面的垂直距离。

5. 工作速度

塔式起重机的工作速度包括起升速度、变幅速度、回转速度和行走速度等。

(1) 起升速度:起吊各稳定运行速度挡对应的最大额定起重量,吊钩上升过程中稳定运行状态下的上升速度。

(2) 小车变幅速度:对小车变幅塔式起重机,起吊最大幅度时的额定起重量、风速小于

3 m/s 时，小车稳定运行的速度。

(3) 回转速度：塔式起重机在最大额定起重力矩载荷状态、风速小于 3 m/s、吊钩位于最大高度时的稳定回转速度。

(4) 行走速度：空载、风速小于 3 m/s，起重臂平行于轨道方向时塔式起重机稳定运行的速度。

6. 尾部尺寸

下回转起重机的尾部尺寸是由回转中心至转台尾部(包括压重块)的最大回转半径。上回转起重机的尾部尺寸是由回转中心线至平衡臂尾部(包括平衡重)的最大回转半径。

7. 结构重量

结构重量即塔式起重机各部件的重量。结构重量、外形轮廓尺寸是运输、安装拆卸塔式起重机时的重要参数，各部位的重量、尺寸以塔式起重机使用说明书上标注的为准。

1.6.3　塔式起重机的结构组成及安全装置

1. 塔式起重机的组成

塔式起重机由金属结构、工作机构、电气系统和安全装置等组成，主体结构见图 1-84。

(1) 金属结构，由塔身、起重臂、平衡臂、塔帽、回转机构、顶升套架、底架和附着装置等组成。

(2) 工作机构，包括起升机构、行走机构、变幅机构、回转机构、液压顶升机构等。

(3) 电气系统，由驱动、控制等电气装置组成。

(4) 安全装置，包括起重量限制器、起重力矩限制器、起升高度限位器、幅度限位器、回转限位器、运行限位器、小车断绳保护装置、小车防坠落装置、抗风防滑装置、钢丝绳防脱装置、报警装置、风速仪、工作空间限制器等。

2. 塔式起重机的金属结构

塔式起重机的金属结构包括塔身、起重臂、平衡臂、塔帽、回转机构、顶升套架、底架等，下面以 QTZ80 塔式起重机为例分别简述。

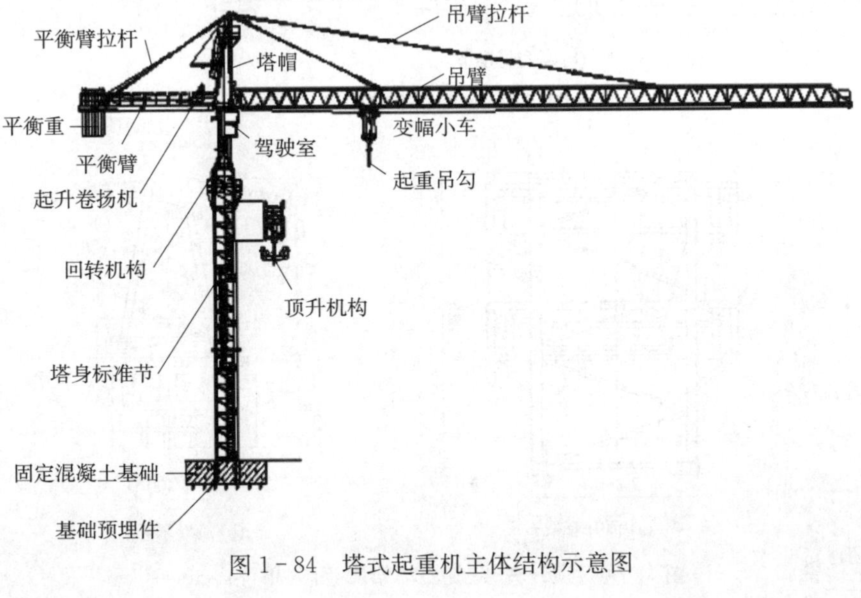

图 1-84　塔式起重机主体结构示意图

(1) 底架[图 1 - 85(a)]。底架由基础节 1、纵梁 2、横梁 3、夹轨器 4 以及撑杆 5 等组成。

(2) 塔身标准节[图 1 - 85(b)]。塔身标准节为 1.8 m×1.8 m,每节长 2.5 m。1 为主弦杆,2 为水平腹杆。标准节要求具有互换性,通过顶升机构可将其增加或减少,使塔身达到所需的高度。各标准节均设有垂直扶梯 3 和休息平台 4。

(3) 顶升套架[图 1 - 86(a)]。主要由套架 1、平台 2 及液压顶升装置 3 组成,套架套在塔身标准节顶端,上部用螺栓与上支承座相连。

(4) 旋转塔架[图 1 - 86(b)]。由塔帽 1、司机室 2 及平台 3 等组成,上端通过拉索 4 与起重臂、平衡臂相连。

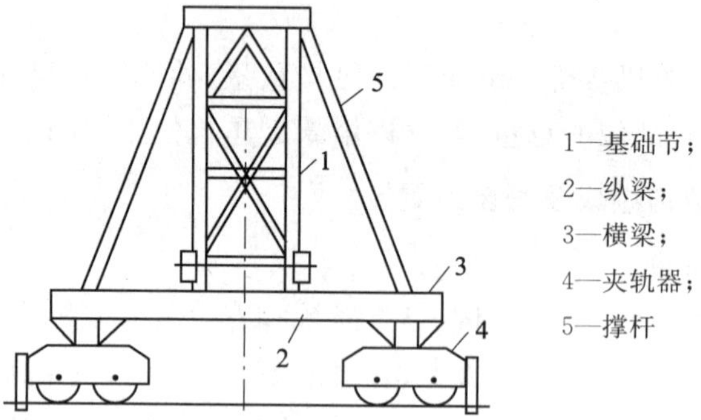

(a) 底架

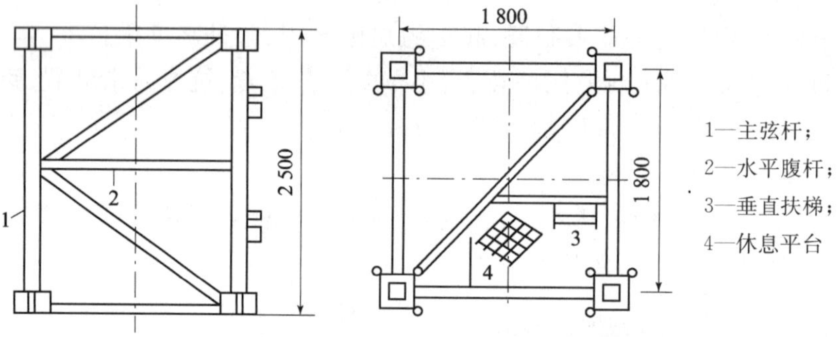

(b) 塔身标准节

图 1 - 85　塔底架、塔身标准节示意图(单位:mm)

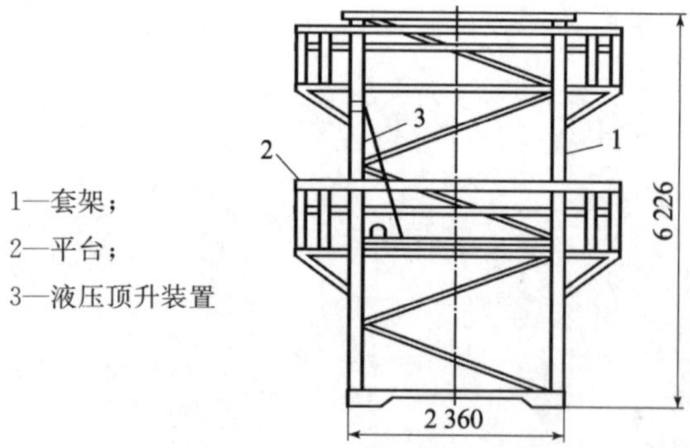

(a) 顶升套架

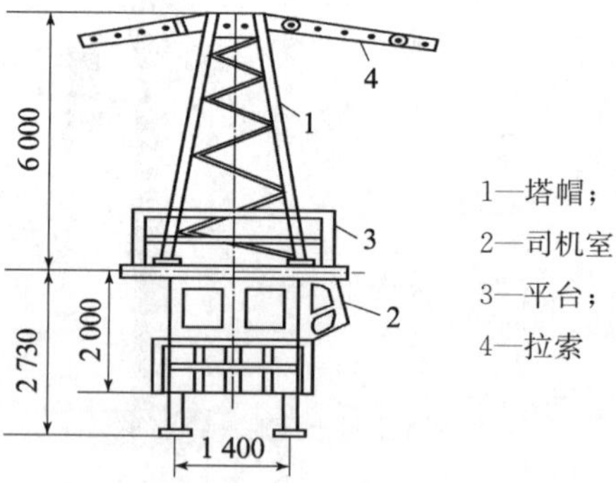

(b) 旋转塔架

图 1 - 86　顶升套架、旋转塔架示意图(单位:mm)

(5) 起重臂架。起重臂架是由无缝钢管与槽钢组成的三角形截面。二下弦杆由槽钢加钢板封焊成矩形结构，作为牵引小车轨道，其上有钢板网走道板，便于安装、检查及维修。臂根部一节与塔身铰接，在该节上放置有小车牵引机构。

(6) 平衡臂。平衡臂与塔身铰接，上有扶栏和走道板。平衡重根据起重臂长度确定。

(7) 附着装置(图 1-87)。附着装置由 4 个撑杆和 1 套环梁等组成。它主要是把塔式起重机和建筑物固定，起依附作用。使用时环梁套在标准节上，四角用 8 个调节螺栓通过顶块将标准节顶着。

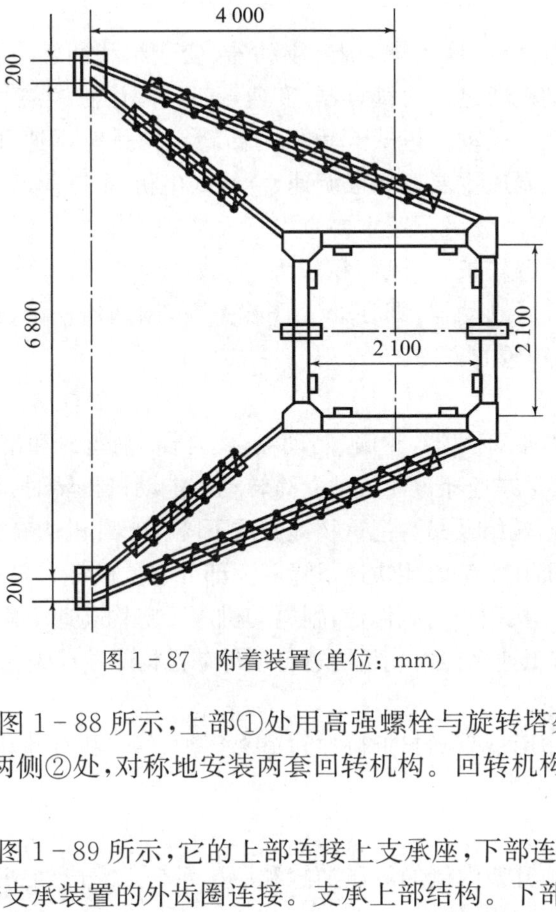

图 1-87　附着装置(单位：mm)

(8) 上支承座。如图 1-88 所示，上部①处用高强螺栓与旋转塔架相连，下部与回旋支承的内圈连接，在支座两侧②处，对称地安装两套回转机构。回转机构下部的小齿轮与回轮支承处齿圈啮合。

(9) 下支承座。如图 1-89 所示，它的上部连接上支承座，下部连接顶升套架的过渡节。上部平面用螺栓与回转支承装置的外齿圈连接。支承上部结构。下部四角平面用高强度螺栓与顶升套架、塔身标准节相连。

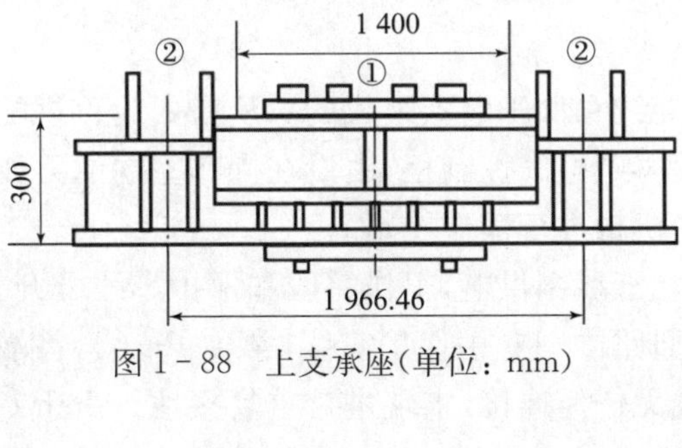

图 1-88　上支承座(单位：mm)

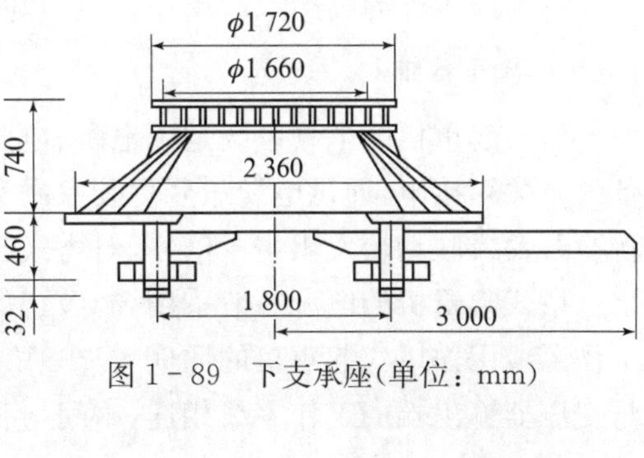

图 1-89　下支承座(单位：mm)

1.6.4 塔式起重机的工作机构

1. 变幅机构

变幅机构是由电动机、减速器、卷筒和制动器等组成的，但其功率和外形尺寸比较小，其作用是使起重臂俯仰以改变工作幅度。为了防止起重臂变幅时失控，在减速器中装有螺杆限速摩擦停止器，或采用蜗轮蜗杆减速器和双制动器。水平式起重臂的变幅是由小车牵引机构来实现的，即电动机通过减速器转动卷筒，使卷筒上的钢丝绳收或放，牵引小车在起臂上往返运行。

2. 回转机构

回转机构一般由电动机、液力耦合器、制动器、变速箱和回转小齿轮等组成。回转机构的传动方式一般是电动机通过液力耦合器、变速箱带动小齿轮围绕大齿圈转动，驱动塔式起重机回转以上部分做回转运动。塔式起重机的回转机构具有调速和制动功能，调速分有级调速和无级调速。有级调速主要有变极调速、绕线式电机调速等，无级调速主要有电磁转差离合器调速、调压调速等。无级调速主要应用于大型塔式起重机上。

塔式起重机的起重臂较长，迎风面积较大，风载产生的扭矩大。因此，塔式起重机的回转机构一般均采用常开式制动器，即在非工作状态下，制动器松闸，使起重臂可以随风向自由转动，臂端始终指向顺风的方向。

3. 起升机构

起升机构是由电动机、减速器、卷筒、制动器、离合器、钢丝绳和吊装装置等组成的。电动机通电后通过联轴器带动减速器进而带动卷筒转动。电动机正转时，卷筒放出钢丝绳，反转时卷筒回收钢丝绳，通过滑轮组及吊钩把重物提升或下降。起升机构有多种速度，在起吊重物和安装就位时适当放慢，而在空钩时能快速下降。大部分起重机都有多种起降速度，如采用功率不同的双电动机，主电动机用于荷载作业，副电动机用于空钩高速下降。另一种双电动机驱动是以高速多极电动机和低速多极电动机经过行星传动机构的差动组合获得多种升速度。

4. 大车行走机构

大车行走机构的作用是驱动起重机在轨道上行驶，行走机构由电动机、减速箱、制动器、行走轮和台车等组成。

5. 液压顶升系统

它主要靠安装在顶升架内侧的液压油缸和液压系统来完成接高工作。

6. 起升绳索组

它由起重卷筒、导轮、起重小车及滑轮组、倍率变换滑轮等组成。

1.6.5 电气系统

塔式起重机的电气系统是由电源、电气设备、导线和低压电器组成的。从塔式起重机配备的开关箱接电，通过电缆送至驾驶室内空气开关再到电气控制柜，由设在操作室内的万能转换开关或联动台发出主令信号，对塔式起重机各机构进行操作控制。

塔式起重机的电源一般采用380V、50 Hz，三相五线制供电，工作零线和保护零线分开。工作零线用作塔式起重机的照明等220V的电气回路中。专用保护零线，常称PE线，首端与变压器输出端的工作零线相连，中间与工作零线无任何连接，末端进行重复接地。由于专用保护零线通常无电流流过,保护零线接在设备外壳上,不会产生任何电压,因此能起到比较可靠的保护作用。

1.6.6　塔式起重机的安全装置

安全装置是塔式起重机的重要装置,其作用是使塔式起重机在允许载荷和工作空间中安全运行,保证设备和人身的安全(图 1－90)。

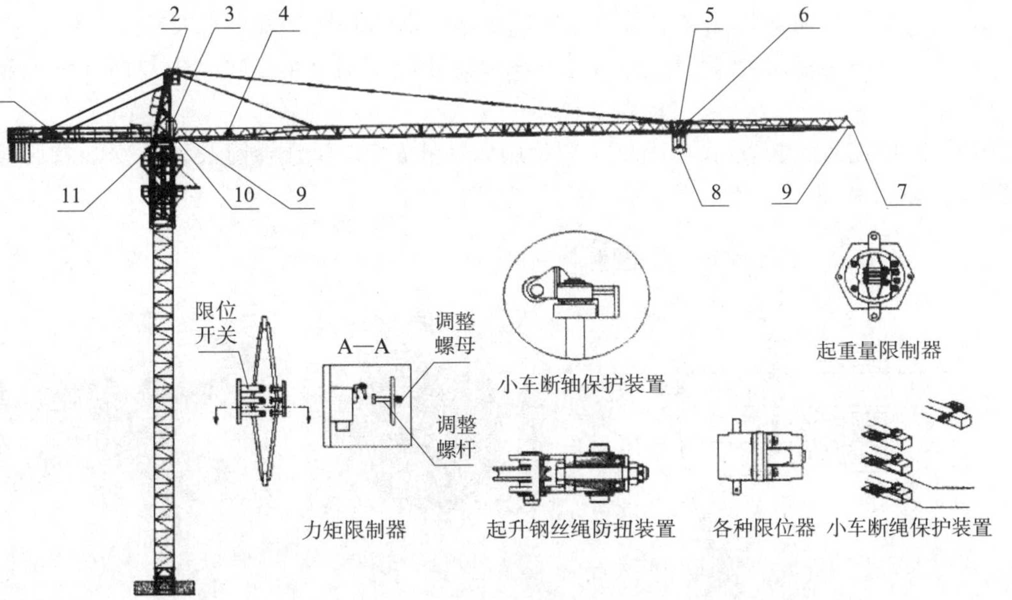

1—起升高度限位器;2—风速仪;3—力矩限制器;4—幅度限位器;5—小车断绳保护装置;6—小车断轴保护装置;7—起升钢丝绳防扭装置;8—钢丝绳防脱装置;9—缓冲止挡装置;10—起重量限制器;11—回转限位器

图 1－90　塔式起重机安全装置分布示意图

安全装置的类型主要有限位装置、防止超载装置、止挡连锁装置、报警及显示记录装置等。

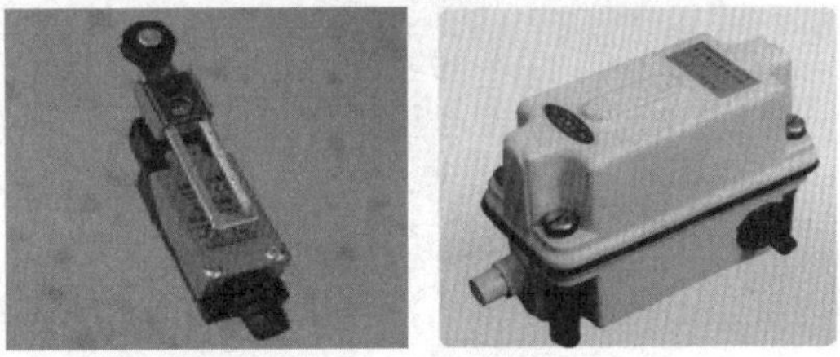

图 1－91　行程限位装置

1. 限位装置(图 1－91 行程限位装置)

1) 起升高度限位器

起升高度限位器是用以防止吊钩行程超越极限,以免碰坏起重机臂架结构和出现钢丝绳乱绳现象的装置。

2) 幅度限位器

(1) 小车变幅幅度限位器。用以使小车在到达臂架端部或臂架根部之前停车,防止小车发生越位事故的装置。

(2) 动臂变幅幅度限位器。用以阻止臂架向极限位置变幅,防止臂架倾翻的装置。

对动臂变幅的塔式起重机,设置幅度限位开关,在臂架到达相应的极限位置前开关动作,用以停止臂架往极限方向变幅;对小车变幅的塔式起重机,设置小车行程限位开关和终端缓冲装置,用以停止小车往极限位置变幅。

(3) 回转限位器。用以限制塔式起重机的回转角度,以免扭断或损坏电缆。

(4) 运行(行走)限位器。用以行走式塔式起重机。限制大车行走范围,防止出轨。

2. 防止超载装置[图 1-92(a),(b)]

(1) 起重力矩限制器[图 1-92(a)]。用以防止塔式起重机因超载而导致的整机倾翻事故。

(2) 起重量限制器[图 1-92(b)]。用以防止塔式起重机超载起升的一种安全装置。

3. 止挡连锁装置[图 1-92(c),(d),(e),(g)]

(1) 小车断绳保护装置。用以防止变幅小车牵引绳断裂导致小车失控。

(2) 小车防坠落装置[图 1-92(c)]。用以防止因变幅小车车轮轴失效而导致小车脱离臂架坠落。

(3) 钢丝绳防脱装置[图 1-92(d)]。用以防止滑轮、起升卷筒及动臂变幅卷筒等钢丝绳脱离滑轮或卷筒。

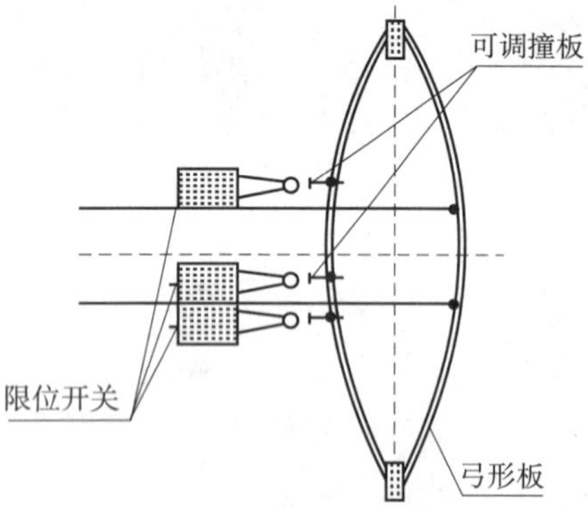

(a) 起重力矩限制器

(b) 起重量限制器

(c) 小车防坠落装置

(d) 钢丝绳防脱装置

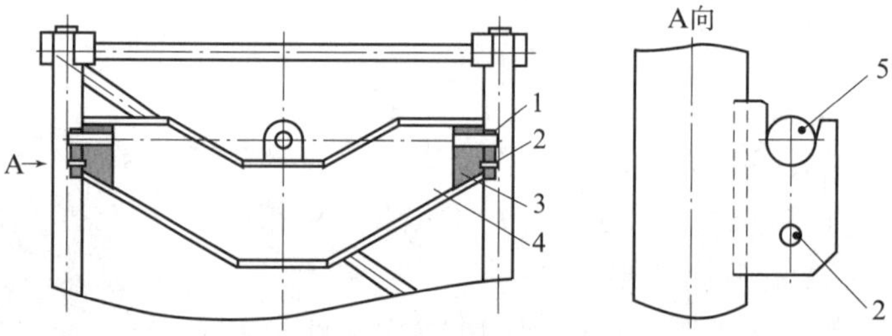

1—标准节支承块；2—防脱销轴；3—顶升横梁固定块；
4—顶升横梁；5—顶升销轴

(e) 顶升防脱装置

(f) 风速仪

(g) 轨道止挡装置

图 1-92 防超载和止挡连锁装置及风速仪

(4) 顶升防脱装置。用以防止自升式塔式起重机在正常加节、降节作业时，顶升装置从塔身支承中或油缸端头的连接结构中自行脱出[图 1-92(e)顶升防脱装置]。

(5) 抗风防滑装置[轨道止挡装置图 1-92(g)]。用以防止行走式塔式起重机在遭遇大风时自行滑行，造成倾翻。

4. 报警及显示记录装置

(1) 报警装置。用以在塔式起重机载荷达到规定值时，向塔式起重机司机自动发出声光报警信息。

(2) 显示记录装置。用图形或字符方式向司机显示塔式起重机当前主要工作参数和额定能力参数。显示的工作参数一般包含当前工作幅度、起重量和起重力矩，额定能力参数一般包含幅度及对应的额定起重量和额定起重力矩。

(3) 风速仪[图 1-92(f)]。用以发出风速警报，提醒塔式起重机司机及时采取防范措施。

(4) 工作空间限制器。单台塔式起重机，用以限制塔式起重机进入某些特定的区域或进入该区域后不允许吊载；群塔，用以限制塔式起重机的回转、变幅和运行区域以防止塔式起重机间机构、起升绳或吊重发生相互碰撞。

随着我国科学技术的不断发展，近几年已成功研制出塔式起重机安全监测管理系统，在部分地区已开始使用。该系统综合利用微电子技术和及时通信技术将塔式起重机的主要安全装置包括力矩限制器、幅度限制器、回转限制器及高度限制器的各项运行数据进行采集、记录和存储，并实时显示，对起重力矩、起重量、回转角和容许高度进行控制和预警，并且显示塔式起重机位置 GIS 电子地图，实现同步远程监控的目的(图 1-93、图 1-94)。

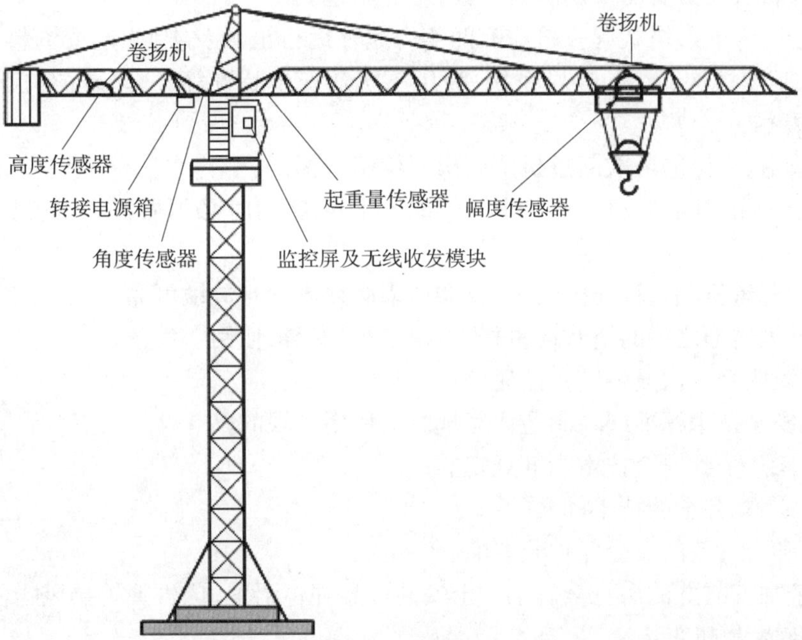

图 1-93 塔式起重机的安全监测位置示意图

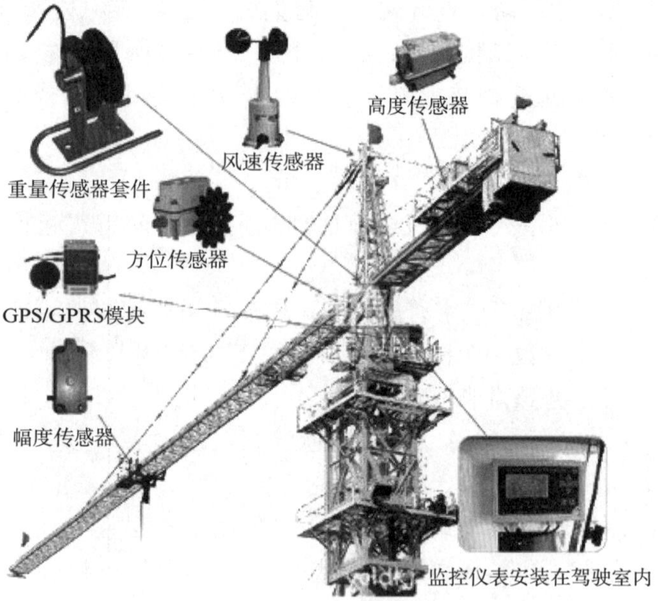

图 1-94　塔式起重机安全装置监测元件

1.6.7　塔式起重机的技术条件

1. 塔式起重机的技术要求

(1) 塔式起重机生产厂必须持有国家颁发的特种设备制造许可证。

(2) 有出厂合格证和产品设计文件、安装及使用维修说明、有关形式试验合格证明等文件。

(3) 配件目录及必要的专用随机工具。

(4) 对于购入的旧塔式起重机应有两年内完整运行记录及维修、改造资料，在使用前应对金属结构、工作机构、电器、操作系统、液压系统及安全装置等各部分进行检查和试车，以保证其工作可靠。

(5) 对改造、大修的塔式起重机要有出厂检验合格证。

(6) 对于停用时间超过 1 个月的塔式起重机，在启用时必须做好各部件的润滑、调整、保养、检查。

(7) 塔式起重机的各种安全装置、仪器仪表必须齐全且灵敏可靠。

(8) 有下列情形之一的塔式起重机，不得出租、安装、使用：

① 属国家明令淘汰或者禁止使用的；

② 超过安全技术标准或者制造厂家规定的使用年限的；

③ 经检验达不到安全技术标准规定的；

④ 没有完整、齐全的技术档案的；

⑤ 没有齐全有效的安全保护装置的。

(9) 严禁在安装好的塔身金属结构上安装或悬挂标语牌、广告牌等挡风物件。

2. 塔式起重机的基础

目前，根据塔式起重机类型，塔式起重机基础可分为行走式塔式起重机轨道基础和固定式塔式起重机混凝土基础。固定式基础通常为钢筋混凝土基础，在特殊情况下也有钢结构平台等特殊基础；钢筋混凝土基础通常为整体式基础，也有采用分块式钢筋混凝土基础，分块式又可分为现浇式和预制式钢筋混凝土基础。

1）行走式塔式起重机轨道基础

行走式塔式起重机轨道基础必须能承受塔式起重机工作状态和非工作状态的最大载荷，可采用碎石基础或混凝土基础，在基础上放置轨枕，轨枕又有木轨枕、钢筋混凝土轨枕等。轨道铺设在成排的轨枕上，具体详见厂家说明书要求。

2）固定式塔式起重机混凝土基础

（1）固定式塔式起重机混凝土基础的一般要求。必须根据设计要求设置基础，基础能够承受工作状态和非工作状态下的最大载荷，具体要求如下：

① 基础纵、横向偏差符合要求；

② 预埋螺栓、承重钢板材质、尺寸符合要求；

③ 地基承载力符合要求；

④ 基础的抗倾翻稳定性计算及地基压应力的计算，符合塔式起重机各种工况下的技术条件；

⑤ 基础应有排水设施、排水畅通；

⑥ 接地电阻小于 4 Ω；

⑦ 预埋脚柱（支腿）、地脚螺栓和预埋节应使用原制造商或有相应资格单位生产的产品，并有产品合格证。

（2）整体式现浇钢筋混凝土基础。固定式塔式起重机一般采用整体式现浇钢筋混凝土基础，塔身结构通过与预埋在钢筋混凝土中的预埋脚柱（支腿）、预埋节或地脚螺栓等固定在基础上。这种基础可以是独立的，也可以与建筑物结构相连，或者是建筑物地下室底板的一部分，其特点是能靠近建筑物，增大塔式起重机的有效作业面，混凝土基础本身还兼压重块的作用；缺点是基础的尺寸比较大，混凝土和配筋用量大，不能重复使用，使用费用高。整体式现浇钢筋混凝土基础可分为十字形和方形两种形式：

① 十字梁基础。十字梁基础（图 1 - 95）整体的形状和平面尺寸与塔式起重机带斜撑杆的底架结构形式相似，它靠埋设在基础内的地脚螺栓将基础与塔式起重机底架固定于一体。这种基础形式用料省、要求安装精度低、施工工艺简单，但力学性能较差。

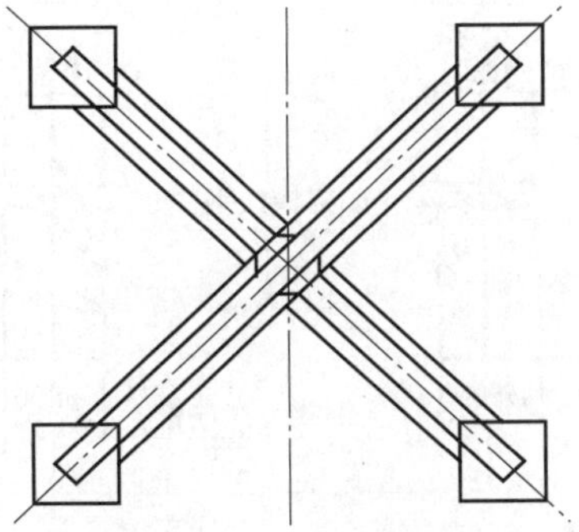

图 1 - 95　十字梁基础

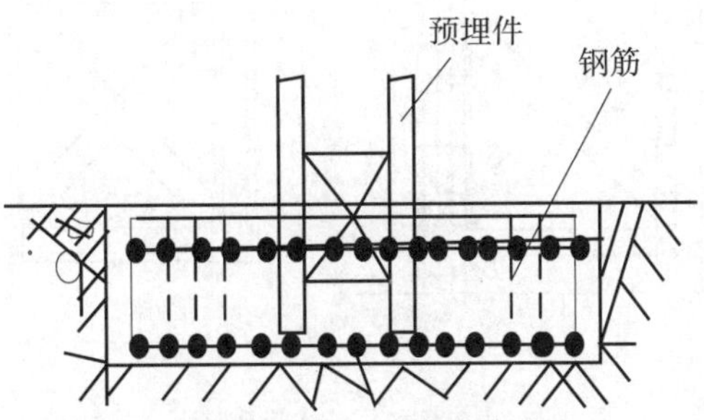

图 1 - 96　方形基础

② 方形。方形承台式基础（图 1 - 96）是目前塔式起重机使用中最常采用的基础形式。可将塔式起重机的预埋地脚螺栓或地脚埋设在基础内，也可直接将标准节或基础节根部预

埋在基础内,将塔身结构固定在其上,达到稳定塔式起重机的目的。这种基础形式基础的体形尺寸是考虑塔式起重机的最大支反力、地基承载力等,并考虑塔式起重机的最不利工况载荷(峰值)而选定的,因此受力情况较好,一般不需要压重,但制作费用高,对地耐力有要求,不能重复使用,不符合环保要求。

如图 1－96 所示为塔式起重机预埋基础节整体式钢筋混凝土基础。

(3) 墩柱承台式基础(桩基础)。由于在沿海沿江地区天然地基承载力较差以及在高层建筑施工中由于有深基坑及地下室底层的复杂结构使整体式基础较难采用。近些年在实际工作中采用了如图 1－97 所示的墩柱承台式基础,通过墩柱与土壤的摩擦阻力来增加其抗倾覆力矩,承台发挥压重作用。在制作时也可将承台做成建筑物底板的一部分,既经济又实用。这时塔式起重机基础的整体稳定性设计除计入墩柱质量外还可计入其与土壤的摩擦阻力,故实际效果较好。但在基坑大面积开挖时,由于土壤受到扰动,在考虑桩承载力时一般不计基坑开挖面以上的土体对桩产生的摩擦力。

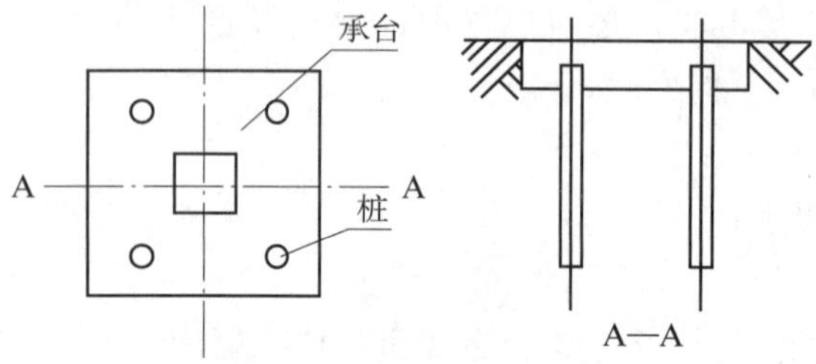

图 1－97 墩柱承台式基础

(4) 组合式基础是指由若干格构式钢柱或钢管柱与其下端连接的基桩以及与上端连接的混凝土承台或型钢平台组成的基础(图 1－98、图 1－99)。

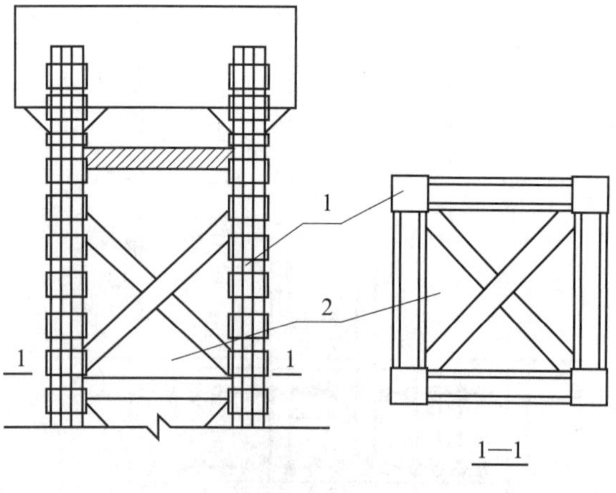

1—小格构柱;2—大格构柱

图 1－98 塔式起重机组合式基础的钢格构柱

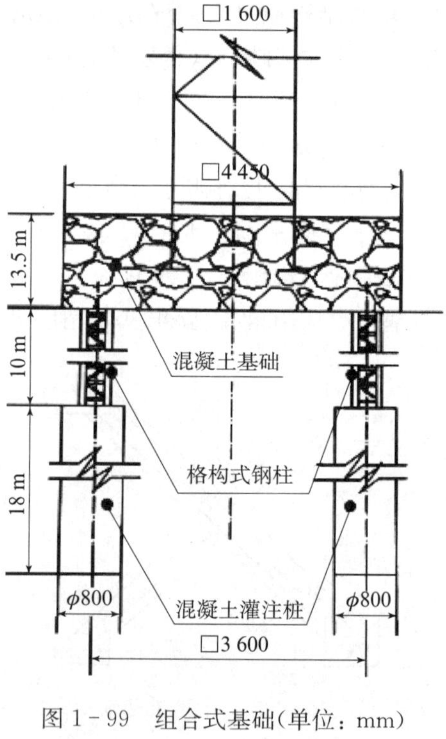

图 1－99 组合式基础(单位：mm)

3. 不满足设计要求的地基加固处理方法

当地基承载力无法满足塔式起重机设计要求时,需对地基进行加固处理,常用的方法如下：

(1) 一般处理。可采取夯实法、换土垫层法、排水固结法、振密挤密法等。不同的方法对土类、施工设备、技术有不同的要求，成本不一。最常用的是换土垫层法，其成本较低，但仅局限于地基软弱层较薄的地区。

(2) 桩基加固。成本较高，但处理效果较好，适用于浅层土质不能满足承载力的要求而又不适宜采用一般处理方法时，如现场地下水位较高等。

(3) 利用已有设施。在便于安装、拆卸的前提下，借助已有建筑物的基础、底板等，把塔式起重机基础与其结合起来。此种方案成本低，比较理想，但因对构筑物增加了荷载，应经计算决定是否对其采取加固处理。

(4) 加大基础面积。此方案仅适用于现场地基承载力与基础设计所要求的地基承载力值相差不大时的情况，并应进行重新设计计算。

4. 塔式起重机附着的技术要求

(1) 附着式固定式起重机的基础和附着点建筑物其受力强度必须满足塔式起重机使用说明书的要求。

(2) 附着式塔式起重机塔身的垂直度应用经纬仪检查并用撑杆调整垂直度，其垂直度偏差不得超过2/1 000。

(3) 每道附着装置的撑杆布置方式、相互间隔和附墙距离应符合原生产厂家的规定；非标附着装置必须委托原生产厂家设计制作。

(4) 附着装置在塔身和建筑物上的框架，必须固定可靠，不得有任何松动。

(5) 附着框架应尽可能装设在塔身标准节对接处或设置在有水平腹杆处，以上下偏移不超过200 mm为佳，最上一个附着框架内宜安装内撑杆，预防附着框架对标准节施力后，使其主弦杆变形。

1.6.8　塔式起重机的选用

1. 选用塔式起重机首要考虑的问题

建筑物主体结构工程施工选用塔式起重机应考虑以下几个问题：

(1) 使用轨行式塔式起重机，应考虑轨道中心至建筑外墙之间的距离，一般控制在4.5～6.5 m；使用外附自升塔式起重机时，应考虑被附着的框架节点的承载能力；若使用内爬式塔式起重机，则应考虑建筑结构支承塔式起重机的强度和稳定性。

(2) 塔式起重机的吊高，应是施工过程的最大吊装高度；作业回转半径，应是施工过程中要求的最远的安装距离。

(3) 在同一施工现场使用多台塔式起重机同时作业时，应考虑有没有障碍物，塔式起重机的起重机臂是否会出现碰撞，平衡臂是否有可靠的安全措施。

(4) 塔式起重机的起重臂与外电线路的安全距离是否满足相关规定(表1-12)。

表1-12　起重机与架空线路边线的最小安全距离

项目	数据						
电压/kV	<1	10	35	110	220	330	500
沿垂直方向安全距离/m	1.5	3.0	4.0	5.0	6.0	7.0	8.5
沿水平方向安全距离/m	1.5	2.0	3.5	4.0	6.0	7.0	8.5

2. 塔式起重机的选择

选择原则：根据所需起升高度选择塔式起重机的类型；根据所需吊运的不同距离和不同起重量来确定起重机的型号。简而言之，塔式起重机要满足起重力矩、幅度、起重量和起升高度的要求。

1）幅度

选择幅度应考虑起重机的最大幅度。即塔式起重机旋转中心到吊钩中心最远的水平距离。轨道式塔式机[图 1－100(a)]的最大幅度常用下式计算：

$$R_{max}=A+B+\Delta L \tag{1-12}$$

式中 A——安全操作距离(或塔式起重机旋转中心至在建物外墙距离)；

B——建筑物的全宽(包括阳台、雨篷等)；

ΔL——为便于安装就位所需裕量，ΔL 常取 1.5～2 m。

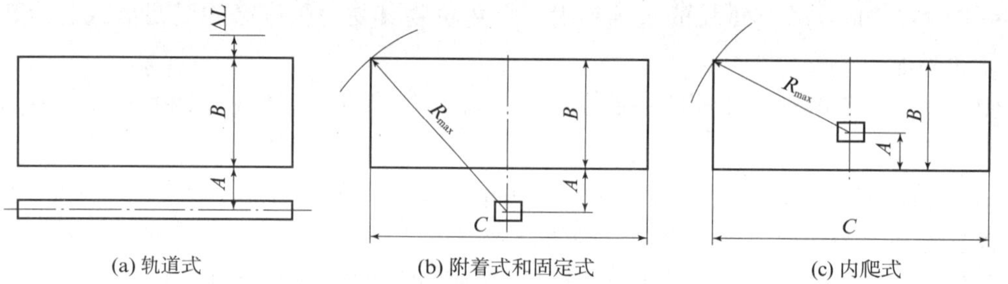

图 1－100 塔式起重机的幅度确定

轨道式塔式起重机操作安全距离 A，取自轨道中心至建筑凸出部分外墙之间的距离。若施工中要搭设外脚手架，应取轨道中心至脚手架边线的距离，并另外加 0.7～1 m 的安全余量。

当采用附着式塔式起重机[图 1－100(b)]进行高层建筑施工时，塔式起重机最大幅度应满足

$$R_{max}\geqslant\sqrt{\left(\frac{C}{2}\right)^2+(A+B)^2} \tag{1-13}$$

当采用内爬式塔式起重机[图 1－100(c)]进行高层建筑施工时，塔式起重机最大幅度应满足

$$R_{max}\geqslant\sqrt{\left(\frac{C}{2}\right)^2+(B-A)^2} \tag{1-14}$$

2）起重量及起重力矩

选用塔式起重机进行吊装施工时，首先应检查最大幅度起重量是否满足要求，即最大幅度起重量应大于构件重量及吊具重量的总和并留有一定的余量。

3）起升高度

在吊装大板建筑时，安装最高一层墙板或大模板所必需的起升高度可按下式计算：

$$H=H_1+H_2+H_3+H_4 \tag{1-15}$$

式中 H——塔式起重机所需要最大起吊高度；

H_1——建筑物总高度；

H_2——建筑物顶层人员安全生产所需高度，一般取 2 m；

H_3——构件高度，对预制壁板，可取 3 m，对大模板，可取 3.5 m 或实长；

H_4——吊索高度，一般取 2 m。

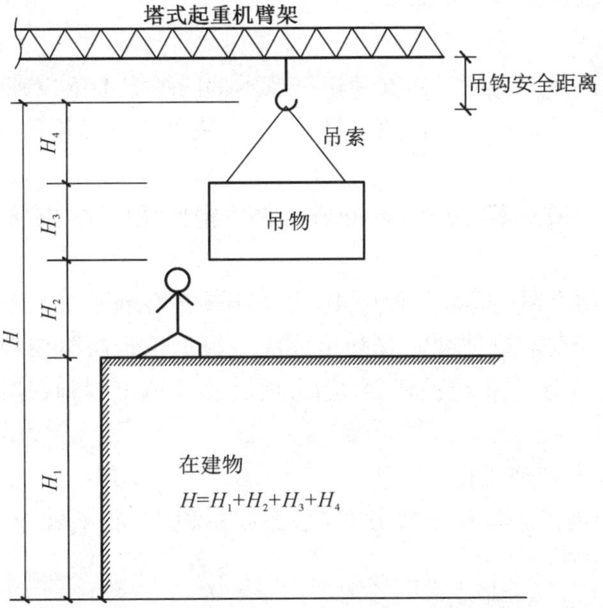

图 1 - 101　塔式起重机起升高度选择示意图

3. 塔式起重机专项施工方案的编制

1）安装、拆卸专项方案的编制

（1）编制安装、拆卸方案的依据：

① 塔式起重机使用说明书。

② 国家、行业及地方有关塔式起重机的法规、标准、规定等。

③ 安装、拆卸现场的实际情况，包括场地、道路、环境等。

（2）安装、拆卸方案的主要内容：

① 安装、拆卸现场环境条件的详细说明。

② 塔式起重机安装位置平面图、立面图和主要安装、拆卸难点。

③ 对塔式起重机基础的外形尺寸、技术要求以及地基承载能力等要求。

④ 详细的安装及拆卸的程序，包括每一程序的作业要求、安装拆卸方法、安全、质量控制措施（可参照使用说明书）。

⑤ 塔式起重机主要零部件的重量及吊点位置。

⑥ 所需辅助设备、吊具、索具的规格、数量和性能。

⑦ 安装过程中应自检的项目以及应达到的技术要求。

⑧ 安全技术措施。

⑨ 必要的计算资料。

⑩ 人员配备及分工。

⑪ 重大危险源及事故应急预案。

（3）方案编制的要求。塔式起重机安装拆卸方案应由安装单位的专业技术人员负责编制，按相关规定需要专家论证审查的方案应由安装单位的技术负责人组织有关人员编制，编制人员具有本专业中级以上技术职称。

2）方案的审批

塔式起重机安装拆卸方案应当由安装单位技术部门组织本单位施工技术、安全、质量等部门的专业技术人员进行审核。经审核合格的，由安装单位技术负责人签字，并报总承包单位技术负责人签字。

不需专家论证的专项方案，安装单位审核合格后报监理单位，由项目总监理工程师审核签字。

需专家论证的专项方案，安装单位组织应当召开专家论证会。实行施工总承包的，由施工总承包单位组织召开专家论证会。安装单位应当根据论证报告修改完善专项方案，并经安装单位技术负责人、总承包单位技术负责人、项目总监理工程师、建设单位项目负责人签字后，方可组织实施。

3）塔式起重机技术管理流程

（1）开工前，编制塔式起重机布置方案（塔式起重机布局、基础设计、附着设计、多塔作业措施、外电防护措施等）。

（2）新购塔式起重机备案登记。

（3）安装前，编制安装、拆卸专项方案和安装、拆卸安全事故应急救援预案（由安、拆单位编制）。

（4）办理塔式起重机安、拆告知手续。

（5）安装后，安、拆单位自检。

（6）具有相应资质的检验检测机构监督检验。

（7）施工总承包单位组织联合验收。

（8）编制塔式起重机安全管理制度和塔式起重机生产安全事故应急救援预案。

（9）办理塔式起重机使用登记。

1.7 高处作业吊篮

1.7.1 高处作业吊篮概述

1. 高处作业吊篮的特点

高处作业吊篮是悬挂机构架设于建筑物或构筑物上，提升机驱动悬吊平台通过钢丝绳沿外墙立面上下运行的一种非常设悬挂设备，其特点有：

（1）高处作业吊篮悬挂平台由柔性的钢丝绳吊挂，与墙体或地面没有固定的连接。它不同于桥式脚手架靠附墙的立柱支撑，也不同于升降平台靠固定于地面的下部臂杆支撑。高处作业吊篮对建筑物墙面无承载要求，且拆除后无须再对墙面进行修补。

（2）高处作业吊篮是由吊架演变发展而来的，适用于施工人员就位安装或暂时堆放必要的工具及少量的材料，它不同于施工升降机或物料提升机，在施工组织设计时，不能把高处作业吊篮作为运送建筑材料及人员的垂直运输设备。

（3）高处作业吊篮配有提升机构，驱动悬吊平台上下运动达到所需的工作高度，其架设比较方便，省时省力，施工成本较低。

(4) 高处作业吊篮是由钢丝绳悬挂牵引，因此采取措施后也能用于倾斜的立面或曲面，如大坝或冷却塔等构筑物。

(5) 由于高处作业吊篮是由钢丝悬挂牵引，施工过程中悬吊平台的稳定性较差。

2. 吊篮的主要应用

(1) 高层及多层建筑外墙的装饰装修施工。

(2) 高层及多层建筑外墙清洗、保养及维修。

(3) 大型罐体、大型烟囱、水坝、桥梁、油库等检查、保养和维修。

(4) 大型船舶的油漆、清洗及维修。

(5) 楼宇电梯的安装。

(6) 大型或高处广告的制作安装等。

3. 高处作业吊篮的发展

高处作业吊篮是由吊架演变发展而来的。早在20世纪60年代，我国已在少数重点工程上使用吊架，70年代初，吊架应用面逐渐扩大，70年代中期出现了双层式吊架，如图1-102所示，可容4人操作。吊架的操作平台采用钢管扣件搭成，以电动葫芦或手动葫芦为提升机构，备有安全绳及护墙轮。

图1-102 双层式吊架

随着我国建筑业的快速发展，高层建筑的增多，高处作业吊篮使用越来越普遍。进入21世纪，高处作业吊篮制造业进入了一个高速发展的时期，据不完全统计，高处作业吊篮的专业制造厂家从1999年年底的20多家，到2008年年底已发展到近百家。新产品在操作简便、使用可靠等方面都有了提高，2003年，出台了对高处吊篮作业的国家标准规范《高处作业吊篮》(GB/T 19155—2017)。其发展趋势有以下几方面：

(1) 轻型化。采用铝合金悬吊平台及轻巧的提升机、安全锁、悬挂机构。

(2) 安全装置标准化。按照规范要求配置齐全有效的安全装置。

(3) 控制系统自动化。如悬吊平台自动调平装置，多点精确限载装置，工作状态自动显示与故障自动报警装置等。

1.7.2 高处作业吊篮的组成、分类

高处作业吊篮，一般由悬吊平台、悬挂机构、提升机、安全锁、钢丝绳、绳坠铁、警示标志等部件及配件组成。电动高处作业吊篮还有限位止挡、电缆、电气控制箱等部件，如图1-103所示。

1. 高处作业吊篮的组成及重要参数

(1) 悬吊平台：四周装有护栏，用于搭载作业人员、工具和材料进行高处作业的悬挂装置。

(2) 悬挂机构：架设于建筑物或构筑物上，通过钢丝绳悬挂悬吊平台的机构，如图1-104所示。

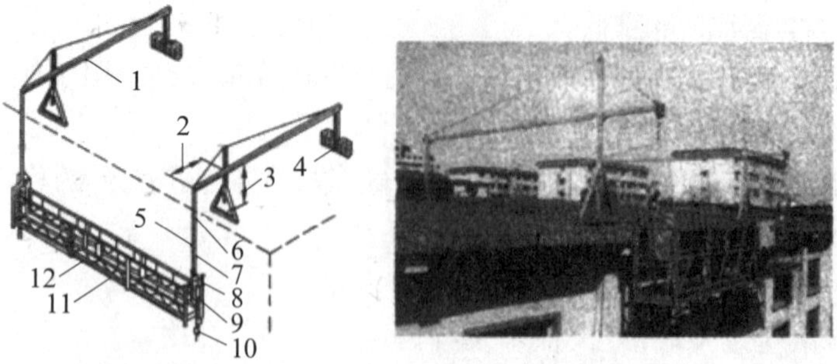

(a) 示意图　　(b) 实物图

1—悬挂机构；2—前梁伸出长度；3—调节高度；4—配重；5—工作钢丝绳；6—上限位块；
7—安全钢丝绳；8—安全锁；9—提升机；10—重锤；11—悬吊平台；12—电气控制箱

图 1－103　电动式高处作业吊篮

（3）提升机：使悬吊平台上下运行的装置，如图 1－105 所示。

（4）安全锁：当悬吊平台下滑速度达到锁绳速度或悬吊平台倾斜角度达到锁绳角度时，能自动锁住安全钢丝绳，使悬吊平台停止下滑或倾斜的装置，如图 1－106 所示。

图 1－104　悬挂机构

图 1－105　提升机

图 1－106　安全锁

（5）安全绳（生命绳）：独立悬挂在建筑屋顶部，通过自锁钩、安全带与作业人员连在一起，防止作业人员坠落的绳索。

（6）限位装置：限制运动部件或装置超过预设极限位置的装置。

（7）锁绳速度：当安全锁开始锁住安全钢丝绳时，钢丝绳与安全锁之间的相对瞬时速度。

（8）锁绳角度：安全锁自动锁住安全钢丝绳使悬吊平台停止倾斜时的角度。

（9）自由坠落锁绳距离：悬吊平台从自由坠落开始到安全锁锁住钢丝绳时相对于钢丝绳的下降距离。

（10）有效标定期：安全锁在规定相邻两次标定的时间间隔。

（11）额定载重量：悬吊平台允许承受的最大有效载重量。

（12）额定速度：悬吊平台在额定载重量下升降的速度。

2. 高处作业吊篮的分类以及参数性能

1）吊篮分类

(1) 按驱动形式吊篮分为手动式、电动式和气动式，如图 1－107 所示。

(a) 脚蹬式手动吊篮　　(b) 手扳式手动吊篮　　(c) 电动吊篮

图 1－107　吊篮

(2) 按吊篮的特性，吊篮分为爬升式和卷扬式两类。

(3) 按悬吊平台结构，吊篮分为单层、双层、三层等。

2) 吊篮主参数及主参数系列

高处作业吊篮的主参数用额定载重量表示，主参数系列见表 1－13。

表 1－13　　主参数系列

名称	单位	主参数系列
额定载重量	kg	100,150,200,250,300,350,400,500,630,800,1 000,1 250

3) 吊篮型号

高处作业吊篮型号由类、组、型代号、特性代号和主参数代号及更新型号组成，标记示例如图 1－108 所示。

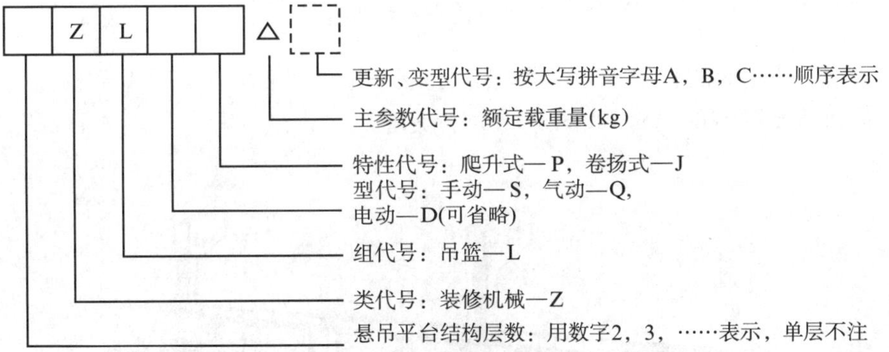

图 1－108　吊篮编型号

(1) 高处作业吊篮 ZLP500，是指额定载重量 500 kg，电动、单层、爬升式高处作业吊篮。

(2) 高处作业吊篮 2ZLP800A，是指额定载重量 800 kg，电动、双层、爬升式高处作业吊篮第一次变型产品。

(3) 高处作业吊篮 ZLJ400,是指额定载重量 400 kg,电动、单层卷扬机式高处作业吊篮。

(4) 高处作业吊篮 ZLSP300,是指额定载重量 300 kg,手动、单层爬升式高处作业吊篮。

3. 高处作业吊篮性能参数

国内几种常见的高处作业吊篮性能参数见表 1-14。

表 1-14　常见高处作业吊篮性能参数

参　数		ZLP300	ZLP630	ZLP800	ZLP1000
额定载重量/kg		300	630	800	1 000
升降速度/($m \cdot min^{-1}$)		6	9~11	8~9	8~10
悬吊平台尺寸/m		≤6	≤6	≤7.5	≤7.5
钢丝绳直径/mm		8	8.3	8.6	9.1
电动机功率/kW		0.5×2	1.5×2	2.2×2	3.0×2
安全锁	锁绳速度(离心式)	25 m/min	—	—	
	锁绳角度(摆臂式)	—	3°~8°	3°~8°	3°~8°
整机自重/kg		800	950	1 000	1 020

1.7.3 悬吊平台

1. 常用悬吊平台

(1) 吊点设在平台两端的悬吊平台,是目前使用最广泛的悬吊平台,如图 1-109 所示。

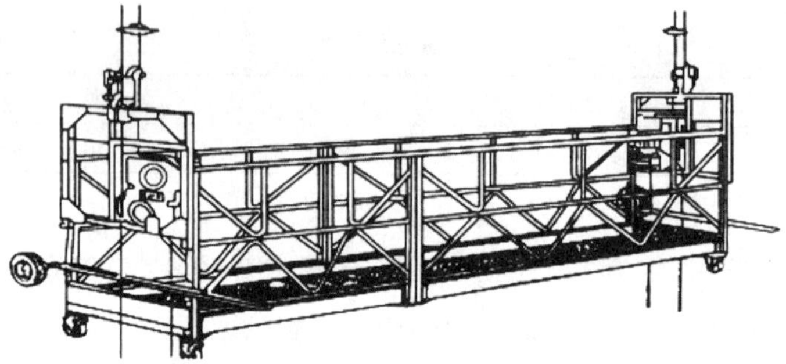

图 1-109　吊点在两端的平台

(2) 吊点在外侧面的悬吊平台。吊点位于悬吊平台外侧,主要适用于较长的悬吊平台或架设悬挂机构受限制的场合,如图 1-110 所示。

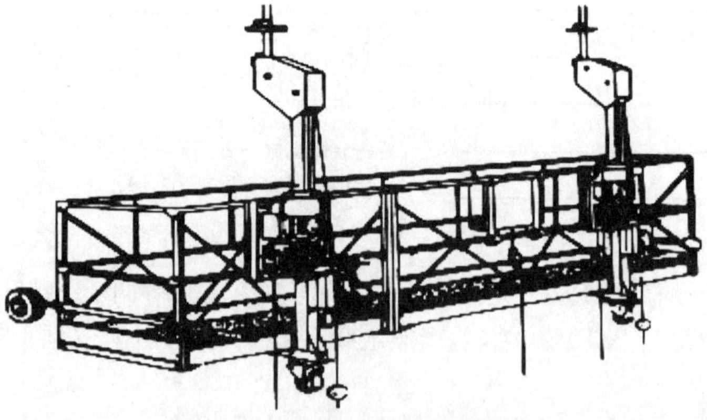

图 1-110　吊点在外侧的平台

(3) 带收绳卷筒的悬吊平台。在普通悬吊平台上增加收卷钢丝绳的卷筒,它可以避免钢丝绳对建筑物墙面的碰刮,如图 1-111 所示。

2. 特殊悬吊平台

(1) 单吊点悬吊平台。单吊点悬吊平台由单台提升机驱动,主要适用于狭小的空间进行作业,如图 1-112 所示。

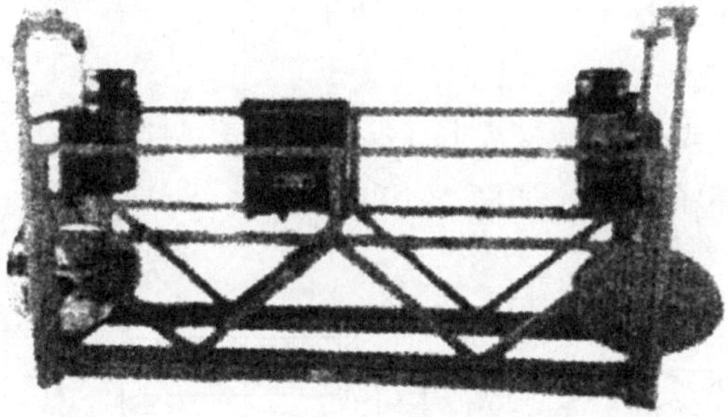

图 1-111　带收绳卷筒的悬吊平台

图 1-112　单吊点悬吊平台

(2) 圆形悬吊平台。主要适用于弧形建筑物施工,如粮仓、煤井、大型罐体、烟囱施工及锅炉维修保养等,如图 1-113 所示。

(3) 多层悬吊平台。由多个单层平台组合而成。主要适用于多工序流水作业,并且可提高悬吊平台的稳定性。如图 1-114 所示为一双层悬吊平台。

(4) 转角悬吊平台。主要适用于桥墩等柱形构筑物的作业,如图 1-115、图 1-116 所示。

图 1-113　圆形悬吊平台

图 1-114　双层悬吊平台

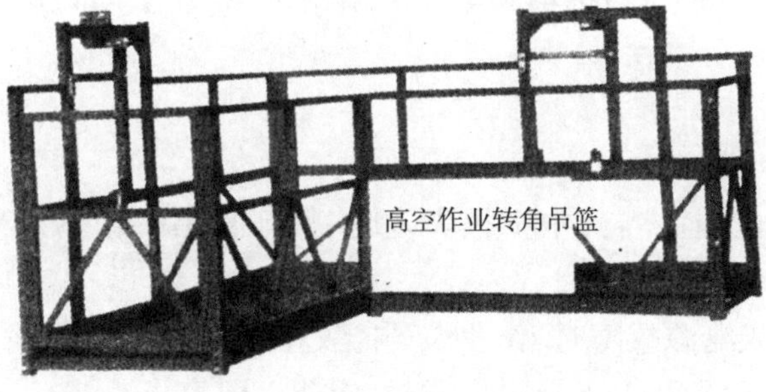

图 1-115　转角悬吊平台

图 1-116　转角悬吊平台施工作业

1.7.4　提升机

1. 提升机的分类

提升机通常可分为爬升式和卷扬式(上卷扬、下卷扬)等类型,爬升式提升机又分为"a"

式卷绳和"S"式卷绳等类型。

2. 提升机的结构及工作原理

提升机一般由电动机、制动器、减速器、绳轮(或卷筒)和压绳机构等构成。由于高处作业吊篮高空作业的特点,又经常需要横向移位,因此提升机在设计上一般都追求自重尽可能轻,以提高悬吊平台有效载重量,并减轻在搬运、安装时的劳动强度。

1.7.4.1 卷扬式提升机

1. 卷扬式提升机的结构及工作原理

卷扬式提升机是通过卷筒收卷钢丝绳或释放钢丝绳,使悬吊平台得以升降。主要由电动机、卷筒、制动器、减速器和导向轮等构成。

提升机减速器一般采用蜗轮减速系统或行星减速系统。采用行星减速系统可将其设置在卷筒内以减少体积,形成一套小型而完整的设备,如图 1-117 所示。

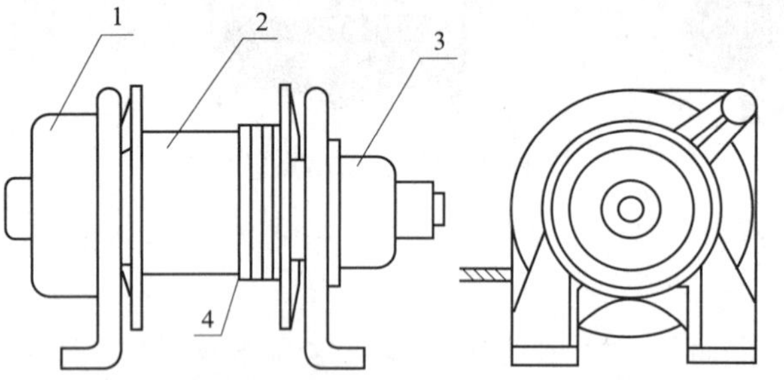

1—电动机;2—卷筒;3—制动器;4—吊绳

图 1-117 卷扬式提升机

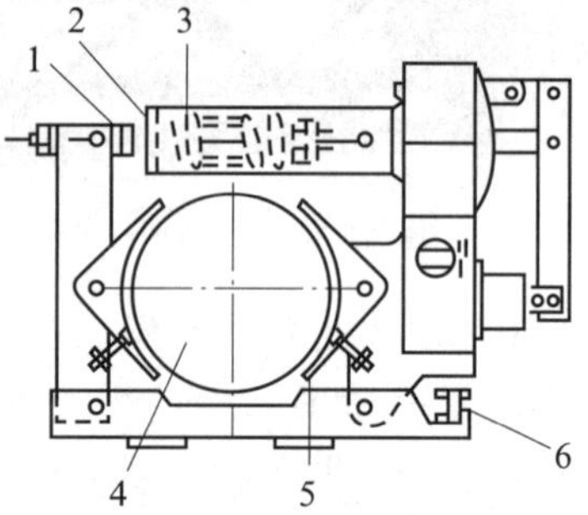

1—行程调节螺母;2—弹簧支架;
3—制动弹簧;4—刹车鼓;5—刹车片;
6—左右开口调节螺母

图 1-118 闸瓦式制动器

提升机的制动器是控制吊篮上下运动的重要组成部分,它可以使悬吊平台可靠停止在工作位置,或在下降过程中保持或控制下降的速度。卷扬式提升机制动系统一般采用闸瓦式制动器,如图 1-118 所示。其工作原理是:当电机接入电源时,制动器的电磁线圈同时接通电源,由于电磁吸力作用,电磁铁吸引衔铁并压缩弹簧,刹车片与刹车轮脱开,电动机运转。当切断电源制动器电磁铁失去电磁吸力,弹簧力推动刹车片压紧刹车轮,在摩擦力矩的作用下,电动机立即停止转动。

2. 卷扬式提升机的安全技术要求

(1) 禁止使用摩擦传动、带传动和离合器。

(2) 每个吊点必须设置两根独立的钢丝绳。当其中 1 根失效时,保证悬吊平台不发生倾斜和坠落。

(3) 必须设置手动升降机构。当停电或电源故障时,作业人员能安全撤离。

(4) 必须设置限位保护装置,当悬吊平台到达上下极限位置时,应能立即停止。

(5) 卷扬式起升机构必须配备主制动器和后备制动器。主制动器应为常闭式,在停电和紧急状态下,应能手动打开制动器,后备制动器(或超速保护装置)必须独立于主制动器,在主制动器失效时能使悬吊平台在 1 m 的距离内可靠停住。制动器应动作准确、可靠、便于检修和调整。

（6）多层缠绕的卷筒，在悬吊平台处于最高位置时，卷筒两侧缘的高度应超过最外层钢丝绳，其超出高度不应小于钢丝绳直径的 2.5 倍。

（7）钢丝绳的固定装置应安全可靠，并易于检查，在悬吊平台最低位置时，卷筒上的钢丝绳安全圈数不应小于 3 圈；在保留 3 圈的状态下，应能承受 1.25 倍钢丝绳额定拉力。

（8）必须设置钢丝绳的放松装置，当钢丝绳发生松弛、乱绳、断绳时，卷筒应立即停止转动。

（9）钢丝绳在卷筒上应排列整齐，钢丝绳绕进或绕出卷筒时，偏离卷筒轴线垂直平面的角度，对有螺旋槽卷筒不应大于 4°；对光面卷筒或多层缠绕卷筒不应大于 2°，如大于 2°时应设置排绳机构。排绳机构应使钢丝绳安全无障碍地通过，并正确缠绕在卷筒上。

（10）滑轮最小卷绕直径不小于钢丝绳直径的 15 倍；滑轮槽深不应小于钢丝绳直径的 1.5 倍；滑轮上应设有防止钢丝绳脱槽装置，该装置与滑轮最外缘的间隙，不得超过钢丝绳直径的 1/5。

1.7.4.2　爬升式提升机

1. 爬升式提升机的类型

爬升式提升机按钢丝绳的缠绕方式不同分为“a”式绕法和“S”式绕法两种主要形式，如图 1－119 所示。两种缠绕方式的主要区别有：

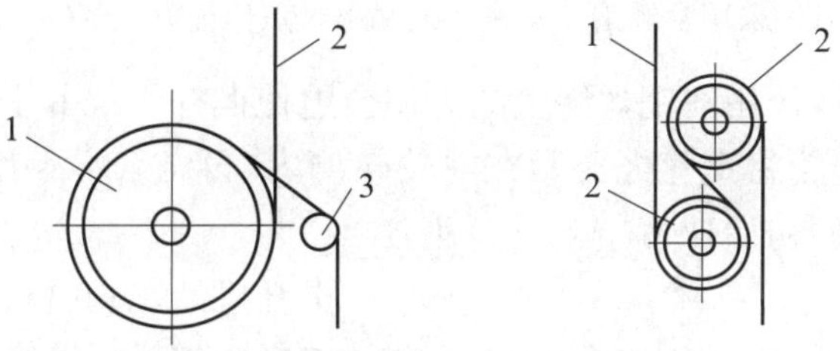

1—绳轮；2—钢丝绳；3—导绳轮　　1—钢丝绳；2—绳轮

(a)“a”式绕法　　(b)“S”式绕法

图 1－119　钢丝绳绕法示意

（1）钢丝绳在提升机内运行的轨迹不同。

（2）钢丝绳在提升机内的受力不同。前者只向一侧弯曲，后者向两侧弯曲，承受交变载荷。

2. 爬升式提升机的工作原理

爬升式提升机的工作原理是利用绳轮与钢丝绳之间产生的摩擦作为悬吊平台爬升的动力，升降时钢丝绳静止不动，绳轮在其上爬行，从而带动提升机及悬吊平台整体提升。其原理就如同铅笔上缠绕线绳，线绳具有一定张紧力，铅笔和线绳间有足够的摩擦力，转动铅笔，铅笔就可沿绳子上升，如图 1－120 所示。

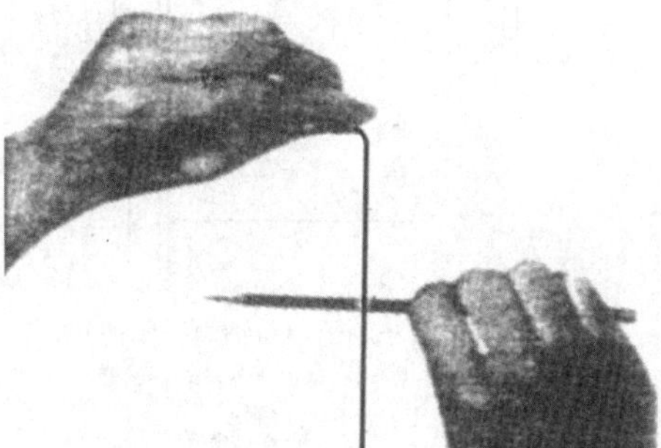

图 1－120　爬升式提升机的工作原理示意图

3. 常用爬升式提升机

(1) 用多级齿轮减速系统和出绳点压绳方式的"a"形提升机。如图 1-121 所示，钢丝绳从上方入绳口穿入后，经过摆杆 1 右方的导轮穿入绳轮，绕行近 1 周后，又经过压绳杆 2 下方的一组压绳轮及摆杆 1 左端的另一组压绳轮，最后穿出提升机。钢丝绳在机内呈字母"a"形状，故命名为"a"形提升机。

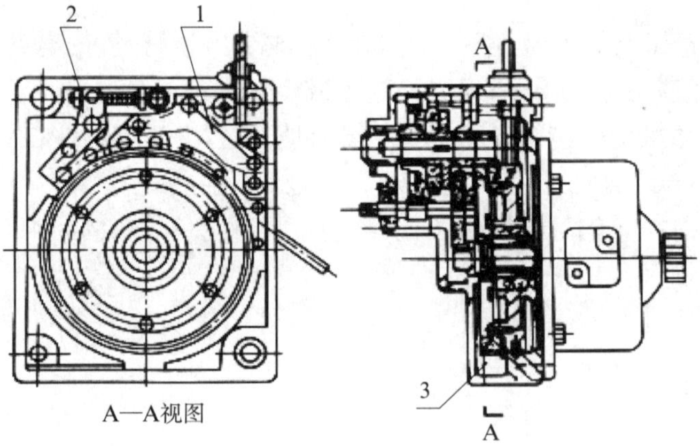

1—摆杆；2—压绳杆；3—驱动绳轮

图 1-121　采用多级齿轮减速系统和出绳点压绳方式的"a"形提升机

当提升机有载荷时，作用在钢丝绳上的力便会迫使摆杆 1 绕其上方的铰轴逆时针转动，从而用左端的一组压绳轮将钢丝绳压紧在绳轮轮槽内，再结合另一组由弹簧提供作用的压绳轮，取得提升机所需的初始拉力。

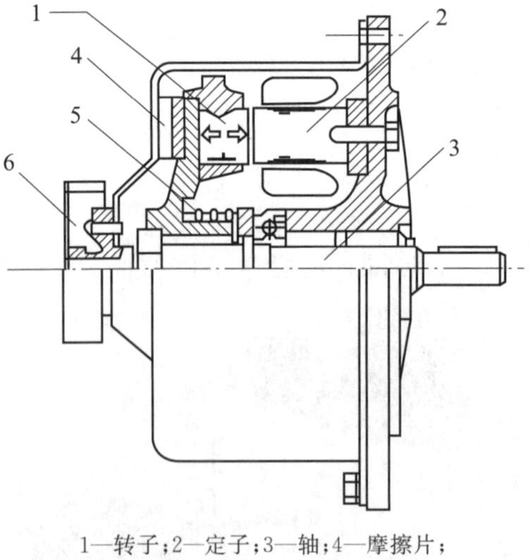

1—转子；2—定子；3—轴；4—摩擦片；5—制动弹簧；6—手动松车装置

图 1-122　盘式制动电机

提升机的驱动电机采用盘式制动电机，其制动工作原理：电机接通电源后，定子产生轴向旋转磁场，在转子导条中感应出电流，二者相作用产生了电磁转矩，与此同时，由定子产生的磁吸力将转子轴向吸引，使转子上的盘式制动器的摩擦片与静止摩擦片相互脱离，电机在电磁转矩作用下开始转动。切断电机电流，旋转磁场及磁吸引力同时消失，转子在制动弹簧的压力下与盘式制动器的摩擦面接触产生了摩擦力矩，使电机停止转动，如图 1-122 所示。盘式制动电机的后部设有手动松车装置，以备停电情况下，手动松开制动，利用悬吊平台自重下降。

(2) 采用多级齿轮减速系统和链条压绳方式的"a"形提升机。如图 1-123 所示，其减速机构及制动系统与采用多级齿轮减速系统和出绳点压绳方式的"a"形提升机基本相似，区别在于其压绳的方式与之不同，压绳是采用链条压紧的方式，将钢丝绳压紧在绳轮与链轮之间，从而取得工作所需的提升力。其链条对钢丝绳的压紧力取自载荷的分力，当提升机下端连接环上施加向下的荷载时，与连接环连接的摆块便会绕其中部的铰轴如图1-123所示的方向转动，从而将链轮的端部拉紧，链条上的链轮便会产生对钢丝绳的压紧力，并且随载荷大小的变化而自动变化。

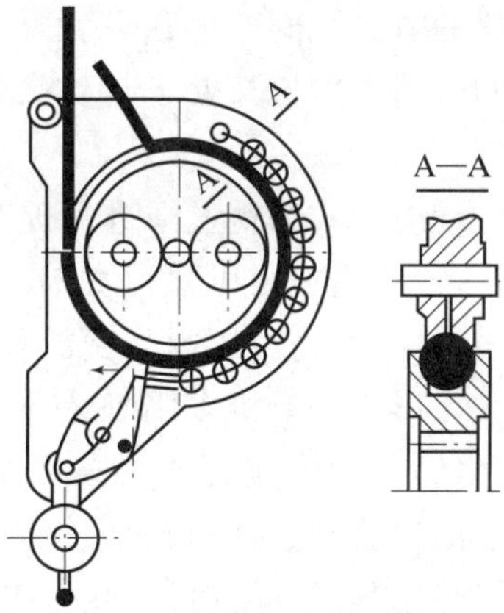

图1-123　采用多级齿轮减速系统和链条压绳方式的“a”形提升机

(3) 采用谐波减速系统和压盘压绳方式的“a”形提升机。提升机的压绳方式及制动系统，也采用压盘压绳方式和盘式电机制动，只是减速系统由原来的一级定轴齿轮传动加两级差动行星传动改为谐波齿轮传动。谐波齿轮传动的特点是传动比大，零件数量少，结构紧凑，体积小，有利于提升机整机减轻重量，缩小体积。

(4) 采用行星减速系统和出绳点压绳方式的“S”形提升机。如图1-124所示，提升机的减速系统由少齿轮差行星传动加一级直齿轮传动构成。电机输出轴通过偏心套9驱动行星轮7使之运动，再将动力传递给轴8，轴8上小齿轮带动大齿轮(与绳轮合为一体的结构)运转。压绳机构由连接板5、小滑轮1、大滑轮6及下部的铰轴组成。钢丝绳4分别经过小滑轮1、大齿轮3(绳轮)及大滑轮6呈“S”形在提升机内缠绕，当钢丝绳4上有载荷时，由于钢丝绳给予小滑轮一个较小包角的作用，整个压绳机构被迫绕其下方的铰轴逆时针转动，从而带动大滑轮6将钢丝绳压紧在绳轮(大齿轮3)的绳槽内，从上述可知，其压绳机构对钢丝绳力完全取决于载荷的分力，并且能随载荷大小的变化而自动变化，结构简单可靠。提升机的制动系统也采用盘式制动电机。

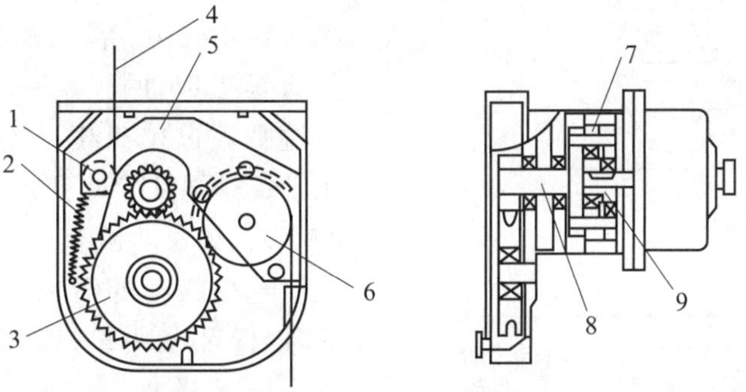

1—小滑轮；2—弹簧；3—大齿轮；4—钢丝绳；5—连接板；6—大滑轮；7—行星轮；8—轴；9—偏心套

图1-124　采用行星减速系统和出绳点压绳方式的“S”形提升机

(5) 采用蜗轮蜗杆减速系统和压盘压绳方式的“S”形提升机。提升机减速系统由蜗杆、蜗轮、一级减速再加齿轮轴、大齿轮轴一级减速构成，传动平稳且减速比大，可以自锁，但传动效率较低。在电机的输入端设有限速器，当电机严重损坏或手动释放制动导致悬吊平台下降过快时，在离心力的作用下限速器的飞锤向外张开，与制动毂的内壁产生摩擦消耗能量，从而限制悬吊平台下降的速度。

制动系统采用电磁制动器，其内设有电磁线圈、摩擦盘及复位弹簧。当电机通电后，制动器的电磁线圈产生磁吸引力,使电机逃离摩擦盘的制动;断电后磁吸引力消失,在复位弹簧的作用下电机又处于制动状态。在电磁制动器上设有手动下降手柄,以备在停电状态下使用。

绕绳方式为钢丝绳进入提升机后,先由下部经过一绳轮,边绕边被压紧,随后绕过上部绳轮,边绕边放松压紧程度,最后经出绳口伸出,钢丝绳在机内呈"S"形状。在上下两绳轮上均设有压盘,通过压紧弹簧的作用将钢丝绳压紧在上下绳轮的绳槽内,以此获得提升的动力。该形式提升机多用于 ZLP800 高处作业吊篮。

(6) 采用蜗轮蜗杆减速系统和压盘压绳方式的"a"形提升机。提升机由电磁制动电机、离心限速装置、两级减速系统以及卷绳机构等组成,提升机的第二级减速为内齿轮传动,提升机采用"a"绕绳方式。此种提升机多用于常见的 ZLP630 高处作业吊篮。

4. 爬升式提升机与卷扬式提升机区别

爬升式提升机与卷扬式提升机最大的区别在于平台升降时,爬升式提升机不收卷或释放钢丝绳,它是靠绳轮与钢丝绳间产生的摩擦力,作为带动吊篮平台升降的动力。

1.7.5 安全锁

1. 安全锁的分类

安全锁是保证吊篮安全工作的重要部件,当提升机构钢丝绳突然切断、悬吊平台下滑速度达到锁绳速度或悬吊平台倾斜角度达到锁绳角度时,它应迅速动作,在瞬时能自动锁住安全钢丝绳,使悬吊平台停止下滑或倾斜。按照其工作原理不同,可分为离心触发式和摆臂式防倾斜安全锁,应用最广泛的安全锁为摆臂式防倾斜安全锁。

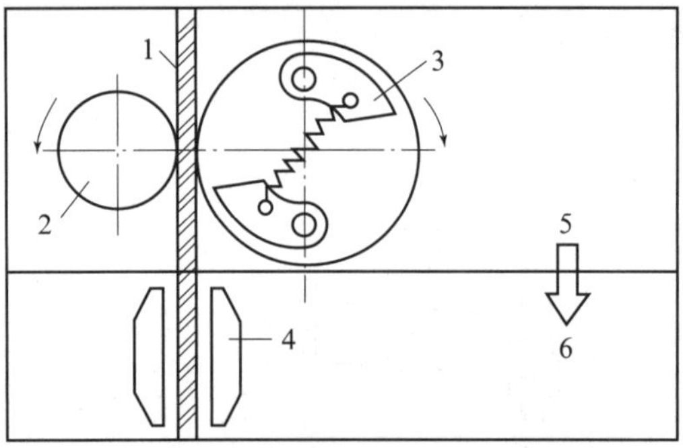

1—安全钢丝绳;2—压紧轮;3—飞块;4—锁块;
5—绳送检测机构及离心触发机构;6—锁绳机构

图 1-125 离心触发式安全锁工作原理示意图

1) 离心触发式安全锁

离心触发式安全锁的基本特征为具有离心触发机构。离心触发机构主要由飞块、拉簧等组成,两飞块一端铰接于轮盘上,另一端则通过拉簧相互连接,如图 1-125 所示。钢丝绳从导向套进入后,从两只锁块之间穿入(锁块间留有一定的间隙),穿出前与飞块轮盘联动的滑轮通过弹簧将钢丝绳压紧,以保证飞块轮盘能与钢丝绳同步运动。当吊篮下降时,飞块轮盘被钢丝绳带动旋转;当旋转速度超过设定值时,飞块就会克服拉簧的拉力向外张开,直至触发拨杆为止,由于拨杆与叉形凸轮是联动装置,而锁块是靠叉形凸轮的支承才处于张开的稳定状态。拨杆带动叉形凸轮动作后,锁块机构失去支承,靠其铰轴上扭力弹簧的作用,锁块闭合,形成钢丝绳产生自锁的状态,此后产生的锁绳力随载荷的增加而增加,以此达到将钢丝绳可靠锁紧、阻止悬吊平台进一步下滑的目的。

如图 1-126 所示,为一种常用的离心触发式安全锁,由飞块、拉簧、拨杆、小拨杆、手柄、压杆、导向套、叉形凸轮、锁块、弹簧、滑轮、S 形弹簧、外壳组成。其工作原理是:安全钢丝绳由入绳口穿入压紧轮与飞块转盘间,吊篮下降时,钢丝绳以摩擦力带动两轮同步逆向转动,在飞块转盘上设有飞块，当悬吊平台下降速度超过一定值时，飞块产生的离心力克服弹簧的约束力向外甩开到一定程度，触动拨杆带动锁绳机构动作，将锁块锁紧在安全钢丝绳上，从而使悬吊平台整体停止下降。锁绳机构可以有多种形式，如楔块式、凸轮式等，一般均设计为自锁形式。

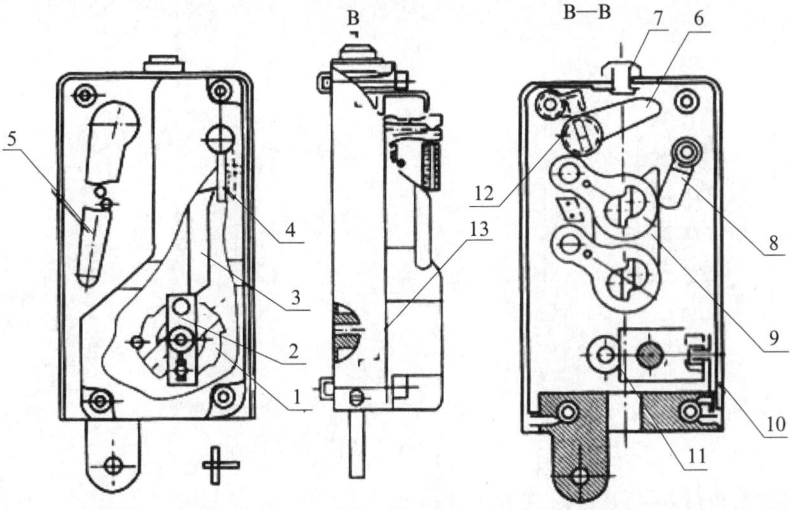

1—飞块；2—拉簧；3—拨杆；4—小拨杆；5—手柄；6—压杆；7—导向套；8—叉形凸轮；9—锁块；10—弹簧；11—滑轮；12—S 形弹簧；13—外壳

图 1－126　离心触发式安全锁构造原理图

2）摆臂式防倾斜安全锁

摆臂式防倾斜安全锁是建立在杠杆原理基础上的，由动作控制部分和锁绳部分组成，控制部分主要零件有滚轮、摆臂、转动组件等，锁绳部分有锁夹、弹簧、套板等。防倾斜锁打开和锁紧的动作控制由工作钢丝绳的状态决定，如图 1－127 所示。当吊篮发生倾斜或工作钢丝绳断裂、松弛时，锁绳装置发生角度位置变化，从而带动执行元件使锁绳机构动作，将锁块锁紧在安全钢丝绳上。

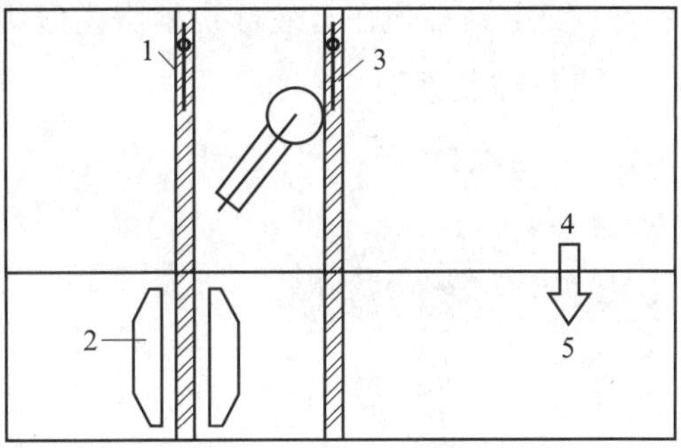

1—安全钢丝绳；2—锁块；3—工作钢丝绳；4—角度探测机构及执行机构；5—锁绳机构

图 1－127　摆臂式防倾斜安全锁工作原理示意图

如图 1－128 所示为一种常用的摆臂式防倾斜安全锁，由摆臂、拨叉、锁身、绳夹、套板、弹簧、滚轮等组成。其工作原理是：在吊篮正常工作时，工作钢丝绳通过防倾斜锁滚轮与限位之间穿入提升机，并处于绷紧状态，使得滚轮和摆臂向上抬起，拨叉压下套板，绳夹处于张开状态，安全钢丝绳得以自由通过防倾斜安全锁。当悬吊平台发生倾斜或工作钢丝绳断裂（悬吊平台倾斜角度达到锁绳角度）时，低端或断裂处工作钢丝绳对安全锁滚轮的压力消失，绳夹在弹簧和套板的作用下夹紧安全钢丝绳，悬吊平台就停止下滑。

2. 安全锁的安全技术要求

（1）对离心触发式安全锁，悬吊平台运行速度达到安全锁锁绳速度时，即能自动锁住安

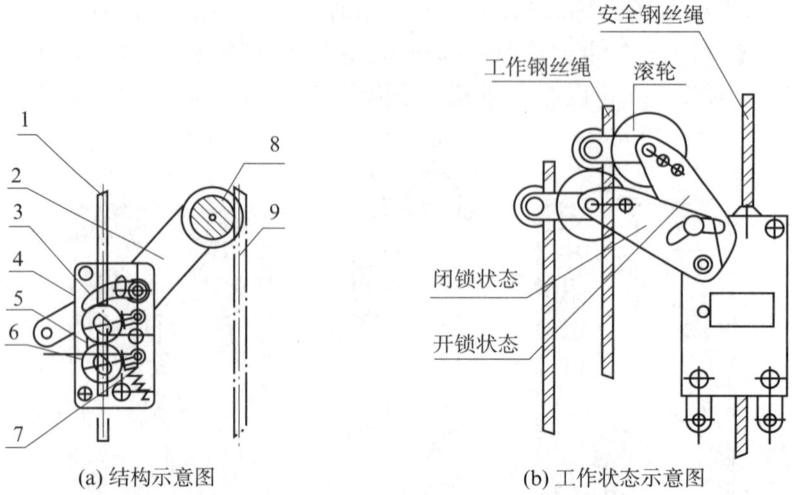

1—安全钢丝绳;2—摆臂;3—拨叉;4—锁身;5—绳夹;6—套板;7—弹簧;8—滚轮;9—工作绳

图 1-128 摆臂式防倾斜安全锁

全钢丝绳,使悬吊平台在 200 mm 范围内停止。

(2) 对摆臂式防倾斜安全锁,悬吊平台工作时纵向倾斜角度大于 8°时,能自动锁住并停止运行。

(3) 在锁绳状态下应不能自动复位。

(4) 安全锁与悬吊平台应连接可靠,其连接强度不应小于 2 倍的允许冲击力。

(5) 安全锁必须在有效标定期限内使用,有效标定期限不大于 1 年。

1.7.6 电气控制系统

1. 电气控制柜

图 1-129 电气控制柜外观

高处作业吊篮的电气控制柜有集中式和分离式两种。集中式电气控制柜在国内比较常用,所有提升机的电机电源线及行程限位的控制线全都接入一个电气控制柜,所有动作在该电气控制柜上操作,如图 1-129 所示。而分离式的则是每个提升机一个电气箱,可单机操作,也可通过集线盒并机操作。

2. 安全技术要求

(1) 电气控制系统供电应采用三相五线制。接零、接地线应始终分开,接地线应采用黄绿相间线。

(2) 吊篮的电气系统应可靠地接地,接地电阻不应大于 4 Ω,在接地装置处应有接地标志。电气控制部分应有防水、防震、防尘措施。其元件应排列整齐,连接牢固,绝缘可靠。电控柜门应装锁。

(3) 控制用按钮开关动作应准确可靠,其外露部分由绝缘材料制成,应能承受 50 Hz 正弦波形、1 250 V 电压为时 1 min 的耐压试验。

(4) 带电零件与机体间的绝缘电阻不应低于 2 MΩ。

(5) 电气系统必须设置过热、短路、漏电保护等装置。

(6) 悬吊平台上必须设置紧急状态下切断主电源控制回路的急停按钮，该电路独立于各控制电路。急停按钮为红色，并有明显的“急停”标记，不能自动复位。

(7) 电气控制箱按钮应动作可靠，标识清晰、准确。

1.7.7　悬挂机构

悬挂机构是架设在建筑物或构筑物上，通过钢丝绳悬挂悬吊平台的装置总称，它有多种结构形式。安装时要按照使用说明书的技术要求和建筑物或构筑物支承处能够承受的荷载，以及其结构形式、施工环境选择一种形式或多种形式组合的悬挂机构。一般常用的有杠杆式悬挂机构和依托建筑物女儿墙的悬挂机构。

1. 杠杆式悬挂机构

杠杆式悬挂机构类似杠杆，由后部配重来平衡悬吊部分的工作载荷，每台吊篮使用两套悬挂机构，如图 1－130 所示。

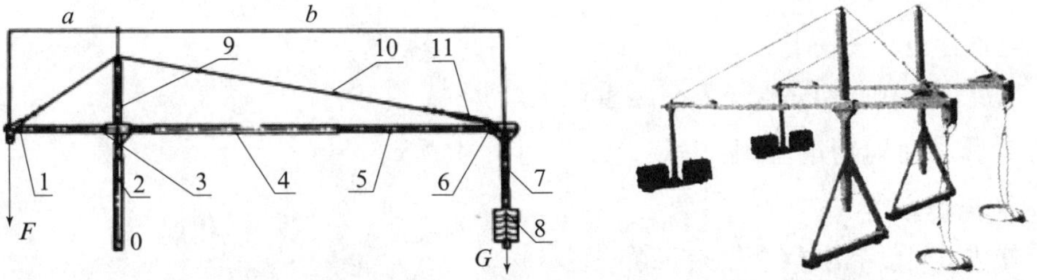

(a) 示意图　　(b) 实物图

1—前梁；2—前支架；3—插杆；4—中梁；5—后梁；6—后连接套；7—后支架；8—配重；9—上支柱；10—加强钢丝绳；11—索具螺旋扣

图 1－130　杠杆式悬挂机构

一般悬挂机构由前梁、中梁、后梁、前支架、后支架、上支柱、配重、加强钢丝绳、插杆、连接套等组成，前、后梁插在中梁内，可伸缩调节。为适应作业环境的要求，可通过调节插杆的高度来调节前后梁的高度。

2. 系统的抗倾覆系数

系统的抗倾覆系数等于配重抗倾覆力矩与倾覆力矩的比，现行国家标准《高处作业吊篮》(GB/T 19155—2017)规定其比值不得小于 2，用公式表示即为

$$K=\frac{G \cdot b}{F \cdot a} \geqslant 2 \tag{1-16}$$

式中　K——抗倾覆系数；

F——悬吊平台、提升机构。电气系统、钢丝绳、额定荷载等质量的总和(kg)；

G——配置的配重质量(kg)；

a——承重钢丝绳中心到支点间的距离(m)；

b——配重中心到支点间的距离(m)。

2. 依托建筑物女儿墙的悬挂机构

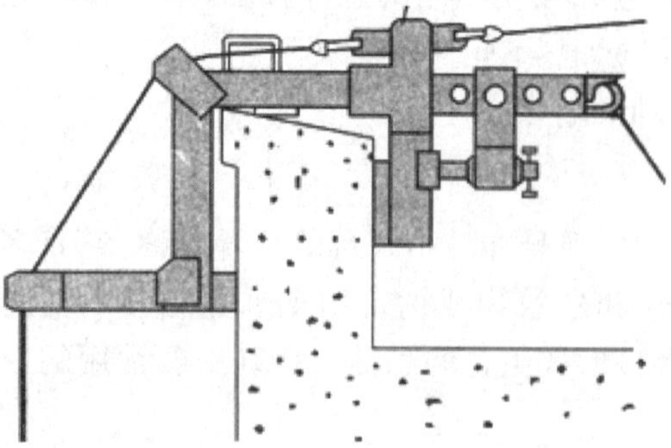

图 1－131　夹持女儿墙式悬挂机构

由于屋面空间小，无法安装杠杆式悬挂机构，在女儿墙承载能力允许的情况下，可以将悬挂机构夹持在女儿墙上，这种悬挂机构特点是体积小、重量轻，但对女儿墙有强度要求，如图 1－131 所示。荷载由女儿墙或檐口、外墙面承担。使用时，必须注意按设计要求安装，紧固所有的辅助安全部件，并要核实悬挂机构施加于女儿墙、檐口等上面的作用力应符合建筑结构的承载要求，能够承受吊篮系统全部载荷。

3. 安全技术要求

(1) 悬挂机构应有足够的强度和刚度。单边悬挂悬吊平台时，应能承受平台自重、额定载重量及钢丝绳的自重。

(2) 配重标有质量标记。

(3) 配重应准确、牢固地安装在配重点上。

1.7.8　高处作业吊篮用钢丝绳

1. 钢丝绳的分类

高处作业吊篮用钢丝绳分为工作钢丝绳、安全钢丝绳和加强钢丝绳，如图 1－132 所示钢丝绳采用专用镀锌钢丝绳。不同型号的高空作业吊篮采用的钢丝绳也不同，通常选用结构为 6×19 W＋1 WS 和 4×31 SW＋FC 的钢丝绳。

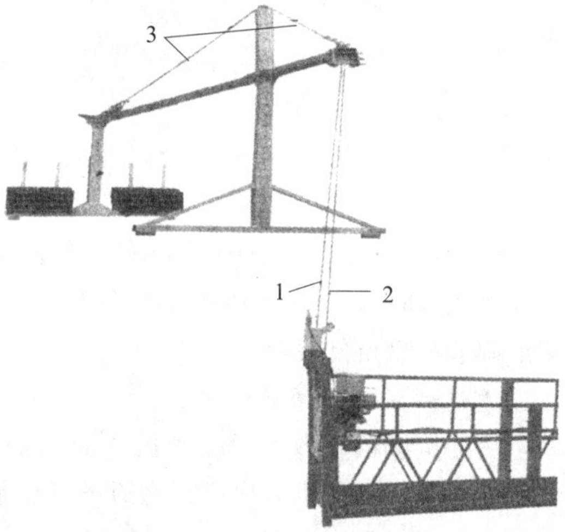

1—安全钢丝绳；2—工作钢丝绳；3—加强钢丝绳

图 1－132　吊篮用钢丝绳

2. 钢丝绳安全技术要求

(1) 爬升式高处作业吊篮是靠绳轮和钢丝绳之间的摩擦力提升，钢丝绳受到强烈的挤压、弯曲，对钢丝绳的质量要求很高且钢丝绳应无油。

(2) 采用高强度、镀锌、柔度好的钢丝绳，并应符合钢丝绳说明书的要求，其安全系数不应小于 9。

(3) 工作钢丝绳最小直径不应小于 6 mm，安全钢丝绳宜选用与工作钢丝绳相同的型号、规格，在正常运行时，安全钢丝绳应处于悬垂状态。

(4) 安全钢丝绳必须独立于工作钢丝绳另行悬挂。

(5) 钢丝绳绳端的固定及钢丝绳的检查和报废应符合有关规定。

(6) 禁止使用以任何方式连接加长钢丝绳。

1.7.9　安全限位装置

1. 上限位与下限位

限位开关的作用是将吊篮的工作状态限定在安全范围之内。吊篮系统中必设的限位装置为上限位开关，其作用是防止悬吊平台向上提升时发生冲顶现象。一般安装在悬吊平台两端结构顶部、悬吊平台两端提升机安装架上部，通过碰触上限位止挡块而起作用。限位止挡块形状如一围盘，与钢丝绳间用夹块夹紧，如图 1－133 所示。

图 1－133　上限位止挡块

根据需要，吊篮可设置下限位止挡块，其作用是当吊篮下降至设置位置时，自动切断下降电气控制回路。

2. 超载保护装置

超载限位装置的作用是防止吊篮超载运行。当载荷超过其限定值时，可切断上升的电气控制回路，卸去多余载荷后方可正常运行。

1.7.10　吊篮结构件的报废管理

在吊篮的使用过程中，应定期对其结构件进行检查，达到报废条件必须报废。

(1) 主要结构件由于腐蚀、磨损等原因使结构的计算应力提高，当超过原计算应力的 10％时应予以报废；对无计算条件的，当腐蚀深度达到原构件厚度的 10％时，则应予以报废。

(2) 主要受力构件产生永久变形且又不能修复时，应予以报废。

(3) 悬挂机构、悬吊平台和提升机架等整体失稳后不得修复，应予以报废。

(4) 当结构件及其焊缝出现裂纹时，应分析原因，根据受力和裂纹情况采取加强措施。当达到原设计要求时，才能继续使用，否则，应予以报废。

1.7.11　高处作业吊篮安装拆卸方案的编制

1. 编制安装拆卸方案的依据

(1) 高处作业吊篮使用说明书。

(2) 国家、行业、地方有关高处作业吊篮的法规、标准、规范等。

(3) 安装拆卸现场的实际情况，包括场地、道路、环境等。

2. 安装拆卸方案的内容

(1) 安装拆卸现场环境条件的详细说明；高处作业吊篮安装位置平面图、立面图和主要安装拆卸难点。

(2) 对高处作业吊篮基础的外形尺寸、技术要求以及钢丝绳承载能力等要求。

① 详细的安装及拆卸程序，包括每一程序的作业要点、安装拆卸方法，安全、质量控制措施；

② 高处作业吊篮主要零部件的重量及吊点位置；

③ 所需辅助设备、吊具、索具的规格、数量和性能；

④ 安装过程中应自检的项目,以及应达到的技术要求；

⑤ 安全技术措施；

⑥ 必要的计算资料；

⑦ 人员配置及分工；

⑧ 重大危险源及事故应急预案。

3. 方案的审批

高处作业吊篮的安装拆卸方案应当由安装单位技术部门组织本单位施工技术、安全、质量等部门的专业技术人员进行审核。经审核合格的,由安装单位技术人负责签字,并报总承包单位技术负责人签字。

不需要专家论证的专项方案,安装单位审核合格后报监理单位,由项目总监理工程师审核签字。

需要专家论证的专项方案,安装单位应当召开专家论证会。实行施工总承包的,由施工总承包单位组织召开专家论证会。安装单位应当根据论证报告修改完善专项方案,并经安装单位技术负责人、总承包单位技术负责人、项目总监理工程师、建设单位项目负责人签字后,方可组织实施。

1.8 附着式升降脚手架

1. 概述

附着式升降脚手架(attached lift scaffold)又称建筑施工附着式升降作业防护平台。其附着在建筑结构上,依靠自身的升降设备和装置,可逐层爬升或下降的外脚手架。

采用附着式升降脚手架,可最大程度地减少了普通架体高处搭设的危险作业,同时又可节省大量钢材,符合以人为本科学发展和低碳节能环保、绿色施工的发展方向。

2. 基本规定

附着式升降脚手架的设计、制造、安装拆卸、施工使用等应符合国家行业标准《建筑施工用附着式升降作业安全防护平台》(JG/T 546—2019)、《建筑施工工具式脚手架安全技术规范》(JGJ 202—2010)、《建筑施工升降设备设施检验标准》(JGJ 305—2013)、《建筑施工安全检查标准》(JGJ 59—2011)和各地的地方标准,如《建筑施工安全管理规范》(DB 33/1116—2015)等以及《关于颁布(建建〔2000〕230 号)〈建筑施工附着升降脚手架管理暂行规定〉的通知》。

进入施工现场的附着式升降脚手架应具有国务院建设行政部门组织鉴定或验收的合格证书。

附着式升降脚手架的附着支承结构、防倾防坠落装置等关键部件构配件应有可追溯性标识,出厂时应提供原生产厂家出厂合格证。

从事附着式升降脚手架工程的专业施工单位应具有相应资质证书和《安全生产许可证》。安装拆卸人员应持有附着式升降脚手架架子工特种作业人员操作证。

3. 附着式升降脚手架安装前应具备的文件

(1) 专业施工单位应有相应资质证书及《安全生产许可证》。

(2) 附着式升降脚手架的鉴定或验收证书。

(3) 产品进场前的自检记录。

(4) 特种作业人员和管理人员岗位证书。

(5) 各种材料、工具的质量合格证、检验报告。

(6) 主要部件及提升机构的合格证。

4. 附着式升降脚手架形式、构造(以下简称:爬架)

按升降方式有电动传动和液压传动两种方式。

按附着升降支承构造主要有导座式和挑梁式。

(1) 导座式(包括集成电操作平台),属偏心吊点,导座兼有防坠、导向功能,防倾导轨由钢管焊成格挡式,也有用工字钢作为导轨的。每个机位设有 2～3 个导座,导向可靠性好,防坠器性能稳定,防倾导轨与架体等高,当遇到建筑立面不规则时,导座的安装不太方便。

(2) 挑梁式,属中心吊点,通过设置挑梁来承担脚手架的全部荷载,防坠器与防倾装置分离。用工字钢作为防倾导轨,每个附墙固定支座均安装有与导轨滑套连接的防倾装置。使用时,导轨需拼接,安装的杆件较多,安全隐患点多。当遇到建筑立面不规则时,挑梁的安装比较方便(表 1－15、图 1－134)。

表 1－15　导座式、挑梁式和集成操作平台特点比较

性能特点	挑梁式(中心吊点)	导座式(偏心吊点)	集成操作平台
结构形式	挑梁拉杆、导轮导轨、竖向水平定型桁架＋扣件架	导座＋带防倾竖向水平定型桁架＋扣件架	导座＋带防倾竖向水平定型桁架,层高可调
搭设外观	较美观		美观
架体通道	每个吊点处有阻碍	通畅无阻碍	
防坠性能	每机位一套防坠器,平置底部,防尘条件较差	每机位多个防坠器,位于墙面悬空,防尘条件较好	
防倾性能	导轮导轨固定可靠性一般	每个机位多个防倾设置,可靠性好	
架体定位	拉杆式,安装要求低,调节方便	导座安装要求较高,多导座均匀受力不易做到	
特殊位置	变换拉杆和挑梁尺寸,容易做到	设计特殊转接件,造价高,安装复杂	
安装精度	要求较低	要求较高	要求高
作业面	通常不与楼层一致		与楼层一致

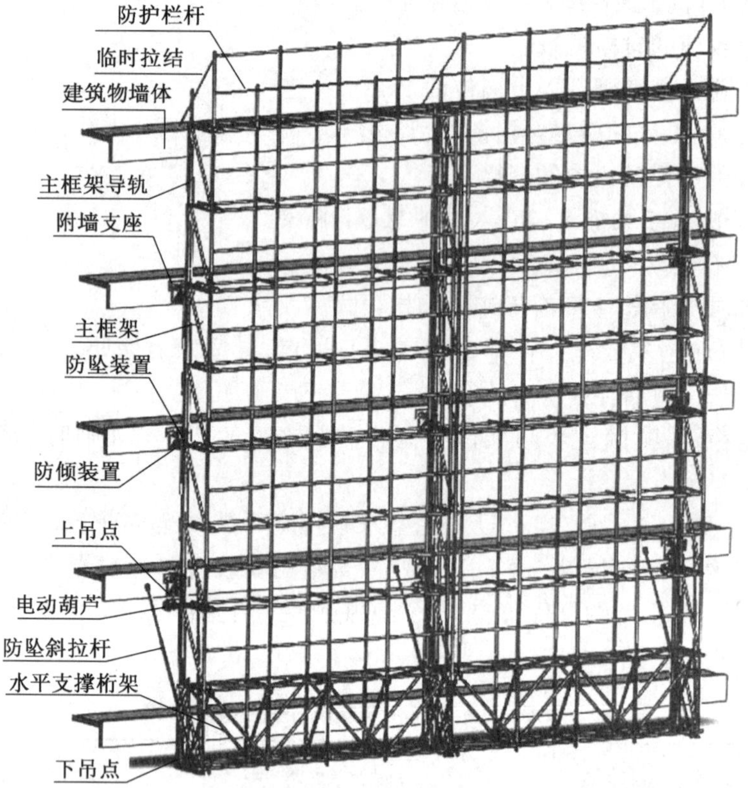

图 1-134 架体构造

1.9 建筑起重机械安全检查技术要点

1. 建筑起重机械的购置和租赁

建筑施工企业应当从具有设备制造许可的生产厂家购置或从合法的租赁公司租赁有制造许可的合格产品和配件。

(1) 施工现场使用本企业自购建筑起重机械，企业工程项目部应当要求设备管理部门提供该建筑起重机械的制造许可证、产品合格证、备案证明、自检合格证明、安装使用说明书等材料。

(2) 施工现场租赁建筑起重机械，承租单位(使用单位)与租赁公司(出租单位)签订的租赁合同中，应当明确双方的安全责任。出租单位向施工单位提交制造许可证、产品合格证、备案证明、自检合格证明、安装使用说明书等材料，并对此真实性、合法性负责。

(3) 出租单位、自购建筑起重机械的使用单位，应当建立建筑起重机械安全技术档案。建筑起重机械安全技术档案应当包括以下资料：

① 购销合同、制造许可证、产品合格证(包括出厂日期)、安装使用说明书、备案证明等原始资料；

② 定期检验报告、定期自行检查记录、定期维护保养记录、维修和技术改造记录、运行故障和生产安全事故记录、累计运转记录等运行资料；

③ 历次安装验收资料。

2. 基础施工

(1) 项目部应当按照安装使用说明书所规定的要求施工，无法满足规定的要求时，应当进行基础设计，设计方案应经企业技术部门审核，技术负责人批准，并结合设备制造厂家提供的使用说明书的要求确定。

(2) 安装单位应当与使用单位办理基础交接验收手续。基础应当有隐蔽工程验收记录、混凝土强度报告、接地电阻检测记录以及接地装置的设置方式（独立设置或与建筑物接地连通）。

3. 安装、拆卸

(1) 安装单位与使用单位签订的安装、拆卸合同中，应当明确双方的安全责任。

(2) 安装单位应当具有相应资质和安全生产许可证，在其资质许可范围内承揽建筑起重机械安装、拆卸工程。

(3) 安装单位应当编制安装、拆卸工程专项施工方案，并报使用单位、监理单位审查。

(4) 从事安装、拆卸作业的安装拆卸工、起重司机、起重信号工、司索工、建筑电工等作业人员，应当持有相应的建筑施工特种作业人员操作资格证书，并与安装单位签订有效的劳动合同。

(5) 安装单位应当对进入施工现场作业的人员进行安全教育，技术人员应当对作业人员进行安全施工技术交底。

(6) 安装、加节、拆卸作业，安装单位的技术负责人、安全员应当在现场带班指挥、检查。

(7) 安装完毕后，安装单位应当进行调试和试运转，应当向使用单位出具自检合格证明，并提交安全使用说明。

(8) 安装单位应当建立建筑起重机械安装、拆卸工程档案。建筑起重机械安装、拆卸工程档案应当包括以下资料：

① 安装、拆卸合同及安全协议书；

② 安装、拆卸工程专项施工方案；

③ 安全施工技术交底的有关资料；

④ 安装工程验收资料；

⑤ 安装、拆卸工程生产安全事故应急救援预案。

4. 检测

(1) 塔式起重机、施工升降机等建筑工程中使用的特种设备，使用单位应当向具有特种设备检验合法资质并经当地住房和城乡建设行政主管部门认可的检验检测机构提出安装检测申请。

(2) 从事检验检测工作的人员应当持有有效的检验资格证书，并与检验检测机构签订有效的劳动合同。

(3) 建筑起重机械使用前应当经检验检测机构监督检验合格，取得安装检测合格报告后方可使用。

5. 验收、登记

(1) 建筑起重机械安装完毕并经检验检测合格后，使用单位应当组织出租、安装、监理等有关单位进行验收,合格后方可投入使用。对验收中各方提出的安全问题,各责任方应当在规定时间内整改完毕。

实行施工总承包的,由施工总承包单位组织验收。

(2) 使用单位应当自建筑起重机械安装验收合格之日起30日内,将建筑起重机械安装验收资料、安全管理制度以及特种作业人员名单等,向工程所在地县级以上住房和城乡建设行政主管部门办理建筑起重机械使用登记。登记标志置于或者附着于该设备的显著位置。

6. 使用

(1) 使用单位应当制定安全生产事故应急救援预案。起重机司机、施工升降机司机、卷扬机司机,以及指挥人员(司索信号工)应当持有建筑施工特种作业人员操作资格证书,并与使用单位签订有效的劳动合同。

(2) 使用单位应当对起重机司机、施工升降机司机、卷扬机司机,以及指挥人员(司索信号工)进行安全教育和安全技术交底。

(3) 使用单位应当负责在用建筑起重机械的维护保养工作。维修保养应按照使用说明书的规定,对维护保养的建筑起重机械进行保养、维修。维修、保养应做记录,维保人员应当签字,使用单位项目部应当留存一份。

(4) 使用单位应当按照每月不少于一次的频率,组织安装和维修保养单位对建筑起重机械的主要受力结构件、安全附件、安全保护装置、运行机构、控制系统等进行日常维护保养,并做记录。配备符合安全要求的索具、吊具,加强日常安全检查和维护保养,保证索具、吊具安全使用。

经常性检查的主要内容:

① 高强螺栓的连接是否有效、是否有损坏,销轴连接是否有效、连接键之间的间隙是否增大;结构是否有明显变形和严重腐蚀(是否超过原厚度的10%)。

② 主要受力位置的焊缝是否有裂纹(包括标准节与回转的连接位置、塔式起重机根部、有斜撑的在斜撑支点上部位置)。

③ 安全装置,重点检查起重量限制器及力矩限制器的有效性试验检查,并做好记录。带有铅封的,检查铅封的完好性,未经管理部门认可不得拆除和破坏。

④ 电气设备和用电布设是否符合规范要求。

(5) 多台塔式起重机在同一施工现场交叉作业时,应当有防碰撞的安全措施。使用单位须将安全措施报监理单位审核,并报住房和城乡建设行政主管部门备案。依法发包给两个及两个以上施工单位的工程,不同施工单位在同一施工现场使用多台塔式起重机作业时,建设单位应当协调组织制定防碰撞的安全措施。

(6) 升高加节时,每一次加节完毕后,安装单位应当进行自检并做好记录,使用单位应当组织验收,合格后方可投入使用。安装前安装单位应对所用的螺栓和销轴进行检查:

① 选用符合使用说明书及相关标准要求的螺栓和销轴;

② 高强螺栓使用次数不得超过两次,不得严重锈蚀;

③ 销轴及销轴孔不得有磨损变形等缺陷;

④ 严格控制塔式起重机和施工升降机的自由端高度,严禁超出规定要求。

(7) 施工升降机和物料提升机在地面通道口应当按照规定搭设防护棚。

(8) 施工升降机和物料提升机的停层平台应当编制专项施工方案，并设置楼层编号、联络信号装置、限载标志、照明灯。安全防护设施应当符合要求，施工升降机(含钢丝绳式)防坠装置应选用可进行现场做防坠试验的产品，并在有效标定期内。

(9) 建筑起重机械在使用过程中需要附着的，使用单位应当委托原安装单位或具有相应资质的安装单位按照专项施工方案实施。如需采用非标附着的，应委托原生产厂家设计制作。严禁擅自安装非原生产厂家制造的附着装置和标准节。每次附着后应经验收合格后方可投入使用。

(10) 塔式起重机附着框架应尽可能装设在塔身标准节对接处或设置在有水平腹杆处，以上下偏移不超过 200 mm 为佳，不应装设在两水平腹杆中间处，避免其主弦杆变形。

(11) 塔式起重机遇有风速在 12 m/s(6 级)及以上大风、大雪、大雾等恶劣天气时，应停止作业。

习　题

1. 建筑起重机一般由哪几部分组成?
2. 塔式起重机的选择原则包括哪些内容?
3. 齿轮齿条式人货两用施工升降机按驱动传动方式可分为哪几类?
4. 影响钢丝绳寿命的主要因素有哪些?
5. 物料提升机的安全装置主要包括哪些内容?
6. 塔式起重机安装拆卸方案主要应包括哪些内容?
7. 高处作业吊篮悬吊平台的安全技术要求是什么?
8. 钢丝绳的破断拉力和使用拉力常用的估算法公式有哪些?
9. 导座式(包括集成电操作平台)爬架有哪些特点?

第2章　桩工机械

教学目标：了解桩工机械的类型和施工方法；熟悉预制桩和灌注桩的施工机械和施工过程；掌握打桩机、柴油锤、液压锤、振动沉拔桩机、静力压拔桩机、螺旋钻孔机、钻扩机、桩架的类型和特点；了解打桩机、柴油锤、液压锤、振动沉拔桩机、静力压拔桩机、螺旋钻孔机、钻扩机、桩架的构造、工作原理和使用场合，安全使用注意事项及合理选用桩工机械。

能力要求：能够在工程施工过程中正确选择使用打桩机、振动沉拔桩机、静力压拔桩机、螺旋钻孔机、钻扩机等桩工机械。

在工程施工中，为了使地基具有一定的承载能力，防止建筑物产生沉陷，采用桩作为建筑物或构筑物的基础工程是基础工程中应用较广、发展较为迅速的一种形式，其作用是将结构物承受的垂直和水平负荷及挠曲力矩传递到下部和周围的地基上，使地基稳固。

近年来，随着中国经济的快速发展，基础设施与能源开发等工程的投资规模日益加大，给桩工机械行业带来了前所未有的发展机遇。

2.1　概述

桩基可分为预制桩和灌注桩两大类。预制桩以预先制成的钢柱、钢筋混凝土桩为主，在施工现场依靠机械作用力埋设于地基中。灌注桩在桩位先做出孔，然后在孔中灌混凝土，或者在桩位孔内放置预先做好的钢筋骨架，再浇筑混凝土。

桩工机械是一种用于完成预制桩的打入、沉入、压入、拔出或灌注桩的成孔等作业的施工机械。由于采用桩基础比采用其他形式的基础具有更大的承载能力及施工方便等优点，所以，桩工机械用于工业厂房、住宅建筑、桥梁、港口等工业与民用建筑的基础施工。桩工机械一般可分为预制桩打桩机械和灌注桩成孔机械两大类。

1. 预制桩施工机械

预制桩施工方法有打入法、振动法和压入法等。

1）打入法施工机械

打入法是用桩锤冲击桩头，在冲击桩头的瞬间使桩头受到极大的冲击力，使桩贯入土中。属于打入法工作原理的预制桩施工机械有以下几种：

（1）落锤。这是一种古老的桩工机械，构造简单、使用方便，但贯入能力低、生产效率低。对桩的损伤较大，此类机械已基本停产。

（2）柴油锤。其工作原理类似于柴油发动机，是目前最常用的打桩设备，但公害较严重，在我国的城市中心地区已禁止使用这类机械。

（3）蒸汽锤。它是以蒸汽或压缩空气为动力的一种打桩机械，在柴油锤发展起来后，被逐渐淘汰，而又获得新生的产品。

（4）液压锤。它是具有冲击频率高、冲击能量大、公害少等优点的打桩机械，但构造复杂、造价高、维修技术水平要求高。

2）振动法施工机械

它是使桩身产生高频振动，而桩尖和桩身周围的阻力大大减少，桩在自重或稍加压力的作用下贯入土中，振动法所采用的设备是振动锤。

3）压入法施工机械

这是给桩头施加强大的静压力，把桩压入土中。这种施工方法噪声极小，桩头不受冲击力的损坏，但压入法使用的机械设备本身非常笨重，组装迁移较困难，况且它只适用于软弱地质的施工。

2. 灌注桩施工机械

灌注桩成孔方法主要有挤土成孔法和取土成孔法。

（1）挤土成孔法。用打入法或振动法将一封闭的钢管沉入土中，至设计深度后将钢管拔出，即可成孔。常用设备是既可将钢管打入又可将钢管拔出的振动锤。

（2）取土成孔法。采用多种成孔机械，主要有螺旋钻孔机、冲击式钻机、旋转式钻机、潜水钻机。

2.2　柴油锤

2.2.1　柴油锤打桩机的类型及特点

柴油锤打桩机实质上是一个单缸二冲程发动机。它是利用活塞的往复运动或活塞固定而缸体往复运动作为锤子进行锤击打桩。在打桩设备中，柴油锤打桩机使用最广泛，它不需要外部动力和其他辅助设备。柴油打桩锤打击能量大，施工性能好且机动性强，并可施打 1∶1 的斜桩。

1. 柴油锤的分类

柴油锤按其结构的不同可分为两种：

（1）导杆式柴油锤。它是以导杆为往复运动的缸体导向，活塞固定而缸体运动的柴油锤。

（2）筒式柴油锤。活塞在筒形气缸内往复运动气缸固定，其结构和技术性能较为先进，目前在国内被广泛采用。

2. 柴油锤的特点

（1）构造简单，维修使用较方便。

（2）安装拆卸方便，便于移动，生产效率较高。

（3）有噪声和废气排出，振动较大。

（4）使用中易受地层的影响，当地层较硬时，沉桩阻力越大，桩锤的反弹力越大，则桩锤跳起的高度越大；当地层较软时，桩下沉量大，燃油不能爆发或爆发无力，因而不能提起桩锤，工作停止，这时只好重新启动。

（5）柴油锤的有效功率比较小，用来打桩的动能只有 40％～50％，有 50％～60％消耗在燃油压缩的过程中。

2.2.2　导杆式柴油锤

导杆式柴油锤是公路桥梁、民用及工业建筑中常用的小型柴油锤，它的特点是整机质量轻,运输安装方便,可用于打木桩、板桩、钢板桩及小型钢筋混凝土桩,也可用来打砂桩与素混凝土桩的沉管。

导杆式柴油打桩锤型号标记说明如图 2-1 所示。

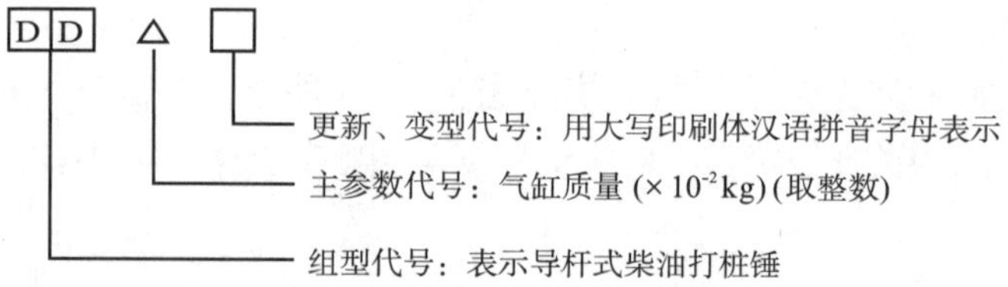

图 2-1　导杆式柴油打桩锤型号标记

标记示例:

气缸质量 2 500 kg,第一次更新的导杆式柴油打桩锤:导杆式柴油打桩锤　DD25A (JG/T 5109—1999)。

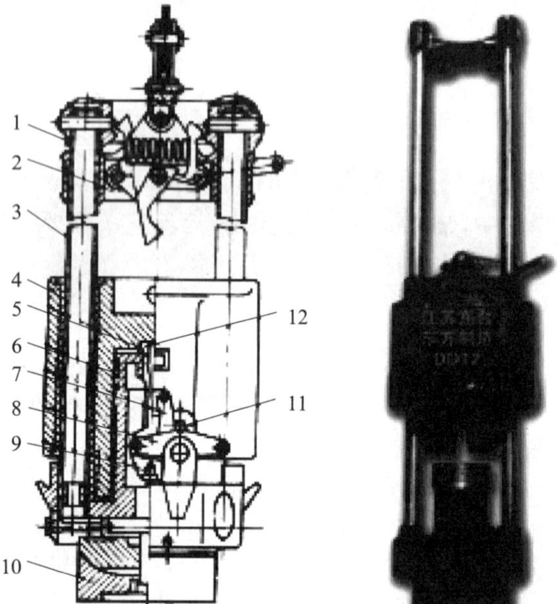

1—顶横梁;2—起落架;3—导杆;4—缸锤;
5—喷油嘴;6—活塞;7—曲臂;
8—油门调整杆;9—液压泵;10—桩帽;
11—撞击销;12—燃烧室

图 2-2　导杆式柴油锤构造图

1. 导杆式柴油锤的基本构造

导杆式柴油锤由活塞、钢锤、导杆、顶部横梁、起落架和燃油系统组成,如图 2-2 所示。

2. 导杆式柴油锤的工作原理

导杆式柴油锤的工作原理基本上与二冲程柴油发动机相似。工作时卷扬机将气缸提起挂在顶横梁上。拉动脱钩杠杆的绳子,挂钩自动脱钩,气缸沿导杆下落,套住活塞后,压缩气缸内的气体,气体温度迅速上升。当压缩到一定程度时,固定在钢锤的撞击销推动曲臂旋转,推动燃油泵柱塞,使燃油喷嘴喷到燃烧室呈雾状的燃油与燃烧室内的高压气体混合,立刻自燃爆炸,一方面将活塞下压,打击桩下沉;另一方面使气缸跳起,当气缸完全脱离活塞后,废气排除,同时进入新鲜空气。当气缸再次下落时,一个新的工作循环开始。

2.2.3　筒式柴油锤

筒式柴油锤的构造如图 2-3 所示,它主要由锤体、燃油供给系统、润滑系统、冷却系统及起落架等组成。

(1) 锤体。由上气缸、下气缸、上活塞、下活塞及缓冲、导向装置等组成。导向缸在打斜桩时导引上活塞方向,还防止上活塞跳出锤体。

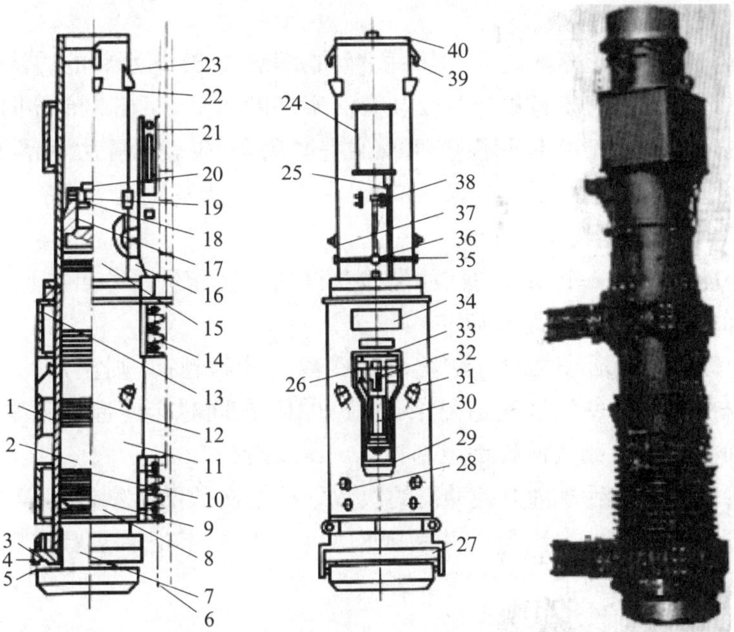

1—气缸套；2—上活塞；3—半圆挡环；4—连接螺栓；5—缓冲垫；6—桩架导杆；7—下活塞；8—冷却水箱；9—活塞环；10—挡环；11—下气缸；12—导向环；13—燃油箱；14—导向板；15—上气缸；16—下碰块；17—油箱；18—出油口；19—油箱盖；20—油塞；21—起落架；22—吊耳护块；23—上碰块；24—滑润油箱；25—接头；26—润滑油泵；27—保险卡；28—清扫孔；29—油泵保护装置；30—燃油泵；31—进排气孔；32—曲柄；33—燃油滤清器；34—铭牌；35—润滑油嘴；36—接头；37—固定螺钉；38—润滑油管；39—吊耳；40—气缸盖

图2-3　筒式柴油锤构造图

(2) 燃油供给系统。由燃油箱、滤油器、输油管及燃油泵等组成。

(3) 润滑系统。作用是润滑上、下活塞与气缸之间的摩擦表面，减少磨损。

(4) 冷却系统。筒式柴油锤在工作时放出大量热量，使气缸与活塞等部件温度升高。因此，将使润滑油黏度降低，加剧零部件的磨损，而且易产生提前点火的情况，使桩锤不能正常工作。常设置的冷却系统分为水冷却和空气冷却。

(5) 起落架。筒式柴油锤的起落架有两个方面的作用，一是用来提升上活塞进行启动，二是提升整个桩锤。

筒式柴油打桩锤型号标记说明如图2-4所示。

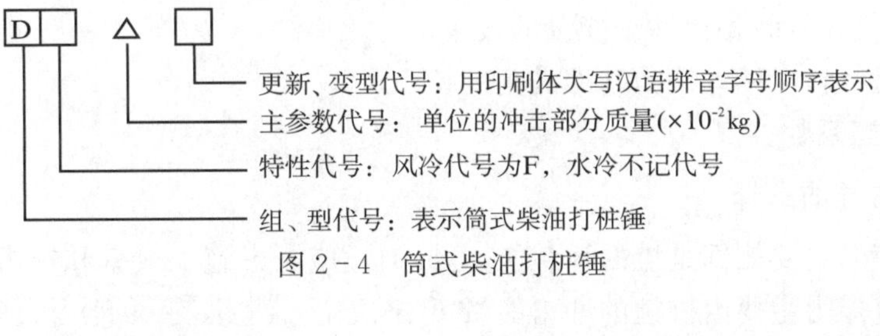

图2-4　筒式柴油打桩锤

标记示例

第一次改进设计、冲击部分质量为2 500 kg的水冷式柴油锤：筒式柴油打桩锤D25A (JG/T 5053.1—1995)。

2.2.4 柴油打桩锤的主要参数

(1) 总质量。它包括起落架装置,但除去燃油、润滑油、冷却水后的质量。

(2) 活塞质量。活塞的质量规定是仅装有活塞环的质量,而在装有导向环的情况下,则应包括导向环的质量。在活塞顶部没有润滑油室的场合,应表示除去润滑油的质量。打桩锤是以活塞质量进行区别的。通常,以 100 kg 为单位的活塞质量表示打桩锤型号,如 D25 型柴油打桩锤,其活塞质量为 2 500 kg。

(3) 冲击能量。它指一个循环内使冲击体获得的最大能量。冲击能量一般可利用桩停止贯入时的实际质量和活塞冲程来确定。

(4) 活塞冲程。它指活塞相对气缸移动的距离。冲程越高,则获得的能量越大。但冲程过大,容易将桩打坏,并使气缸构造复杂,加工也困难,同时会使冲击频率减小,降低打桩效率。筒式柴油打桩锤的最大冲程都限制在 2.5 m 以内。

(5) 冲击频率。它指活塞每分钟冲击的次数。冲击次数随活塞冲程而变化,冲程越高,则冲击次数越少。冲程与冲击次数的关系随机型而异。如果把活塞看成自由下落的物体,通过计算求出冲击次数的数值,可用下式表示:

$$N = 30\sqrt{\frac{g}{2H}} \tag{2-1}$$

式中 N——每分钟冲击次数(次/min);

H——活塞冲程(m);

g——重力加速度。

实际上,由于摩擦和压缩引起减速,冲击次数要小于式(2-1)求出的数值,但误差极小。

(6) 极限贯入度。它是指活塞一次冲击使桩贯入度允许的最小值。极限贯入度的控制是保护活塞避免因冲击而招致损坏的极限值。如果桩的贯入量在极限贯入度以下,则应停止锤击。

(7) 打斜桩时容许最大角度。它指以沿垂线为基准,桩锤能够连续运转的最大倾斜度。通常,前后倾斜为同一角度。

打斜桩时,桩锤的冲击能量由于上活塞的实际冲击小于名义冲程以及气缸间的磨损增大,因而和打直桩相比时有所下降。打斜桩时的冲击能量和打直桩时的冲击能量相比效率可用下式表示:

$$\eta = \cos\theta - \mu\sin\theta \tag{2-2}$$

式中 η——和打直桩时相比冲击能量的效率;

θ——斜桩角,以铅垂线为基准的角度;

μ——摩擦系数。

2.2.5 柴油打桩锤的选择

选择柴油锤的主要依据是桩的承载能力,同时还应考虑施工效率和锤击时桩头、桩身的应力。桩的承载能力主要由桩锤的冲击能量 E 来决定。因此,承载能力大的桩必须用冲击能量大的锤锤击。用小锤打大桩,桩将很快停止下沉,而桩的承载能力还没有达到设计要求,所以在选择桩锤时应根据最终贯入度来检验其冲击能量是否满足要求。

为了提高锤击效率,理论上应使锤的质量大于桩的质量,而且大得越多,冲击效率越高。

但是,选用过大的桩锤不仅不经济,而且往往会把桩打坏。打桩锤的选择是个复杂的问题,需要考虑多方面的因素。衡量打桩锤选择的合理性,主要标记是:

（1）能保证桩的承载力满足设计要求。

（2）能顺利或基本顺利地将桩下沉到设计深度。

（3）打桩的破损率能控制在1%左右,最多不超过3%。

（4）满足设计要求的最后贯入度最好为20～40 mm/10击。

（5）每根桩的锤击数宜在1 500击以内,最多不超过2 000～2 500击。

2.3　振动锤

振动锤是基础施工中应用广泛的一种沉桩设备。在沉桩工作时,利用振动锤产生的周期性激振力,使桩周边的土壤液化,减少土壤对桩的摩阻力,达到使桩下沉的目的。振动锤不但可以沉预制桩,也可以进行灌注桩施工。它既可用于沉桩,也可用于拔桩。

2.3.1　振动锤的分类、型号及特点

1. 振动锤的分类

根据作用原理可分为振动式振动锤和振动冲击式振动锤两种。

按动力装置与振动器连接方式可分为刚性振动锤与柔性振动锤。

按振动频率可分成低频、中频、高频与超高频振动锤。

按原动力可以分为电动式、气动式、液压式振动锤。

图2-5表示3种类型的振动桩锤。

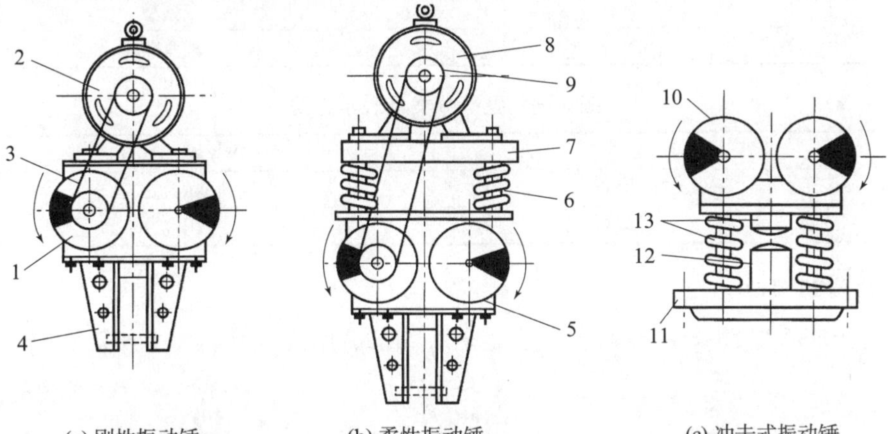

1,5,10—振动器;2—电动机;3—传动机构;4—桩夹;6—弹簧;7—重荷;8—电动机;9—皮带;11—链条;12—冲击凸块;13—弹簧

图2-5　振动桩锤类型

刚性振动锤是电机和振动器为刚性连接,其打桩效果好,电机在工作时参加振动,其振动体系的质量增加,使振动幅度减小,降低了功效,因电机不避振而易损坏,必须应用耐振电动机。

柔性振动锤是电机与振动器用减振弹簧隔开,电机不参加振动,但电机的自重仍然通过弹簧作用在桩上,加大桩的下沉力度。

冲击式振动锤是振动器产生的振动通过冲击钻作用在桩体上,使桩受到连续冲击,避免

直接传递。

2. 振动锤的型号

振动锤的特性代号含义见表 2-1,其型号分类及表示方法见表 2-2。

型号表示方法如图 2-6 所示。

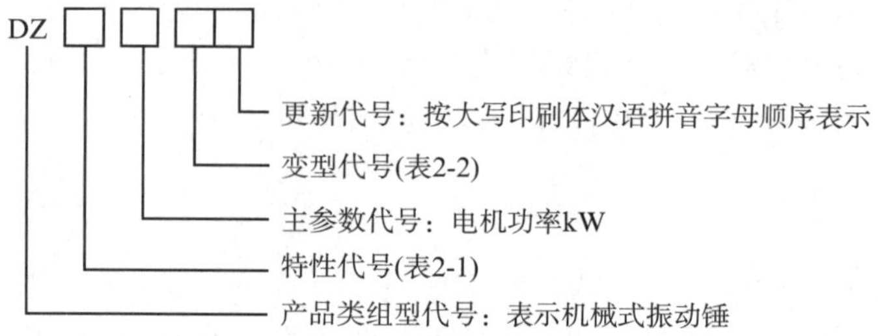

图 2-6　振动锤型号表示

标记示例：

电机功率为 30 kW、机械式变矩型、激振器中心开孔、第二次改进设计的振动锤：

振动桩锤　DZJ　30 KB(JB/T 10599—2006)。

表 2-1　振动锤特性代号含义

特 性 代 号	代 号 含 义
—	普通型
J	变矩型
P	变频型
S	变矩变频型

表 2-2　振动锤的型号分类及表示方法

变 型 代 号	代 号 含 义
K	振动器中心开孔型
S	双电机型

2.3.2　振动锤的构造

振动锤由吸振器、电动机、振动器、夹桩器等四部分组成,如图 2-7 所示。

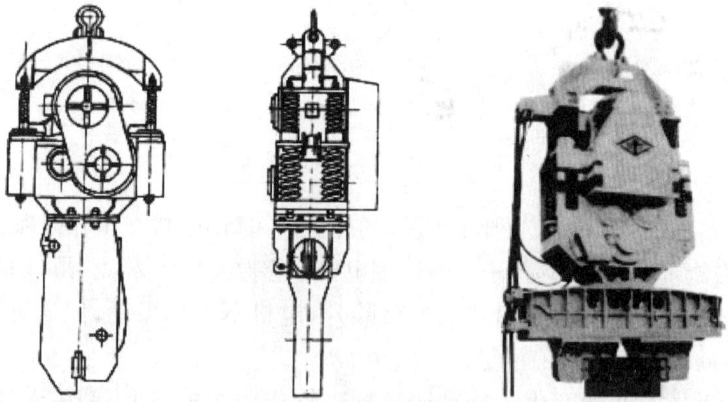

图 2-7　DZ60 振动锤

（1）电动机。一般采用耐振性强的电动机，通过 V 带传动直接驱动振动器，也有采用液压马达或内燃机驱动。

（2）振动器。其振子一般采用成对安装的偏心块，也即常用的二轴振动器，也有采用四轴或六轴的振动器，其偏心块的同步反向转动产生垂直振动。

（3）夹桩器。振动锤工作时，靠夹桩器将桩夹紧，实现振动器与桩的刚性连接，多采用液压缸经倍率杠杆增力夹桩。

（4）吸振器。吸振器是安装在振动锤上部的弹性悬挂装置，防止振动器传递到悬吊的桩架起重机上，一般由一组螺旋压缩弹簧组成，靠弹簧吸振。

2.3.3　振动打桩机的工作原理

将振动器的振动通过夹桩器传给桩体，使桩产生振动。桩体周围的土壤颗粒在振动作用下产生振动，桩就在桩体和振动打桩机的自重作用下，冲破土壤阻力沉入土中。在拔桩时，振动也可减少拔桩时的阻力，只需用较小的提升力就可把桩拔出。

振动锤的工作原理如图 2 - 8 所示，它是由带偏心块的高速转动的轴组成的，两轴的转速相同，方向相反。每个偏心块产生的偏心力为

$$F = mr\omega^2 \tag{2-3}$$

式中　m——偏心块的质量；

r——偏心块的质心至回转中心的距离；

ω——偏心块转动的角速度。

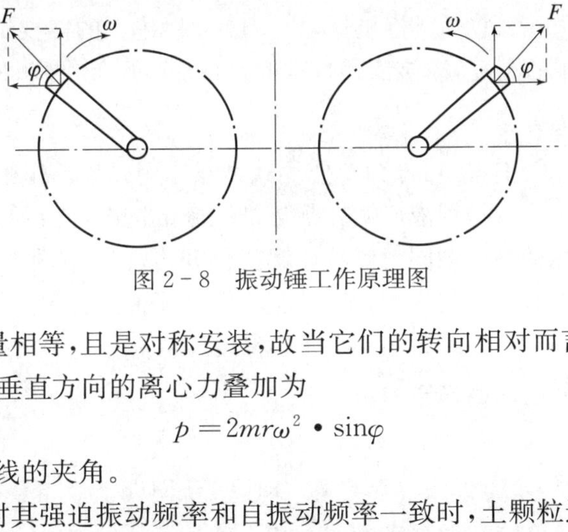

图 2 - 8　振动锤工作原理图

因一对偏心块质量相等，且是对称安装，故当它们的转向相对而言时，水平方向的离心力因方向相反而抵消，垂直方向的离心力叠加为

$$p = 2mr\omega^2 \cdot \sin\varphi \tag{2-4}$$

式中，φ 为离心力与垂线的夹角。

当振动锤在工作时其强迫振动频率和自振动频率一致时，土颗粒近似于产生共振，能破坏土颗粒的粒子结构，桩周围土颗粒的阻力会减少，桩就在自身重力作用下下沉。

2.3.4　振动锤的主要性能参数

（1）偏心力矩 M(N・m)。是指偏心块的重力与其重心到回转中心的距离的乘积的总和，$M=\sum Wr$。振动锤的偏心力矩有固定和可调两种形式。

（2）振动频率。是以偏心块为振动子的振动器，其振动频率等于偏心块的转速(r/min)。

（3）激振力。是使振动锤、桩身及桩周围土体整个振动体系产生垂直振动的力。其大

小为各偏心块回转时产生的离心力的合力,由于偏心块的初相位均相同,且作同步反转,所以合力方向可以总在铅直方向上,合力的大小为转速与时间乘积的余弦函数。

(4) 振动幅。是指沉拔桩时,桩的强制位移量。振频一定时,振幅与激振力随偏心力矩的增减而增减。

(5) 电动机功率。同打桩锤冲击体重量一样,电动机功率是能否沉桩的关键性参数。

2.3.5 振动锤的选用

选用振动锤时,要考虑离心力、振幅等参数的影响,还需考虑其土质的状况。振动锤在各种土中下沉管桩时振动桩锤主要参数选择范围见表 2-3。

表 2-3　在各种土中下沉管桩时振动桩锤主要参数选择范围

主参数土的种类	振动频率 $\omega/(s^{-1})$	振幅 A/mm	激振力 p 超出振动体总量的范围	连续工作时间 t/min
饱和水分砂质土	100～120	6～8	10%～20%	15～20
塑性黏土及砂质黏土	90～100	8～10	25%～30%	20～25
紧密黏土	70～75	12～14	35%～40%	10～12
砂夹卵石土	60～70	15～16	40%～45%	—
卵石夹砂土	50～60	14～15	45%～50%	8～10

2.4 液压冲击桩锤

随着液压技术的发展,由于柴油打桩锤的噪声污染使其使用受到一定的限制。20 世纪 70 年代以后,各国先后开发了液压打桩锤,以适应工程建设的需要。液压打桩锤是利用液压能将锤体提升到一定的高度,锤体依靠自重或自重加液压能下降,进行锤击。

2.4.1 液压冲击桩锤的分类

液压冲击桩锤从打桩原理上可分为单作用式和双作用式。单作用式即自由下落式,打击能量较小,结构比较松散。双作用液压锤在锤体被兴起的同时,向蓄能器注入高压油,锤体下落时,液压泵和蓄能器内的高压油同时给液压锤提供动力,促使锤体加速下落,使锤体下落的加速度超过自由落体加速度,打击力大,结构紧凑,但液压油路比单作用锤要复杂。目前液压锤的锤体重量从 1 000～1 800 kg 成一系列,落锤高度可从 100～1 200 mm 之间调节。

2.4.2 液压冲击桩锤的工作循环及构造

1. 构造

常用的液压锤有很多,构造都有所不同。现以 HBM 型为例介绍其液压锤的工作原理。如图 2-9 所示,它由外罩、冲击缸体、浮动活塞、冲击头、驱动液压缸、桩帽、配重等部分组成。在冲击缸体上部充满液压油,中部充满氮气,浮动活塞夹在液压油与氮气之间。

2. 工作原理

以液压油为工作介质,依靠液压能上举锤头,然后快速泄油同时反向供油使锤头快速下落,打击桩体。

3. 工作过程

(1) 下落。驱动液压缸将冲击体提升到 1～2 m 后,给油方向变换,冲击缸体下落。

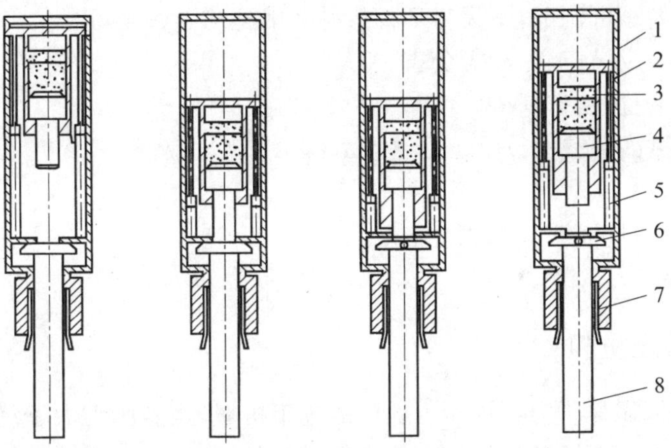

1—外罩；2—冲击缸体；3—浮动活塞；4—冲击头；5—驱动液压缸；6—桩帽；7—配重；8—桩

图 2-9　液压冲击锤的构造及工作原理图

(2) 冲击。缸体和冲击头给桩的端部施加的力。

(3) 加压。冲击缸体通过液压油、浮动活塞、氮气和冲击头继续对桩施加压力，加压过程因氮气是可压缩的，可持续较长的时间。

(4) 提升。改变其液压缸的给油方向，使其下腔进油，将冲击缸体再次提升。

HBM 液压锤沉桩的调节是靠改变冲击缸体上部液压压力和调整氮气压力大小来实现的。增加氮气压力，冲击头撞击时产生的作用力就大，可保持较大的持续加压力；反之，降低氮气压力，则使冲击力和加压力均减少。

2.4.3　液压冲击桩锤主要技术性能

液压锤性能参数见表 2-4。

表 2-4　常见液压锤性能参数

产品型号 性能指标	日本车辆		日立建机		德国 MENCK		芬兰永胜公司	
	NH70	NH100	HNC65	HNC80	MH48	MH195	HHK-5A	HHK-18A
锤头质量/kg	7 000	10 000	6 500	8 000	2 500	10 000	5 000	18 000
锤体总质量/kg	14 300	22 500	15 200	11 800	5 800	24 000	8 700	28 000
最大冲程/mm	1 280	1 440	1 200	1 200	1 920	1 950	1 200	1 200
最大冲击能量/(kg·m)	89.6	144	78	96	48	195	60	216
冲击频率/(次·min^{-1})	25	20	18～70	18～70	40	38	40～100	40～100
噪音值/dB	—	—	71～75	71～75	—	—	—	—
额定工作压力/MPa	18.5	21	16.5	16.5	11	20	21	23
额定流量/(L·min^{-1})	218	242	232	232	295	440	360	800
动力功率/kW	106	114	89	89	66	184	—	—

2.4.4　液压冲击桩锤的特点

1. 优点

(1) 沉桩力作用时间长，有效贯入能量大。

(2) 冲击力的大小可调节,不易打坏桩头并且能适应各种土壤。

(3) 无废气污染及噪声、振动等公害。

(4) 能用于水下打桩、打斜桩。

(5) 便于检查桩的承载力。

2. 缺点

(1) 结构复杂,一旦损坏维修非常不便。

(2) 价格比较昂贵。

2.5 全液压静力压桩机

静力压桩机是依靠静压力将桩压入地层的施工机械,当静压力大于沉桩阻力时,桩就沉入土中。压桩机施工时无振动,无噪声,无废气污染,对地基及周围建筑物影响较小,能避免冲击式打桩机因连续打桩而引起桩头和桩身的破坏,适用于软土地层及沿江、海淤泥地层的施工,在城市中对周围的环境影响小。

静力压桩机分为机械式和液压式两种。机械式压桩力由机械方式传递,而液压式用液压缸产生的静压力来压桩和拔桩,下面以全液压静力压桩机为例说明。

2.5.1 全液压静力压桩机的特点

1. 优点

全液压静力压桩机操作灵敏、安全,有辅桩工作机吊装就位,不用另配起重机吊桩。施工中无噪声、振动、废气污染,适合于城区内医院、学校及车间等桩基的施工。能避免桩头和桩身被破坏。

2. 缺点

(1) 油管与油路、组合元件很多很复杂;维修的技术含量高。

(2) 油料损耗大,污染严重;油料的损耗会降低液压传动的效率。

2.5.2 全液压静力压桩机的构造

全液压静力压桩机主要由长船行走机构、短船行走机构、支腿平台结构、夹持机构、配重块、操作室、导向压桩架、液压总装室、液压系统、电气系统等组成,如图 2-10 所示。

1. 支腿平台结构

支腿平台结构由底盘、支腿、顶升液压缸和配重梁组成。底盘的作用是支撑导向压桩架、夹持机构、液压系统装置和起重机。液压系统和操作室安装在底盘上,组成了压桩机的液压电控操作系统。

2. 长船行走机构

长船行走机构由船体、长船液压缸、行走台车和顶升液压缸组成。长船液压缸活塞杆球头与船体相连接。缸体通过销铰与行走台车相连,行走台车与底盘支腿上的顶升液压缸铰接。工作时,顶升液压缸顶升使长船落地,短船离地,接着长船液压缸伸缩推动行走台车,使桩机沿着长船轨道前后移动。顶升液压缸回缩使长船离地,短船落地。短船液压缸动作时,长船船体悬挂在桩机上移动。

3. 短船行走机构与回转机构

短船行走机构由船体、行走梁、回转梁、挂轮、行走轮、短船液压缸、回转轴和滑块组成。

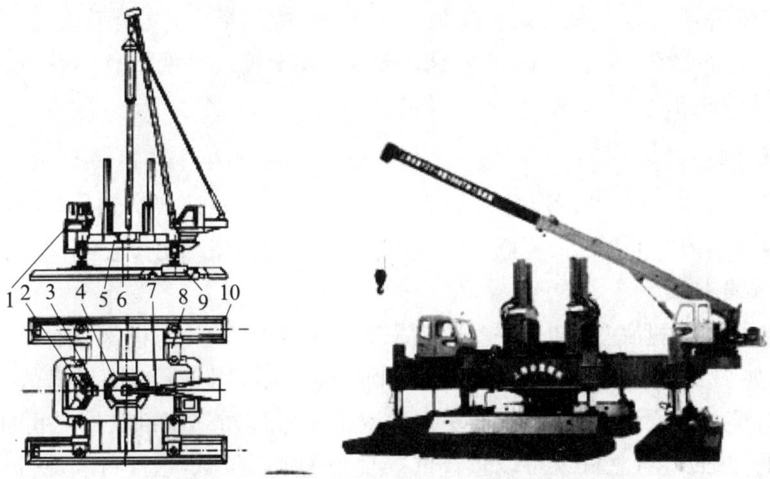

1—操作室；2—电器操作室；3—液压系统；4—导向架；5—配重块；6—夹持机构；7—辅桩工作机；8—支腿平台；9—短船行走与回转机构；10—长船行走机构

图 2-10 全液压静力压桩机外形

回转梁两端通过球头轴与底盘结构铰接，中间由回转轴与行走梁相连。行走梁上装有行走轮，正好落在船体的轨道上，用船体上的挂轮机械挂在行走梁上，使整个船体组成一体。短船液压缸的一端与船体铰接，另一端与行走梁铰接。

4. 夹持机构与导向压桩架

夹持机构由夹持器横梁、夹持液压缸、导向压桩架和压桩液压缸等组成。夹持油缸装在夹持横梁里面，压桩油缸与导向桩架相连。压桩时先将桩吊入夹持器横梁内，夹持液压缸通过夹板将桩夹紧，然后压桩油缸伸长，使夹持机构在导向压桩架内向下运动，将桩压入土中。压桩液压缸行程满后，松开夹持液压缸，压桩液压缸回缩。

2.5.3 全液压静力压桩机工作原理

如图 2-11 所示，由辅桩工作机将桩吊入夹持槽梁内，夹持液压缸伸程加压将桩段夹持，压桩液压缸做伸程动作，将桩垂直徐徐压入地面。压桩液压缸的支撑反力由桩机自重或配重来平衡。

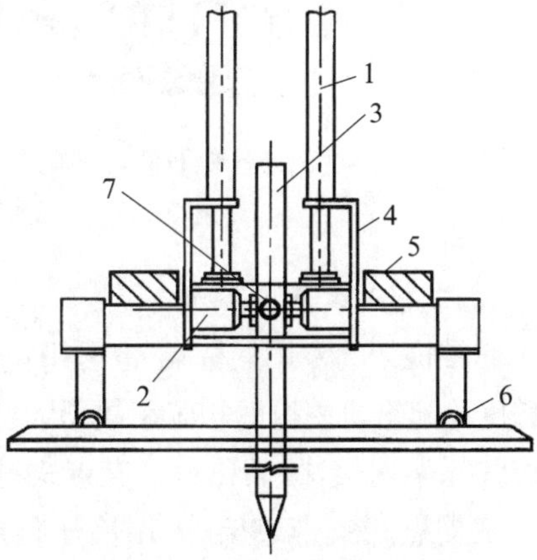

1—压桩液压缸；2—夹持液压缸；3—预制桩；4—导向架；5—配重铁；6—行走机构；7—夹持槽梁

图 2-11 全液压静力压桩机工作原理

2.6 桩架

桩架是桩工机械的重要组成部分，用来悬挂桩锤，吊桩并将桩就位，打桩时为桩锤及桩帽导向。它还用来安装各种成孔装置，为成孔装置导向并提供动力，完成成孔工作。现在的桩架一般可配置多种桩基施工的工作装置。

桩架具有回转、变幅和行走等功能，一般多台卷扬机，完成各种升降工作。有的还需要支腿，保持桩架的稳定或支撑各自反力。常用的桩架有履带式、轨道式、步履式和滚管式等。履带式桩架使用最方便,应用最广,发展最快。

轨道式桩架造价较低,但使用时需要辅助轨道,被步履式桩架取代。步履式和滚管式桩架用于中小桩基的施工。

2.6.1 履带式桩架

履带式桩架以履带为行为装置,机动性好,使用方便,它有悬挂式桩架、三支点式桩架和多功能桩架三种。目前国内外生产的液压履带式主机既可作为起重机使用,也可作为打桩架使用。

1. 悬挂式履带桩架

它以通用履带起重机底盘,卸去吊钩,将吊臂顶端与桩架连接,桩架立柱底部有支撑杆与回转平台连接,如图 2-12 所示。桩架立柱可用圆筒形,也可用方形或矩形横截面的桁架,为了增加桩架作业时整体的稳定性,在原有起重机底盘上附加配重。底部支撑是可伸缩的杆件,调整底部支撑杆的伸缩长度,立杆就可以垂直位置改变成倾斜位置,这样可满足打斜桩的需要。

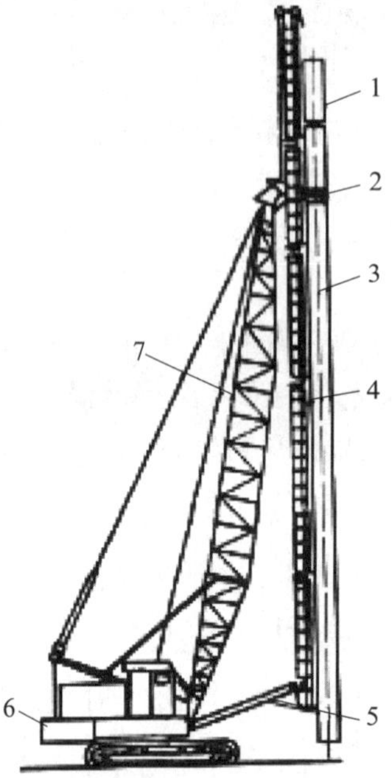

1—打桩锤;2—桩帽;3—桩;4—立柱;5—支撑叉;6—车体;7—吊臂

图 2-12 悬挂式履带桩架

2. 三支点式履带桩架

履带桩架为专用的桩架,也可用履带起重机改装,主机的平衡重至回转中心的距离以及履带的长度比起重机主机的相应参数要大些,桩架的立柱上部由两个斜撑杆与机体连接,立杆下部与机体托架连接,因而称为三支点式桩架。斜撑杆支撑在横梁的球座上,横梁下有液压支脚。

三支点式履带桩架,采用液压传动,动力用柴油机。桩架由履带主机、托架、桩架立柱、顶部轮滑组、后横梁、斜撑杆以及前后支腿组成。其中,履带主机由平台机构、回转机构、卷扬机构、动力传动系统、行走机构和液压系统组成,如图 2-13 所示,其特点:稳定性比悬挂式好,承受横向荷载的能力较大;可以斜安装,也可以打斜桩。

1—打桩锤；2—桩帽；3—桩；4—立柱；5—立柱支撑；6—液压支腿；7—车体；8—斜撑

图 2-13　三支点式履带桩架

3. 多功能履带桩架

图 2-14 为 R618 型多功能履带桩架总体构造图。它由滑轮架、立柱、立柱伸缩油缸、平行四边形机械、主副卷扬机、伸缩钻杆、进给油缸、液压动力头、回转斗、履带装置和回转平台等组成。回转平台可 360° 全回转。这种多功能履带桩架可以安装回转斗、短螺旋钻孔器、长螺旋钻孔器、柴油锤、液压锤、振动锤和冲抓斗等工作装置。它还可以配上液压套管摆动装置，进行全套管施工作业，另外还可以进行地下连续墙施工，逆循环钻孔，做到一机多用。

R618 型多功能履带桩架采用液压传动，液压系统有 3 个变量柱塞液压泵和 3 个辅助齿轮油泵。各个油泵可单独向各项工作系统提供高压液压油。在所有液压油路中，都设置了电磁阀。各种作业全部由电液比例伺服阀控制，可以精确地控制机器的工作。

这种多功能履带桩架自重 65 t，最大钻深 60 m，最大桩径 2 m，钻进转矩 172 kN · m，配上不同的工作装置，可适用于砂土、泥土、砂砾、卵石、砾石和岩层等成孔作业。

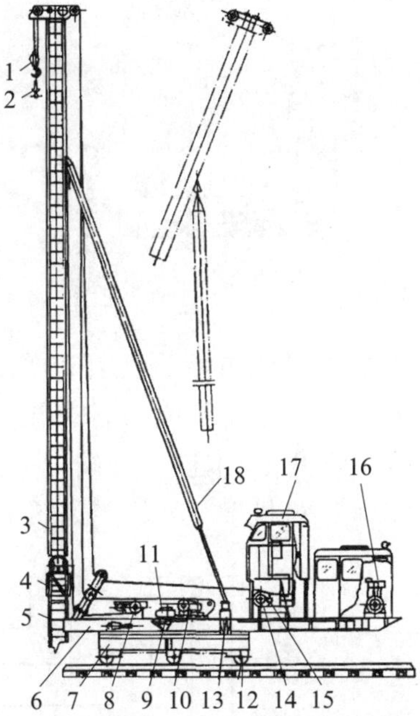

1—主钩；2—副钩；3—立柱；4—升降梯；5—水平伸缩小车；6—上平台；7—下平台；8—升降梯卷扬机；9—水平伸缩机构；10—副吊桩卷扬机；11—双蜗轮变速器；12—行走机构；13—横梁；14—吊锤卷扬机；15—主吊桩卷扬机；16—电气设备；17—操作室；18—斜撑

图 2-14　R618 型多功能桩架

2.6.2 步履式桩架

步履式桩架是国内应用较为普遍的桩架,在步履式桩架上可配用长、短螺旋钻孔器、柴油锤、液压锤和振动桩锤等设备进行钻孔和打桩作业。

如图 2-15 所示为 DZB1500 型液压步履式钻孔机,它由多螺旋钻孔器和步履式桩架组成。

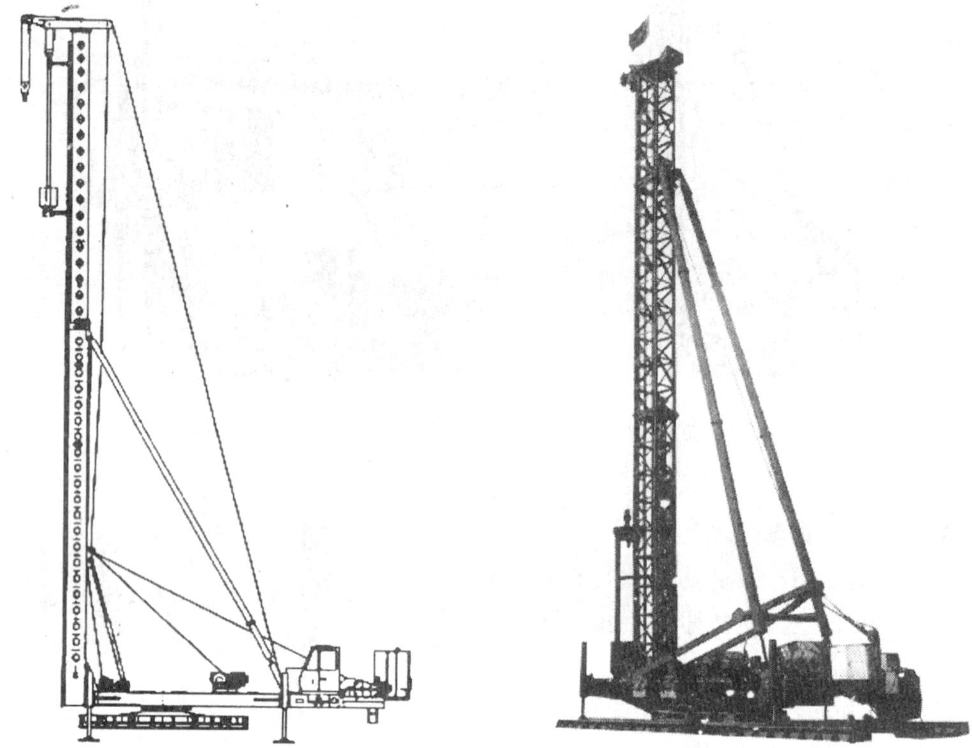

图 2-15　DZB1500 型液压步履式钻孔机

步履式桩架包括平台、下转盘、步履靴、前支腿、后支腿、卷扬机构、操作室、电缆卷筒、电气系统和液压系统组成。下转盘上有回转滚道,上转盘的滚轮可在上面滚动,回转中心轴一端与下转盘中心相连,另一端与平台下部上转盘中心相连。

柴油锤打桩架型号说明如图 2-16 所示。

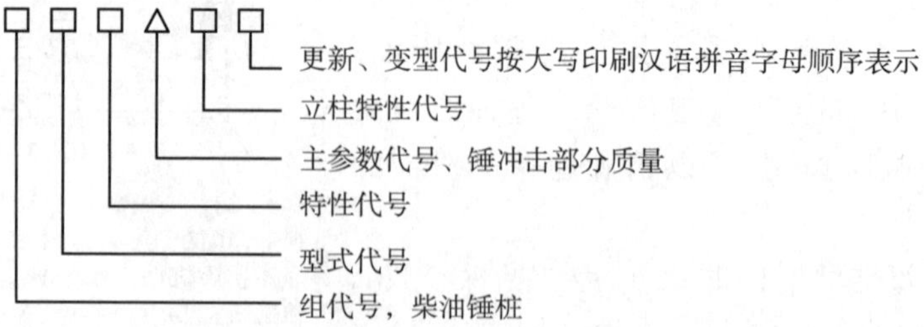

图 2-16　柴油锤打桩架型号表示

例如：JB25 表示单向立柱式步履柴油打桩机,其冲击部分质量为 2 500 kg。

2.7　灌注桩成孔机械

2.7.1　概述

灌注柱成孔是近年来广泛采用的一种桩基础形式。其施工工艺是先用成孔机在预定桩位上成孔，然后在桩孔中放置绑扎好的钢筋笼，然后浇灌混凝土，成为钢筋混凝土桩。灌注桩施工的关键工序是成孔。成孔的方法有两种：挤土成孔法、取土成孔法。

挤土成孔的机械有打桩锤和振动锤，其施工方法是将带有活瓣管尖的钢管沉入土中，然后边灌注混凝土边拔钢管，使其成为就地灌注的混凝土桩。在沉管时，活瓣管尖受到端部上压力的作用，紧紧闭合，拔管时，活瓣管尖在管内混凝土重力作用下开启，混凝土落入孔内，一边拔管，一边振动，使孔内的混凝土在灌注完毕后就得到密实。挤土成孔法只适合于直径在500 mm以下的桩。

取土成孔的主要设备有很多，常用的有螺旋钻孔成孔、钻扩机成孔、回转斗钻孔、冲击式钻孔、套管钻机成孔、旋转钻机成孔、潜水钻机成孔等多种机械与方法。

2.7.2　螺旋钻孔机

螺旋钻孔成孔是钻的下部有切削刀，切下来的土沿钻杆上的螺旋叶片上升，排出地面，其作用与麻花钻相似，连续地切土和取土，成孔速度快。螺旋钻孔机在我国北方使用较多。

目前常用的螺旋钻孔机械有长螺旋钻孔机、短螺旋钻孔机、双螺旋钻孔机。

1. 长螺旋钻孔机

如图2-17所示，长螺旋钻孔机的最大钻深可达20 m，适合于地下水位较低的黏土及砂土层施工。长螺旋钻孔机由电动机(立式行星减速器，为了保证钻杆钻进时的稳定性和初钻时钻的准确性，在钻杆长度的1/2处，安装有中间稳杆器)、钻杆和钻头等组成，整套钻孔机通达滑轮组悬挂在桩架上，钻孔机的升架、就位由桩架控制。

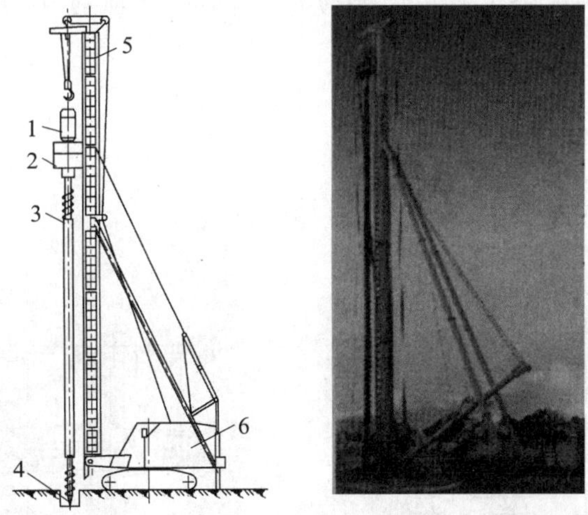

1—电动机；2—减速器；3—钻杆；4—钻头；5—钻架；6—履带式起重机底盘

图2-17　长螺旋钻孔机

国外的长螺旋钻孔机多用液压马达驱动，液压动力由履带桩架提供。钻孔机常用中空形，在钻孔机当中,有上下贯通的垂直孔,可以在钻孔完成后,从钻孔机的孔中,直接从上面浇灌混凝土,一边浇灌,一边缓慢地提升钻杆,这样利于孔壁稳定,减少孔的坍塌,提高灌注桩的质量。

2. 短螺旋钻孔机

短螺旋钻孔机的切土原理与长螺旋钻孔机相同,但排土方法不一样,螺旋钻孔机向下切削一段距离后,切削下的土壤堆积在螺旋叶片上,由桩架卷扬机把钻杆连同螺旋叶片上的土壤一起提升,到钻头超过地面,整个桩架平台旋转一个角度,短螺旋反向旋转,将螺旋叶片上的碎土甩到地面上(图 2-18)。

短螺旋钻杆有两种转速:一种是转速较低的钻杆速度,另一种是转速高的甩杆转速。

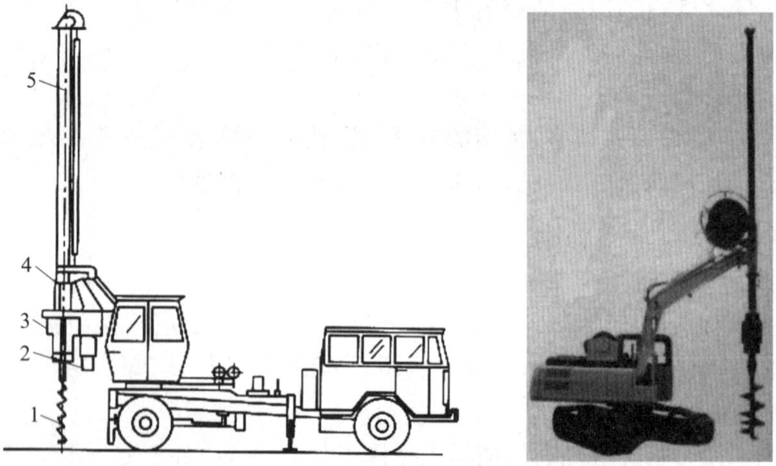

1—螺旋叶片;2—液压马达;3—变速箱;4—加压液压缸;5—钻杆护套

图 2-18 短螺旋钻孔机

3. 冲抓成孔机

在施工中,对硬土层、砂夹石土层的成孔,多采用冲抓成孔,冲抓成孔机如图 2-19 所示。

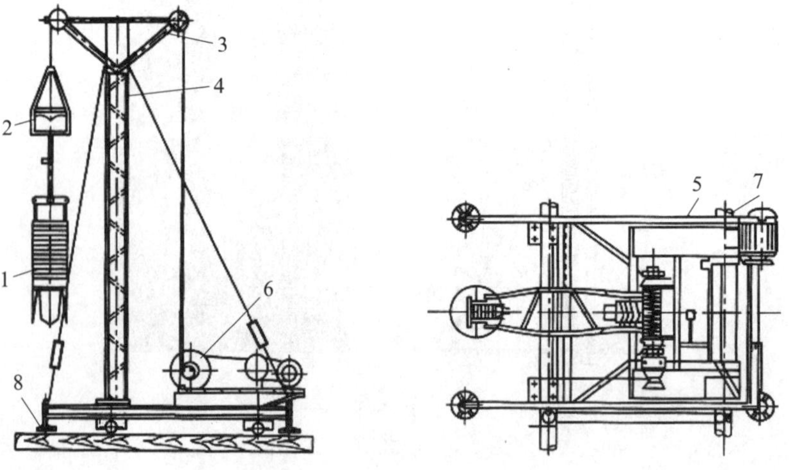

1—冲抓锥;2—脱钩架;3—架顶横梁;4—机架立柱;5—机架底盘;6—卷扬机;7—走管;8—螺旋支腿

图 2-19 冲抓成孔机

冲抓成孔用全套管施工，即用加压的方法，同时使套管摆动或旋转，迫使套管下沉，然后用冲抓斗取出套管下端的土壤。套管采用摆动方法或旋转方法，可以大大减少土壤与套管间的摩擦力。冲抓斗在初始状态时，呈张开状态。放松卷扬机，冲抓斗以自由落体方式向套管内落下插入土中，用钢丝绳提升动滑轮，抓斗片即通过与动滑轮相连接的连杆，使其抓斗片合龙。卷扬机继续收缩，冲抓斗被提出套管。桩机回转，松开卷扬机，动滑轮靠自重下滑，带动专用钢绳向下，使抓斗片打开卸土。

冲抓斗有二瓣式和三瓣式。二瓣式适用于土质松软的场合，抓土较多；三瓣式适用于硬土层，抓土较少。

钻机所用套管一般分 1 m，2 m，3 m，4 m，5 m，6 m 等不同长度。套管之间采用径向的内六角螺栓连接，成孔后，放入钢筋笼，在灌注混凝土的同时逐节拔出并拆除套管，最后将套管全部取尽。

冲抓斗在使用时的优点如下：

(1) 在一般地质条件下都可施工，对地层的适用范围广。

(2) 振动、噪声都较小。

(3) 可根据支持层的长度而自由确定桩长。

(4) 在软地基上采用套管施工，孔口不易塌方。

(5) 桩径可在 0.6～2.5 m 的范围内选择。

(6) 桩深最大可达 50 m，桩的承载能力比较高。

其缺点为设备成孔的速度较慢，设备比较笨重。

4. 回转斗成孔机

回转斗成孔机由履带桩架、伸缩钻杆、回转斗及回转斗驱动装置组成，如图 2-20 所示。

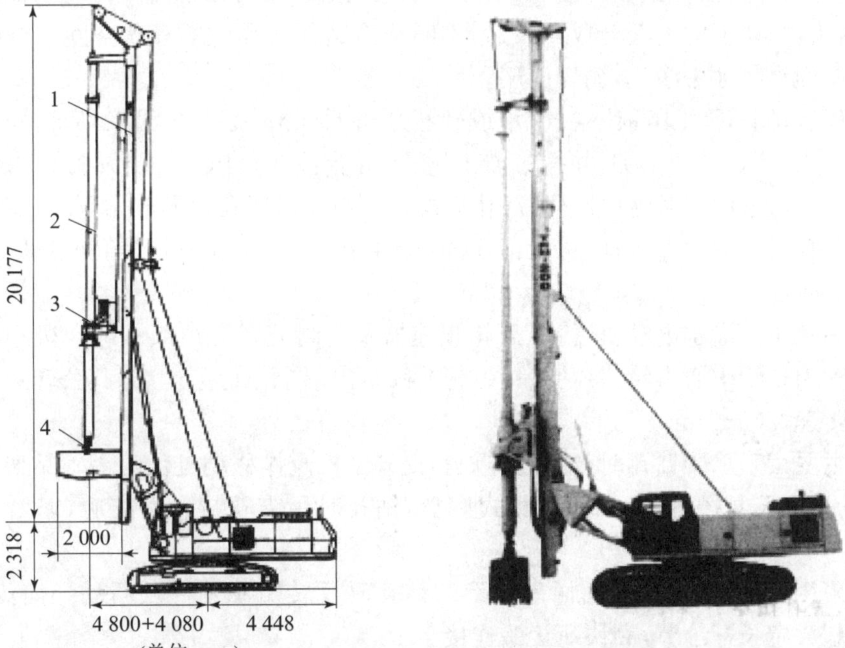

1—履带桩架；2—伸缩钻杆；3—回转斗；4—回转斗驱动装置

图 2-20　回转斗成孔机

回转斗成孔的主要装置是一个直径与桩径相同的圆钻斗,斗底有切土片,斗内可容纳一定量的土。用液压马达驱动钻斗上面方形截面的钻杆,以每分钟 10 多转的转速旋转。落下钻斗接触地面,斗底刀刃切土,并将土装入斗内,装满后提起钻斗把土卸出。钻孔的直径可达 3 m,钻孔深度因受伸缩钻杆的限制,一般只能达到 50 m。钻孔速度低,工效不高,每次钻出的土方量不大,适用于碎石、砂土、黏性土等地层施工。

5. 潜水钻孔机

潜水钻孔机是一种深入地下水黏土中的新型灌注桩成孔机械,用于循环法钻孔。所谓循环法钻孔,就是将钻头切下来的土以浆状排出孔外,孔钻过程中靠泥浆护壁,有正、反循环法两种排渣方式,如图 2-21 所示。

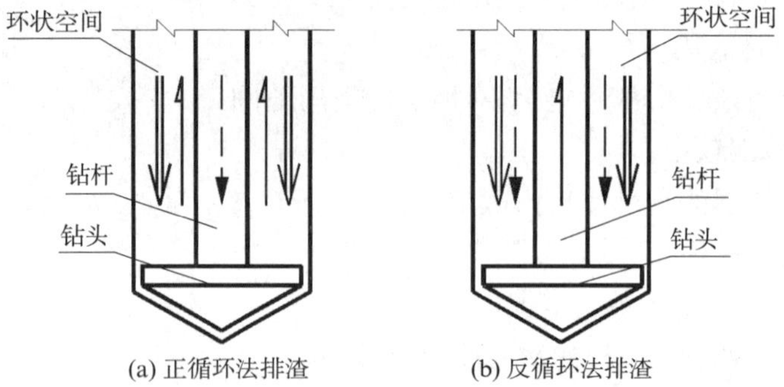

注:虚线箭头表示冲洗液流向;实线箭头表示排渣方向;双线箭头表示钻进方向。

图 2-21 正循环与反循环钻成孔法示意图

正循环法排渣是将清水或泥浆水用泥浆泵压向钻机中心送水管或钻机两侧的分叉送水管,射向钻头,与切下的土混合成泥浆后,不断地沿钻杆与孔壁的环状空间上升到孔口溢进沉淀池后返回泥浆池中净化,循环使用。

反循环法排渣是利用高压空气、水或砂石泵将循环液(指水或泥浆)从钻杆与孔壁的环状空间中流入孔底,冷却钻头,并携带岩土钻渣,混合液在负压作用下从钻杆内腔上升到地面溢进沉淀池后返回泥浆池中净化,净化后的冲洗液又返回孔内形成循环。

潜水钻孔机构造由潜水钻主机、钻杆、钻头、卷扬机、配电箱、电缆筒和桩架等部分组成,如图 2-22 所示。

潜水钻孔机由潜水电动机、行星齿轮减速器及密封装置等组成。电动机经花键孔套筒联轴器将动力传给中心齿轮,带动行星齿轮在固定内圈中作行星运动,其公转速度即为行星齿轮架的转速(200 r/min)。

钻架主要用于承受钻孔时产生的转矩和提升主机及作移动桩位时用。钻架上设有起重门架、活动导向及卷扬机等,采用轨行式底盘,钻孔时用支腿将底盘支起,以增加钻杆的稳定性。

钻杆采用槽钢对焊而成,断面呈方形。钻孔时反转矩靠钻杆及活动导向传至钻架上。钻杆一般制成定长标准节,靠快速接头连接。

钻头对于不同性质的土层采用不同的形式。黏性土、淤泥及砂土,宜用笼式钻头;在卵石层或风化层钻进时,用镶硬质合金刀头的笼式钻头。

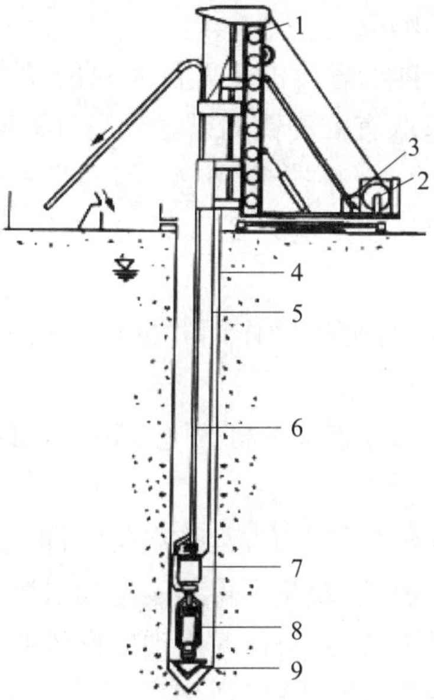

1—桩架;2—卷扬机;3—配电箱;4—护筒;5—防水电缆;6—钻杆;7—潜水砂泵;8—潜水钻主机;9—钻头

图 2 - 22　潜水钻孔机

潜水钻孔机具有以下优点:

(1) 设备简单、体积小、噪声低,适合于城市狭小场地施工。

(2) 动力装置在工作时孔底耗用动力小,钻孔时不需要提钻排土,钻孔的效率高。

(3) 适用能力强,能承受一定的过载。

(4) 钻杆不需要旋转,可减少钻杆折断的事故。

(5) 可采用正循环法,也可采用反循环法排土,只要循环水不间断,就不易坍孔。

潜水钻孔机具有以下缺点:

(1) 施工现场因钻孔产生泥浆而使场地泥泞。

(2) 需要设置处理排放泥浆的沉淀池。

(3) 在采用反循环排土出现较大石块时,容易卡管。

(4) 桩径易被扩大,使灌注的混凝土超方。

2.8　桩工机械使用安全技术要求

2.8.1　基本要求

(1) 桩工机械类型应根据桩的类型、桩长、桩径、地质条件、施工工艺等综合考虑选择。作业前,应由施工技术人员向机组人员进行安全技术交底。

(2) 施工现场应按地基承载力不小于 83 kPa 的要求进行整平压实。在基坑和围堰内打桩,应配置足够的排水设备。

(3) 桩机作业区内应无高压输电线路。作业区应有明显标志或围栏,非工作人员不得进入。桩锤在施打过程中,操作人员必须在距离桩锤中心 5 m 以外监视。

(4) 机组人员作登高检查或维修时,必须系安全带;工具和其他物件应放在工具包内,高处作业人员不得向下随意抛物。

(5) 在水上打桩时,应选择排水量比桩机重量大四倍以上的作业船或牢固排架,打桩机与船体或排架应可靠固定,并采取有效的锚固措施。当打桩船或排架的偏斜度超过 3°时,应停止作业。

(6) 安装时,应将桩锤运到立柱正前方 2 m 以内,并不得斜吊。吊桩时,应在桩上拴好拉绳,不得与桩锤或机架碰撞。

(7) 严禁吊桩、吊锤、回转或行走等动作同时进行。在吊有桩和锤的情况下,打桩机操作人员不得离开岗位。

(8) 插桩后,应及时校正桩的垂直度。桩入土 3 m 以上时,严禁用打桩机行走或回转动作来纠正桩的倾斜度。

(9) 拔送桩时,不得超过桩机起重能力;起拔载荷应符合以下规定:

① 打桩机为电动卷扬机时,起拔载荷不得超过电动机满载电流;

② 打桩机卷扬机以内燃机为动力,拔桩时发现内燃机明显降速,应立即停止起拔;

③ 每米送桩深度的起拔载荷可按 40 kN 计算。

(10) 卷扬钢丝绳应经常润滑,不得干摩擦。钢丝绳的使用及报废标准应执行相应规程的要求。

2.8.2 柴油打桩锤

(1) 柴油打桩锤应使用规定配合比的燃油。作业前,应将燃油箱注满,并将出油阀门打开。

(2) 作业前,应打开放气螺塞,排出油路中的空气,并应检查和试验燃油泵,从清扫孔中观察喷油情况;发现不正常时,应予调整。

(3) 作业前,应使用起落架将上活塞提起稍高于上汽缸,打开贮油室油塞,按规定加满润滑油。对自动润滑的桩锤,应采用专用油泵向润滑油管路加入润滑油,并应排除管路中的空气。

(4) 对新启用的桩锤,应预先沿上活塞一周浇入 0.5 L 润滑油,并应用油枪对下活塞加注一定量的润滑油。

(5) 应检查所有紧固螺栓,并应重点检查导向板的固定螺栓,不得在松动及缺件情况下作业。

(6) 应检查并确认起落架各工作机构安全可靠,起动钩与上活塞接触线在 5～10 mm 之间。

(7) 提起桩锤脱出砧座后,其下滑长度不宜超过 200 mm。超过时应调整桩帽绳扣。

(8) 应检查导向板磨损间隙,当间隙超过 7 mm 时,应予更换。

(9) 应检查缓冲胶垫,当砧座和橡胶垫的接触面小于原面积 2/3 时,或下汽缸法兰与砧座间隙小于 7 mm 时,均应更换橡胶垫。

(10) 对水冷式桩锤,应将水箱内的水加满。冷却水必须使用软水。冬季应加温水。

(11) 桩锤启动前,应使桩锤、桩帽和桩在同一轴线上,不得偏心打桩。

(12) 在桩贯入度较大的软土层起动桩锤时,应先关闭油门冷打,待每击贯入度小于

100 mm 时，再开启油门启动桩锤。

(13) 锤击中，上活塞最大起跳高度不得超过出厂说明书规定。目视测定高度宜符合出厂说明书上的目测表或计算公式。当超过规定高度时，应减少油门，控制落距。

(14) 当上活塞下落而柴油锤未燃爆时，上活塞可发生短时间起伏，此时起落架不得落下，应防撞击碰块。

(15) 打桩过程中，应有专人负责拉好曲臂上的控制绳；在意外情况下，可使用控制绳紧急停锤。

(16) 当上活塞与起动钩脱离后，应将起落架继续提起，宜使它与上汽缸达到或超过 2 m 的距离。

(17) 作业中，应重点观察上活塞的润滑油是否从油孔中泄出。当下汽缸为自动加油泵润滑时；应经常打开油管头，检查有无油喷出；当无自动加油泵时，应每隔 15 min 向下活塞润滑点注入润滑油。当一根桩打进时间超过 15 min 时，则应在打完后立即加注润滑油。

(18) 作业中，当桩锤冲击能量达到最大能量时，其最后 10 锤的贯入值不得小于 5 mm。

(19) 桩帽中的填料不得偏斜，作业中应保证锤击桩帽中心。

(20) 作业中，当水套的水由于蒸发而低于下汽缸吸排气口时，应及时补充，严禁无水作业。

(21) 停机后，应将桩锤放到最低位置，盖上汽缸盖和吸排气孔塞子，关闭燃料阀，将操作杆置于停机位置，起落架升至高于桩锤 1 m 处，锁住安全限位装置。

(22) 长期停用的桩锤，应从桩机上卸下，放掉冷却水、燃油及润滑油，将燃烧室及上、下活塞打击面清洗干净，并应做好防腐措施，盖上保护套，入库保存。

2.8.3　振动沉拔桩锤

(1) 作业场地至电源变压器或供电主干线的距离应在 200 m 以内。

(2) 电源容量与导线截面应符合出厂使用说明书的规定。当电动机额定起动电压变动在 −5%～10% 的范围内时，可以额定功率连续运行，当超过时，则应控制负荷。

(3) 液压箱、配电箱应置于安全平坦的地方。配电箱和电动机保护接地或接零应符合本工程施工临时用电的有关规定。

(4) 长期停放重新使用前，应测定电动机的绝缘值，且不得小于 0.5 MΩ，并应对电缆芯线进行导通试验。电缆外包橡胶层应完好无损，并确认电气箱内各部件完好，接触无松动，接触器触点无烧蚀现象。

(5) 悬挂振动桩锤的起重机，其吊钩上必须有防松脱的保护装置。振动桩锤悬挂钢架的耳环上应加装保险钢丝绳。

(6) 启动振动桩锤应监视启动电流和电压，一次启动时间不应超过 10 s。当启动困难时，应查明原因，排除故障后，方可继续启动。启动后，应待电流降到正常值时，方可转到运转位置。

(7) 振动桩锤启动运转后，应待振幅达到规定值时，方可作业。当振幅正常后仍不能拔桩时，应改用功率较大的振动桩锤。

(8) 拔钢板桩时，应按沉入顺序的相反方向起拔，夹持器在夹持板桩时，应靠近相邻一根，对工字桩应夹紧腹板的中央。如钢板桩和工字桩的头部有钻孔时，应将钻孔焊平或将钻孔以上割掉，亦可在钻孔处焊加强板，应严防拔断钢板桩。

(9) 夹桩时，不得在夹持器和桩的头部之间留有空隙，并应待压力表显示压力达到额定值后，方可指挥起重机起拔。

(10) 拔桩时，当桩身埋入部分被拔起 1.0～1.5 m 时，应停止振动，拴好吊桩用钢丝绳，再起振拔桩。当桩尖在地下只有 1～2 m 时，应停止振动，由起重机直接拔桩。待桩完全拔出后，在吊桩钢丝绳未吊紧前，不得松开夹持器。

(11) 沉桩前，应以桩的前端定位，调整导轨与桩的垂直度，不应使倾斜度超过 2°。

(12) 沉桩时，吊桩的钢丝绳应紧跟桩下沉速度而放松。在桩入土 3 m 之前，可利用桩机回转或导杆前后移动，校正桩的垂直度；在桩入土超过 3 m 时，不得再进行校正。

(13) 沉桩过程中，当电流表指数急剧上升时，应降低沉桩速度，使电动机不超载；但当桩沉入太慢时，可在振动桩锤上加一定量的配重。

(14) 作业中，当遇液压软管破损、液压操纵箱失灵或停电(包括熔丝烧断)时，应立即停机，将换向开关放在“中间”位置，并应采取安全措施，不得让桩从夹持器中脱落。

(15) 作业中，应保持振动桩锤减振装置各摩擦部位具有良好的润滑。

(16) 作业后，应将振动桩锤沿导杆放至低处，并采用木块垫实，带桩管的振动桩锤可将桩管插入地下一半。

(17) 作业后，除应切断操纵箱上的总开关外，尚应切断配电箱(盘)上的开关，并应采用防雨布将操纵箱遮盖好。

2.8.4 履带式打桩机(三支点式)

(1) 组成打桩机的履带式起重机配装的柴油打桩锤或振动桩锤，应执行 2.8.2 节、2.8.3 节相应的要求。

(2) 打桩机的安装场地应平坦坚实，当地基承载力达不到规定的压应力时，应在履带下铺设路基箱或 30 mm 厚的钢板，其间距不得大于 300 mm。

(3) 打桩机的安装、拆卸应按照出厂说明书规定程序进行。用伸缩式履带的打桩机，应将履带扩张后方可安装。履带扩张应在无配重情况下进行，上部回转平台应转到与履带成 90°的位置。

(4) 立柱底座安装完毕后，应对水平微调液压缸进行试验，确认无问题时，应再将活塞杆缩尽，并准备安装立柱。

(5) 立柱安装时，履带驱动轮应置于后部，履带前倾覆点应采用铁楔块填实，并应制动住行走机构和回转机构，用销轴将水平伸缩臂定位。在安装垂直液压缸时，应在下面铺木垫板将液压缸顶实，并使主机保持平衡。

(6) 安装立柱时，应按规定扭矩将连接螺栓拧紧，立柱支座下方应垫千斤顶并顶实。安装后的立柱，其下方搁置点不应少于 3 个。立柱的前端和两侧应系揽风绳。

(7) 立柱竖立前，应向顶梁各润滑点加注润滑油，再进行卷扬筒制动试验。试验时，应先将立柱拉起 300～400 mm 后制动住，然后放下，同时应检查并确认前后液压缸千斤顶牢固可靠。

(8) 立柱的前端应垫高，不得在水平以下位置扳起立柱。当立柱扳起时，应同步放松缆风绳。当立柱接近垂直位置时，应减慢竖立速度。扳到75°～83°时，应停止卷扬，并收紧缆风绳，再装上后支撑，用后支撑液压缸使立柱竖直。

2.8.5　全液压静力压桩机

(1) 马达一响，集中思想，不得带病操作，不得疲劳操作，严禁酒后操作。

(2) 严格遵守《建筑机械使用安全技术规程》(JGJ 33—2012) 做好例行保养工作，保持设备完好和整洁，认真填写履历书及例保检查记录，不得随意涂改损坏。

(3) 压桩机组装后，应对各部位，系统进行检查、调试，并经有关人员验收合格后方可使用。

(4) 压力表、水平仪等仪器必须按规定时间鉴定和考核。

(5) 严禁非专业人员操作压桩机。夹持箱(压头)下面维修作业，必须采取有效保险措施。未采取措施前，夹持箱(压头)下面严禁站人或通行，以免发生人员伤亡事故。

(6) 发现"跑、冒、滴"现象应及时修理，发生异常响声或压力表突变应立即停机检查，严禁压桩机带病工作。

(7) 使用设备时应有专人指挥，场地不平或下陷严重应待场地处理后再工作。

(8) 起动电机油泵前，手动阀、多路阀手柄必须放在空挡(中位)，严禁带负荷起动。

(9) 离开操纵室必须关闭油泵，停机不用时，必须关闭电焊机。停工要切断动力电源，防止电器故障，电动机自转发生事故。

(10) 当配重多、压力大的情况下，大小船离地面不得超过300 mm。如场地不平，要防止油缸、油管、球头断裂，压机突然倾斜。

(11) 辅助油缸同时送桩时，应严格做到辅助缸送桩时后动、回程时先动，以免防止损坏球头盖板等。

(12) 顶压式压桩机压桩，羊角进大架洞孔指示灯不亮，严禁送桩。防止撑坏大架。

(13) 油缸所有连接螺丝、球头。每10天应紧一遍。因螺丝松动受力不均，会造成螺纹、螺杆拉坏、球盖变形等情况。

(14) 电动机、油泵、联轴器、螺丝每月应检查一次，查看是否有松动现象，卷扬机的一套固定螺丝每15天要紧固一遍，查看有无松断，因螺丝松动易发生事故。

(15) 压桩机上所有滚轮、轴承滚轮应每10天打一次黄油，铜套滚轮应每两天打黄油一遍。主要部位：大、小船小车轮子，夹紧箱靠轮，卷扬机带动的所有滑轮，小船转向滚珠等，钢丝缺油用毛刷加黄油。

(16) 压机滤网每600 h要清洗一次，运转累计到达1 000 h要调换滤网，运转累计到达3 000 h要调换液压油。

(17) 满桶或半桶液压油必须倾斜存放，油桶盖必须盖上遮雨布，防止雨水渗入。

(18) 8个支腿油缸必须接保护回路电线，防止油缸被电击。

(19) 在移机时，前方地下基础不明(防暗沟、泥塘、空洞等)严禁移机。

(20) 在光线阴暗看不清时严禁移机。

(21) 上下坡度太大，支腿油缸机身配重不能调水平，倾斜状态严禁上下坡。

(22) 移机时没有专人指挥、指挥信号不明，遇到错误指挥等情况禁止移机。
(23) 顶压式桩机七级以上强风禁止移机施工。
(24) 设备性能不熟悉，非桩机操作人员禁止操作。
(25) 作业范围内有危险源未清除或采取有效防护措施禁止施工操作。
(26) 桩机移机时通过电缆及地下管线未采取有效保护措施不得通过。
(27) 桩机施工时离高压线路或近建筑物，安全距离不够不得作业。
(28) 操作时不得打手机、听广播、聊天、睡觉，不得无故擅自离开岗位。

习 题

1. 桩工机械有哪些主要类型？试述它们各自的主要特点及应用场合？
2. 简述打入法沉桩的桩锤种类、特点、工作原理及适用场合。
3. 试述筒式柴油打桩的工作原理。
4. 桩架的作用是什么？桩架有哪几种形式？
5. 灌注桩成孔方法有哪几种？主要选用机械有哪些？
6. 使用振动沉拔桩锤拔桩时有哪些安全技术要求？

第3章　钢筋机械

教学目标： 了解钢筋加工机械的类型和工作原理；熟悉钢筋冷拉的特点和方式；掌握钢筋冷拉机、钢筋冷拔机、钢筋调直切断机、液压式钢筋切断机、钢筋弯曲机、钢筋对焊机、钢筋点焊机、液压式张拉机以及机械式张拉机的类型、特点和安全事项；了解钢筋冷拉机、钢筋冷拔机、钢筋调直切断机、液压式钢筋切断机、钢筋弯曲机、钢筋对焊机、钢筋点焊机、钢筋网成型机、液压式张拉机及机械式张拉机的构造、钢筋加工过程和使用场合，安全使用注意事项及合理选用。

能力要求： 能够在钢筋加工过程中正确选择使用和管理钢筋冷拉机、钢筋冷拔机、钢筋调直切断机、液压式钢筋切断机、钢筋弯曲机、钢筋对焊机、钢筋点焊机、液压式张拉机、机械式张拉机等钢筋机械。

3.1　概述

在现代工业与民用建筑、市政、公路、桥梁等工作中广泛采用钢筋混凝土和预应力钢筋混凝土结构。钢筋在建(构)筑物构件中作为钢筋混凝土结构的骨架起着极其重要的作用。因此，钢筋加工机械已成为建设施工中重要的机械。实现钢筋加工机械化已成为现代建筑工业发展的必然趋势。

国产热轧钢筋就外形来说有光圆和带肋两种类型，按钢筋直径分为 14 mm 以下的细钢筋和大于 14 mm 的粗钢筋。钢筋在形成网架之前都要进行相应的加工，其加工工序一般有强化加工(冷拉、冷拔和冷轧)、调直、切断、弯曲、焊接等。完成这些加工工序使用的则是相应的钢筋加工机械。

钢筋加工的每个生产工序都是由钢筋强化机械、钢筋成型机械、钢筋连接机械等设备来完成的。本章将介绍钢筋和预应力工程施工中常用的机械设备。

3.2　钢筋冷加工机械

为了提高钢筋的强度和硬度的潜力，节约钢材，减小塑性变形，钢筋冷加工的常用方法有冷拉、冷拔、冷轧三种。

钢筋冷加工的原理是利用机械对钢筋施以超过屈服点的外力，使钢筋产生不同形式的变形，从而提高钢筋的强度和硬度，减小塑性变形。

专用设备有钢筋冷拉机、钢筋冷拔机、冷轧带肋钢筋成型机。

3.2.1　钢筋冷拉的特点和方法

1. 特点

所谓“冷拉”就是在常温下对钢筋施加拉力，使其产生一定的塑性变形，从而提高钢筋的屈服强度、降低塑性，并将钢筋拉直、拉长、除锈。冷拉后的钢筋屈服极限可提高 20%～

30%,长度可伸长2.5%～8%,还可以平直钢筋、去除钢筋表面的氧化皮,提高钢筋表面质量,减小钢筋变形,减少构件的裂纹。

2. 冷拉方式

冷拉方法可分为单控冷拉法和双控冷拉法两种。

1）单控冷拉法

钢筋冷拉时,只控制钢筋的冷拉率,不需要测力设备,方法简单,主要适用于冷拉细钢筋。

冷拉率为钢筋冷拉后的伸长与原有长度的百分比,可用下式表示:

$$K=\frac{L-L_0}{L_0}\times 100\% \tag{3-1}$$

式中 L——钢筋冷拉后的长度(m);

L_0——钢筋原来的长度(m)。

2）双控冷拉法

钢筋在冷拉时,不仅要控制冷拉率,还要控制冷拉应力,并且以控制冷拉应力为主,冷拉时要由测力装置来控制,主要适用于冷拉粗钢筋。

3.2.2 钢筋冷拉机

根据冷拉工艺和控制冷拉参数的要求不同,常用的钢筋冷拉机有卷扬机式、阻力轮式、液压式、丝杆式,钢筋冷拉机结构简单、易于安装组合,其适用性较强,冷拉行程可以不受设备限制,可冷拉不同长度的钢筋。

1. 卷扬机式冷拉机

1）主要构造

卷扬机式冷拉机主要由卷扬机、定滑轮组、动滑轮组、导向滑轮、地锚、夹具和测量装置等组成,如图3-1所示。卷扬机式冷拉机一般采用电动慢速卷扬机驱动。牵引力一般控制在30～50 kN,卷筒直径为350～450 mm,卷筒转速为6～8 r/min。

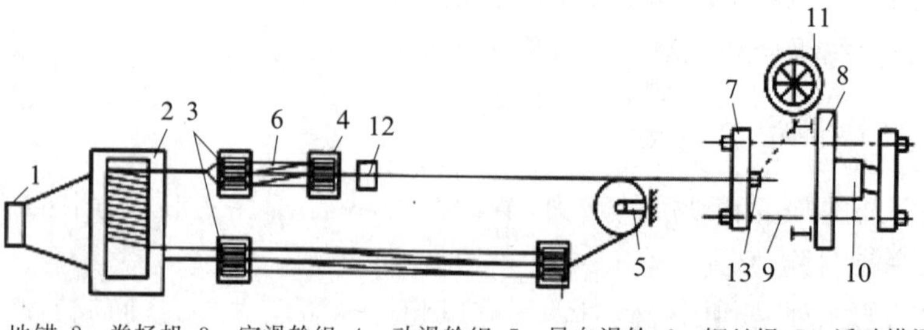

1—地锚;2—卷扬机;3—定滑轮组;4—动滑轮组;5—导向滑轮;6—钢丝绳;7—活动横梁;8—固定横梁;9—传力杆;10—测力器;11—放盘架;12—前夹具;13—后夹具

图3-1 卷扬机式冷拉机

2）工作原理

卷扬机式钢筋冷拉工艺是目前普遍采用的冷拉工艺。利用卷扬机和增力滑轮组拉伸钢筋,两套滑轮组引出的钢丝绳以相反的绕向绕入卷筒。其中两组动滑轮组与绕过导向轮的定长钢丝绳连接,当卷筒正、反向转动时,两组动滑轮组进行相反的反复运动而交替冷拉钢筋。在冷拉的过程中，冷拉力靠测力器测出，拉伸长度靠行程开关控制或用标尺测量，以便控制冷拉应力和冷拉率。采用卷扬机冷拉钢筋时，通常与滑轮组配合，目的是提高冷拉能力和降低冷拉速度。

3）性能指标

卷扬机式钢筋冷拉机的主要技术性能指标见表3-1。

表3-1　　卷扬机式钢筋冷拉机的技术性能标志

项　　目	粗钢筋冷拉	细钢筋冷拉
卷扬机型号规格	JM-5(5t慢速)	JJM-3(3t慢速)
滑轮直径及门数	计算确定	计算确定
钢丝绳直径/mm	24	15.5
卷扬机速度/(m·min^{-1})	小于10	小于10
测力器形式	千斤顶式测力器	千斤顶式测力器
冷拉钢筋直径/mm	12～36	6～12

4）使用注意事项

(1) 钢筋需冷拉的吨位值应与冷拉设备能力相符，不允许超越冷拉设备能力，特别是用旧设备拉粗钢筋时更要注意。

(2) 冷拉工艺的各项设备和机具在每班使用前后都必须进行检查，不准存在任何不安全因素。

(3) 冷拉线两端必须设有防护装置，装设防护栏杆及警告标志，防止钢筋被拉断或滑离夹具而飞出伤人，禁止站在冷拉线两端或跨越、触动正在进行冷拉的钢筋。

(4) 工作完毕后，要先切断电源，再对机具进行清洁、保养。

(5) 冷拉钢筋时，如果焊接接头被拉断，可重焊再拉，但一般不准超过两次。

(6) 低于室温对钢筋冷拉时，要适当提高冷拉力。

2. 阻力轮式冷拉机

阻力轮式冷拉机主要由支承架、阻力轮、电动机、减速器、绞轮等组成，阻力轮式冷拉机冷拉工艺如图3-2所示。

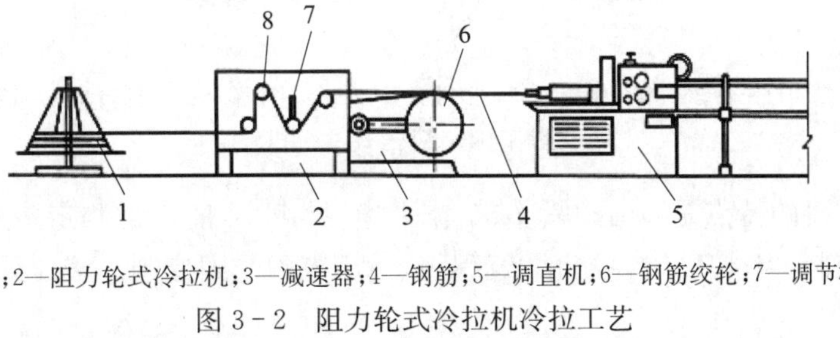

1—钢筋放盘架；2—阻力轮式冷拉机；3—减速器；4—钢筋；5—调直机；6—钢筋绞轮；7—调节槽；8—阻力轮

图3-2　阻力轮式冷拉机冷拉工艺

以电动机为动力，经减速器使绞轮以40 m/min的速度旋转，通过阻力轮将绕在绞轮上的钢筋拉动，并把冷拉后的钢筋送入调直机进行调直和切断。它主要是通过调节阻力大小来控制冷拉率的。

绞轮直径一般为 550 mm,阻力轮直径为 100 mm,使用电机功率为 10 kW。

阻力轮式冷拉机冷拉工艺适用于直径为 6~8 mm 粗的圆盘钢筋,冷拉率为 6%~8%。阻力轮式冷拉机和钢筋调直机配合在一起,对钢筋进行冷拉和调直。

3. 丝杆式冷拉机

丝杆式冷拉机是由电动机经三角皮带传动至变速器,再经过齿轮传动使两根丝杆旋转,从而使丝杆上的活动螺母移动,并通过夹具将钢筋拉伸。测力装置为千斤顶测力装置,丝杆式冷拉机如图 3-3 所示。

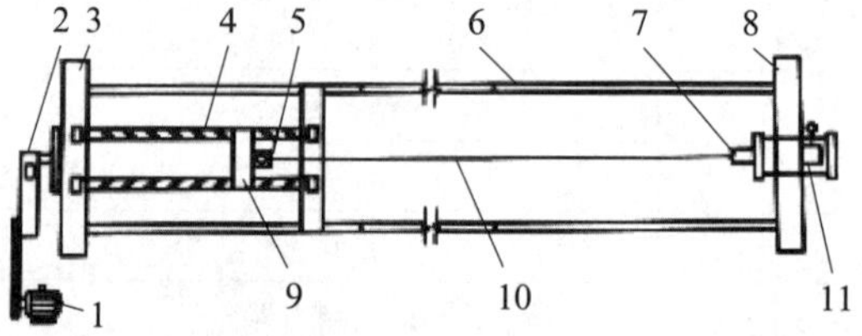

1—电动机;2—变速箱;3—前横梁;4—丝杆;5—前夹具;6—传力柱;7—后夹具;8—后横梁;9—活动横梁;10—冷拉钢筋;11—测力器

图 3-3 丝杆式冷拉机

丝杆式冷拉机结构简单,但传动构件容易磨损,磨损后影响冷拉精度。丝杆式冷拉机适用于冷拉较粗的钢筋。

4. 液压式冷拉机

液压式冷拉机的构造与预应力张拉用的液压式拉伸机相同,只是其活塞行程比拉伸机大,一般大于 600 mm,其结构如图 3-4 所示。它主要由泵阀控制器、液压张拉缸、装料小车和夹具等组成。

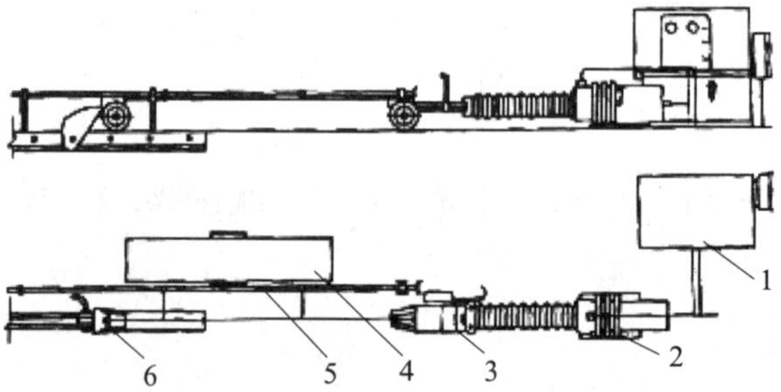

1—泵阀控制器;2—液压张拉缸;3—前端夹具;4—装料小车;5—翻料架;6—后端夹具

图 3-4 液压式冷拉机

液压式冷拉机的特点是:结构紧凑、工作平稳、噪声小,能正常测定冷拉率和冷拉应力,易于实现自动控制,但液压式冷拉机的行程短,适用范围受到控制。液压式冷拉机是冷拉较粗钢筋的机械。

3.2.3 钢筋冷拔机

钢筋冷拔是将处于常温的Ⅰ级钢筋直径为 6~8 mm 的钢筋以强力拉拔的方式,通过一个比被拉钢筋直径小 0.5~1 mm 的特制模孔,使钢筋在拉应力和压应力的作用下被强行拔细的过程。

钢筋冷拔机可分为立式和卧式两种类型，每种类型又有单卷筒和双卷筒之分。若拔丝的生产量较大，还可以将几台拔丝机组合起来，变成三联、四联、五联的拔丝机，冷拔速度为 0.2～0.3 m/s，拔丝筒以铸钢或耐磨铸铁制成，直径一般为 0.5 m 左右。

1. 主要构造

1）立式冷拔机

如图 3－5 所示为立式单卷筒钢筋冷拔机的结构，它的卷筒固套在锥齿轮传动箱的立轴上，电动机通过减速器和一对锥齿轮传动带动卷筒旋转，使圆盘钢筋的端头经轧细后穿过润滑剂盒及拔丝模而被固结在卷筒上，开动电机即可进行拔丝。

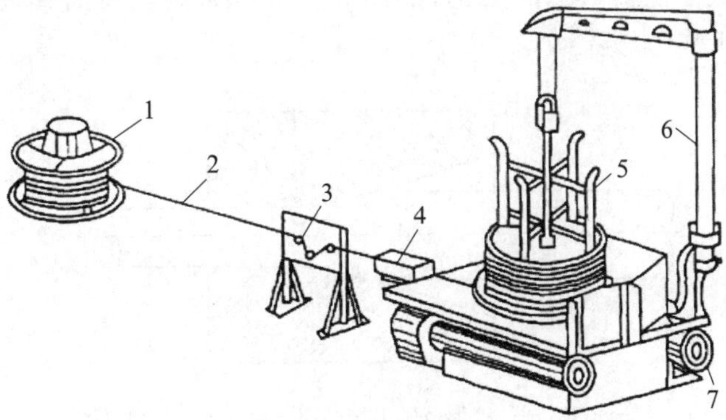

1—盘料架；2—钢筋；3—阻力轮；4—拔丝模；5—卷筒；6—支架；7—电动机

图 3－5　立式单卷筒钢筋冷拔机构造示意图

2）卧式冷拔机

如图 3－6 所示为卧式双卷筒钢筋冷拔机的机构示意图。它由电动机驱动，通过减速器带动卷筒旋转，在钢筋主卷筒旋转产生的强拉力作用下，通过拔丝模盒完成冷拔工序，并将冷拔后的钢筋缠绕在卷筒上，当冷拔丝绕到一定的圈数时，就将其卸下，然后继续绕拔。

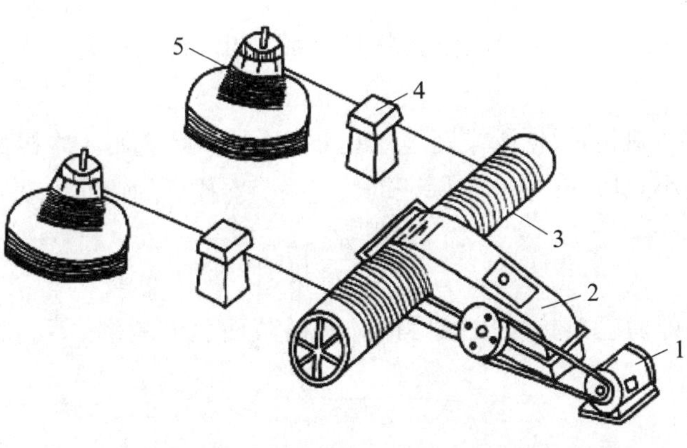

1—电动机；2—减速器；3—卷筒；4—拔丝模盒；5—承料架

图 3－6　卧式双卷筒钢筋冷拔机构造示意图

2. 工作原理

(1) 立式单卷筒冷拉机的工作原理。电动机动力通过蜗轮、蜗杆减速后,驱动立轴旋转,使安装在立轴上的拔丝筒一起转动,卷绕着强行通过拔丝模的钢筋,完成冷拔工序。当卷筒上面缠绕的冷拔钢筋达到一定数量后,可用冷拔机上的辅助吊具将成卷钢筋卸下,再使卷筒继续进行冷拔作业。

(2) 卧式双卷筒冷拔机的工作原理。电动机动力经减速器减速后驱动左右卷筒以20 r/min的转速旋转,卷筒的缠绕强力使钢筋通过拔丝模完成拉拔工序,并将冷拔塑细后的钢筋缠绕在卷筒上,达到一定数量后卸下,使卷筒继续冷拔作业。

3. 工作机构

拔丝模是拔丝机上主要的工作机构,如图 3-7 所示,拔丝模按其拔丝过程中的作用不同大致可分为 4 个工作区域。

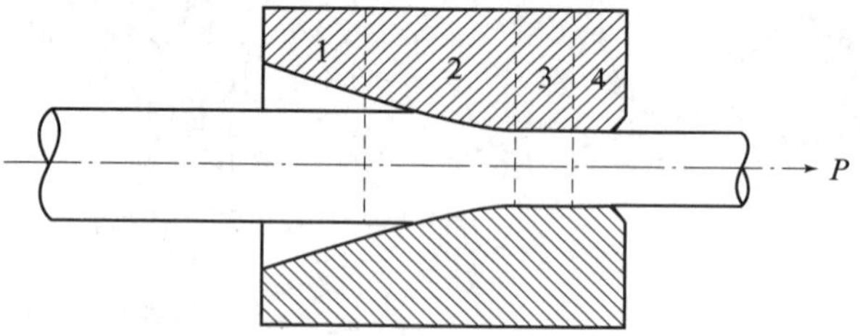

1—进口区;2—锥形挤压工作区;3—定径区;4—出口区

图 3-7　拔丝模结构示意图

(1) 进口区:进口区呈喇叭形,便于被拔钢筋引入。

(2) 锥形挤压工作区:拔丝模的主要工作区域,被拔的粗钢筋在此区域被强力拉拔和挤压而由粗变细,挤压区的角度 14°~18°;拔制直径为 4 mm 的钢丝为 14°;直径为 5 mm 的钢丝为 16°;直径大于 5 mm 的钢筋为 18°。

(3) 定径区:使被拔钢筋保持一定截面,又称为圆柱形挤压区,其轴向长度约为所拔钢丝直径的一半。

(4) 出口区:拔制成一定直径的钢丝从该区域引出,卷绕在卷筒上。

4. 工作参数

模孔的直径有多种规格,根据所拔钢丝每道压缩后的直径选用。冷拔最后一道的模孔直径,最好比成品钢筋直径小 0.1 mm,以利于保证钢丝规格。冷拔后的钢筋长度 l 可用下式计算:

$$l=\left(\frac{d_0^2}{d^2}\right)l_0 \tag{3-2}$$

冷拔总压缩率,即由盘条拔至成品后钢丝的横截面总缩减率 β,可按下式进行计算:

$$\beta=\frac{d_0^2-d^2}{d_0^2}\times 100\% \tag{3-3}$$

冷拔总压缩率越大,钢丝的抗拉强度就越高,但塑性也越差。

冷拔钢丝时,须在拔丝模的进口区前面加润滑剂,以减少钢筋与模孔的摩擦,防止金属粘附在模孔上,保证冷拔丝的表面质量。

5. 性能指标

冷拔机的性能指标见表 3－2。

表 3－2　　冷拔机的性能指标

性能指标	1/750 型	4/650 型	4/550 型
卷筒个数,直径/mm	1/750	4/650	4/550
进料钢材直径/mm	9	7.1	6.5
成品钢丝直径/mm	4	3～5	3
钢材抗拉强度/MPa	1 300	1 450	1 100
成品卷筒的转速/($r \cdot min^{-1}$)	30	40～80	60～120
成品卷筒的线速度/($m \cdot min^{-1}$)	75	80～160	104～207

6. 注意事项

(1) 应检查并确认机械各连接件牢固,模具无裂纹,轧头和模具的规格配套,然后,启动主机空运转,确认正常后,方可作业。

(2) 在冷拔钢筋时,每道工序的冷拔直径应按机械出厂说明书规定进行,不得超量缩减模具孔径,无资料时,可按每次缩减孔径 0.5～1.0 mm 进行。

(3) 轧头进,应先使钢筋的一端穿过模具长度达 100～500 mm,再用夹具夹牢。

(4) 作业时,操作人员的手和轧辊应保持 300～500 mm 的距离,不得用手直接接触钢筋的滚筒。

(5) 冷拔模盒中应随时加足润滑剂,润滑剂应采用石灰和肥皂水调和晒干后的粉末。钢筋通过冷拔模前,应抹少量润滑剂。

(6) 在作业过程中不准检修机械各部位,更不准将手伸入卷筒内清理。

(7) 拔丝温度有时可达 100 ℃～200 ℃,所以,在机器运转时要特别注意防止烫伤,对于长期连续工作的拔丝机,拔丝模可加设循环水冷却装置,冬季作业时,下班应将水放掉。

7. 冷拉与冷拔的区别

冷拉与冷拔虽然都是冷加工,都可使钢筋强化,但它们的区别是:

(1) 冷拉作用产生的是纯拉伸的线应力,而冷拔产生的是拉伸与挤压兼有的三维应力;

(2) 冷拉只需一次即可完成,而冷拔需要多次才能完成;

(3) 冷拉钢筋能提高强度 20%～25%,而冷拔钢筋可提高强度 40%～90%;

(4) 冷拉只能提高钢筋的抗拉强度,不能提高其抗压强度;冷拔既能提高钢筋的抗拉强度,又能提高钢筋的抗压强度;

(5) 冷拉和冷拔都将使钢筋的塑性降低。

3.3　钢筋成型机械

钢筋成型机械就是把原料钢筋按混凝土结构所需的钢筋制品进行成型工艺加工的机械设备。钢筋成型机械主要有钢筋调直切断机、钢筋弯曲机、钢筋弯箍机、钢筋网成型机等。

3.3.1　钢筋调直切断机

钢筋在使用前需要进行调直,否则混凝土结构中的曲折钢筋将会影响构件的受力性能及钢筋长度的准确性。钢筋调直切断机能自动调直和定尺切断钢筋,并可对钢筋进行除锈。

钢筋调直切断机按调直原理的不同可分为孔模式和斜辊式两种,按其切断机构的不同有下切剪刀式和旋转剪刀式两种。

1. 主要构造

以 GT4/8 型钢筋调直切断机为例说明,此机型主要由放盘架、调直筒、传动箱、切断机构、承受架及机座等组成,如图 3-8 所示。

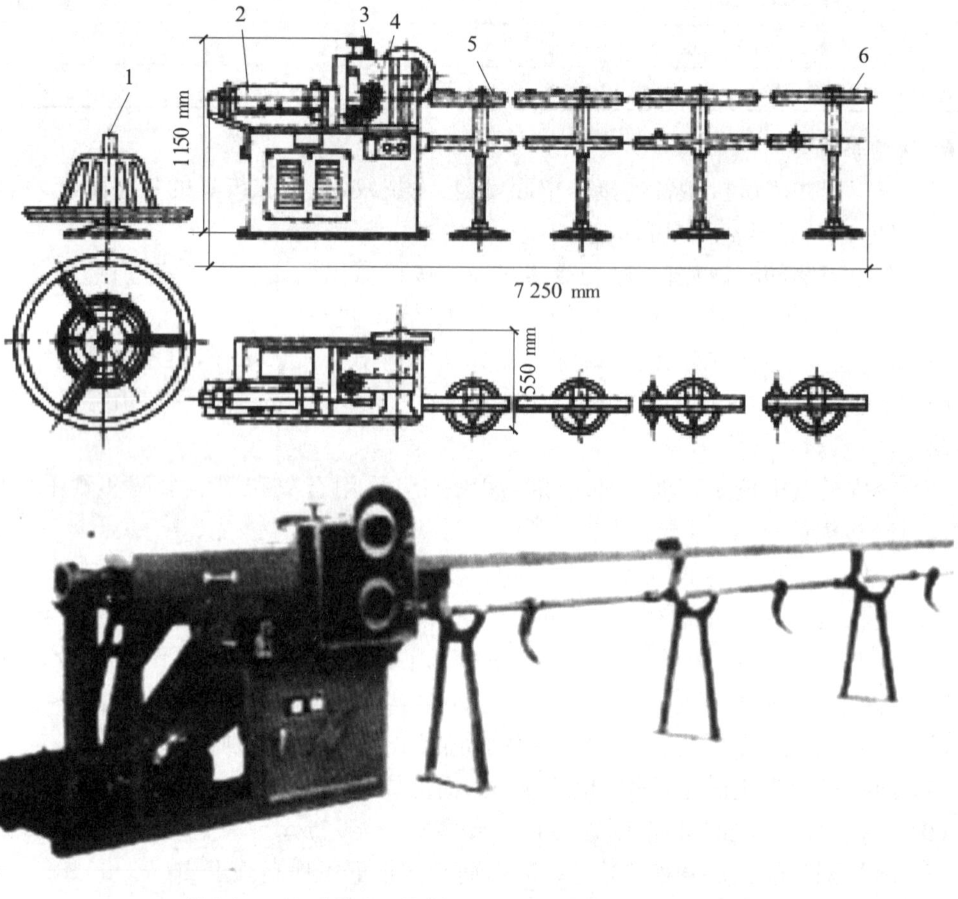

1—放盘架;2—调直筒;3—传动箱;4—机座;5—承受架;6—定尺板

图 3-8　GT4/8 型钢筋调直切断机构造图

2. 工作原理

电动机经 V 胶带轮驱动调直筒旋转,实现调直钢筋动作,此外通过同一电动机上的另一胶带轮传动一对锥齿轮转动偏心轴,再经过两级齿轮减速后带动上压辊和下压辊相对旋转,从而实现调直和曳引运动。偏心轴通过双滑块机构,带动锤头上下运动,当上切刀进入锤头下面时即受到锤头敲击,实现切断作业。上切刀依赖拉杆重力作用完成回程。

3. 性能指标

调直切断机的主要技术性能指标见表 3-3。

表3-3 钢筋调直切断机的主要技术性能指标

性能指标	GT4/8
调直切断钢筋直径/mm	4～8
钢筋抗拉强度/MPa	650
切断长度/mm	300～500
切断长度误差/($mm \cdot m^{-1}$)	≤3
牵引速度/($m \cdot min^{-1}$)	40,65
调直筒转速/($r \cdot min^{-1}$)	2 900
送料、牵引辊直径	90

4. 钢筋调直切断机的使用注意事项

(1) 料架、料槽应安装平直,并应对准导向筒、调直筒和下切刀孔的中心线。

(2) 应用手转动飞轮,检查传动机构和工作装置,调整间隙,紧固螺栓,确认正常后,启动空转,并检查轴承无异响,齿轮啮合良好,运转正常后,方可作业。

(3) 应按调直钢筋的直径,选用适当调直块及传动速度。调直块的孔径应比钢筋直径大2～5 mm,传动速度应根据钢筋直径选用,直径大的宜选用慢速,经调试合格,方可送料。

(4) 在调直钢筋的过程中,当发现钢筋跳出板导料槽,顶不到定长器及乱丝或脱架时,应及时按动限位开关切断钢筋或停机调整好后,方准继续使用。

(5) 操作人员不准离机过远,在上盘、穿丝、引头、切断时都应停机。

(6) 已调直切断的钢筋,应按根数、规格分成捆堆放整齐,不可乱堆放。

(7) 每盘钢筋末尾或调直短盘钢筋时,应手持套管护送钢筋到导料器,以免自由甩动时发生伤人事故。

3.3.2 钢筋切断机

钢筋切断机是用于对钢筋原材料和矫直的钢筋按工程施工要求的尺寸进行切断的专用机械,按其传动方式可分为机械传动和液压传动两类。其中机械式又可分为曲柄连杆式和凸轮式,按结构形式分为卧式或立式。

1. 机械传动式钢筋切断机

卧式钢筋切断机属于机械传动,因其结构简单,使用方便,得到广泛应用。

1) 主要构造

如图3-9所示,主要由电动机、传动系统、减速机构、曲轴机构、机体及切断刀等组成,适用于切断直径为6～40 mm的普通碳素钢筋。

2) 工作原理

卧式钢筋切断机由电动机驱动,通过V带轮圆柱齿轮减速带动偏心轴旋转。在偏心轴上装有连杆,连杆带动滑块和活动刀片在机座的滑道中做往复运动,并和固定在机座上的固定刀片相配合切断钢筋。切断机的刀片选用碳素工具钢并经热处理制成,一般前角度为3°,后角度为12°。一般固定刀片和活动刀片之间的间隙为0.5～1 mm。在刀口两侧机座上装有两个挡料架,以减少钢筋的摆动现象。

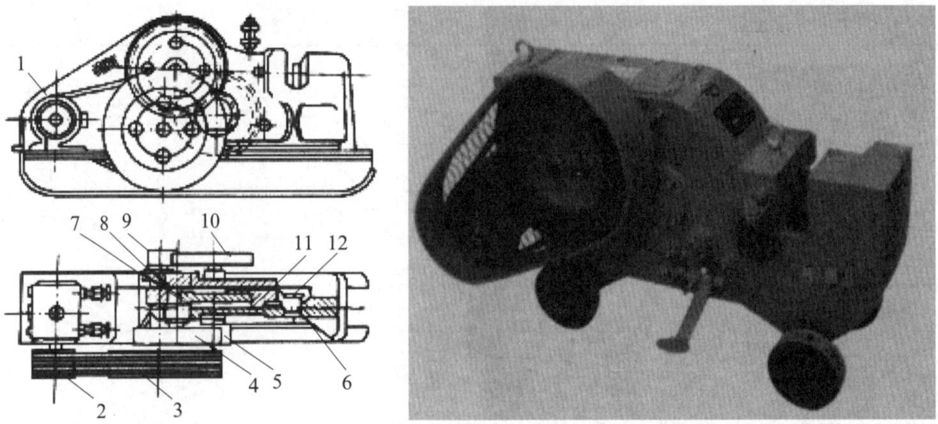

1—电动机;2,3—V带轮;4,5,9,10—减速齿轮;6—固定刀片;7—连杆;8—曲柄轴;11—滑块;12—活动刀片

图3-9 卧式钢筋切断机构造

3）性能指标

机械式钢筋切断机主要技术性能指标见表3-4。

表3-4 机械式钢筋切断机主要技术性能指标

性能指标	型号			
	CQ40	CQ40A	CQ40B	CQ50
切断钢筋直径/mm	6～40	6～40	6～40	6～50
切断次数/(次·min^{-1})	40	40	40	30
功率/kW	3	3	3	5.5
转速/(r·min^{-1})	2 880	2 880	2 880	2 880

4）注意事项

(1) 接送料的工作台面应和切刀下部保持水平,工作台的长度可根据加工材料长度确定。

(2) 启动前,应检查并确认切刀无裂纹,刀架螺栓紧固,防护罩牢靠,然后用手转动皮带轮,检查齿轮啮合间隙,调整切刀间隙。

(3) 启动后,应先空转,检查各传动部分及轴承运转正常后,方可作业。

(4) 机械未达到正常转速不得切料。切断时,应使用切刀的中、下部位,紧握钢筋对准刃口迅速投入,操作者应站在固定刀片一侧用力压住钢筋,应防止钢筋末端弹出伤人。

(5) 不得剪切直径与强度超过机械铭牌规定的钢筋。一次切断多根钢筋时,其截面积应在规定范围内。

(6) 剪切直径应符合机械铭牌规定。

(7) 切断短料时,手和切刀之间的距离应保持在150 mm以上,如手握端小于400 mm时,应采用套管或夹具将钢筋短头压住或夹牢。

2. 液压传动式钢筋切断机

1）主要构造

液压传动式钢筋切断机如图3-10所示,它主要由电动机、液压传动系统、操作装置、定动刀片等组成。

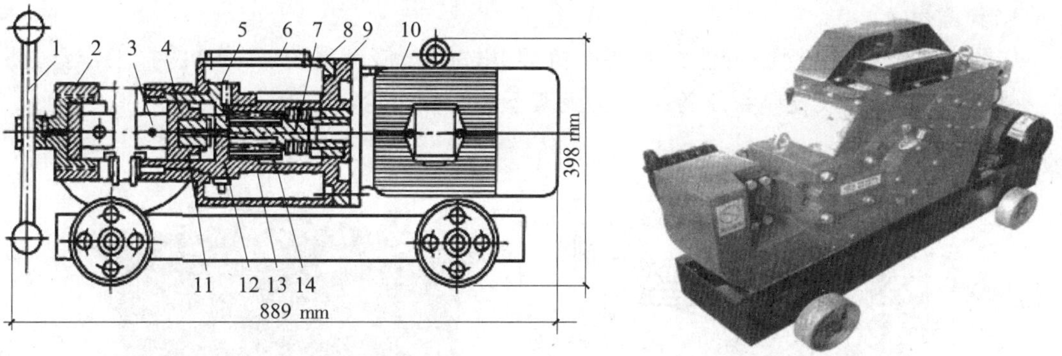

1—手柄；2—支座；3—主刀片；4—活塞；5—放油阀；6—观察玻璃；7—偏心轴；8—油箱；
9—连接架；10—电动机；11—皮碗；12—液压缸体；13—液压泵缸；14—柱塞

图 3-10　液压传动式钢筋切断机构造图

2）工作原理

电动机带动偏心轴旋转，偏心轴的偏心面推动和它接触的柱塞做往返运动，使柱塞泵产生高压油压入油缸体内，推动油缸内的活塞，驱动动刀片前进和固定在支座上的定刀片相错而切断钢筋。

3）性能指标

液压传动式钢筋切断机主要技术性能指标见表 3-5。

表 3-5　液压传动式钢筋切断机主要技术性能指标

形　式	电　动	手　动	手　持	
型号	DYJ-32	SYJ-16	GQ-12	GQ-20
切断钢筋直径/mm	8～32	16	6～12	6～20
工作总压力/kN	320	80	100	150
活塞直径/mm	95	36	—	—
最大行程/mm	28	30	—	—
液压泵柱塞直径/mm	12	8	—	—
单位工作压力/MPa	45.5	79	34	
液压泵输油率/(L·min^{-1})	4.5	—	—	—
压杆长度/mm	—	432	—	—
压杆作用力/N	—	220	—	—
贮油量/kg	—	35	—	—

3.3.3　钢筋弯曲机

钢筋弯曲机是将调直、切断配好的钢筋，弯曲成所要求的尺寸和形状的专用设备。常用的台式钢筋弯曲机按传动方式的不同可分为机械式和液压式两类。其中，机械式钢筋弯曲机又分为蜗杆式、齿轮式等形式。建筑工地使用较为广泛的 GW40 型钢筋弯曲机是蜗轮蜗杆式钢筋弯曲机。其特点是构造简单，适用性强，能将直径在 40 mm 以下的钢筋弯制成各种角度。

1. 构造组成

如图 3－11 所示,钢筋弯曲机主要由机架、电动机、传动系统、工作机构(工作盘、插入座、夹持器、转轴等)及控制系统等组成。机架下装有行走轮,便于移动。

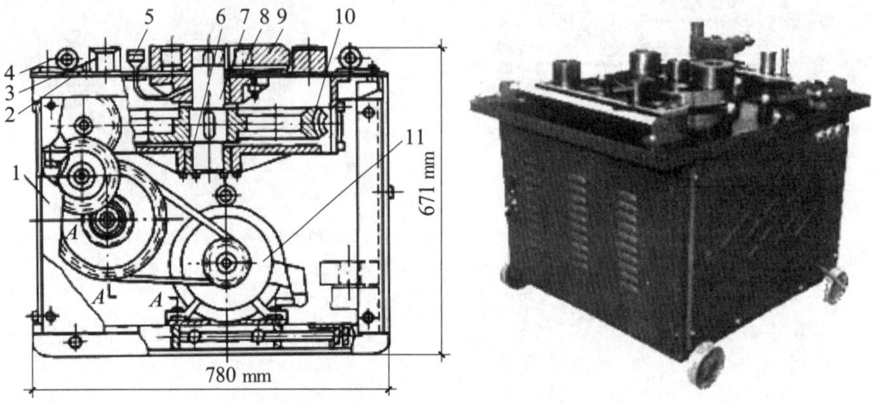

1—机架;2—工作台;3—插座;4—滚轴;5—油杯;6—蜗轮箱;7—工作主轴;
8—立轴承;9—工作盘;10—蜗轮;11—电动机;12—孔眼条板

图 3－11　蜗轮蜗杆式钢筋弯曲机构造示意图

2. 工作原理

GW40 型钢筋弯曲机的传动系统,在工作时,电动机带动 V 形皮带传动机构驱动两对开式齿轮减速机构,使蜗杆啮合蜗轮旋转,同时蜗轮固定装配的立轴旋转带动工作盘转动,实现对钢筋的弯曲加工。

3. 工作过程

如图 3－12 所示为钢筋弯曲机弯曲 180°时的工作过程。

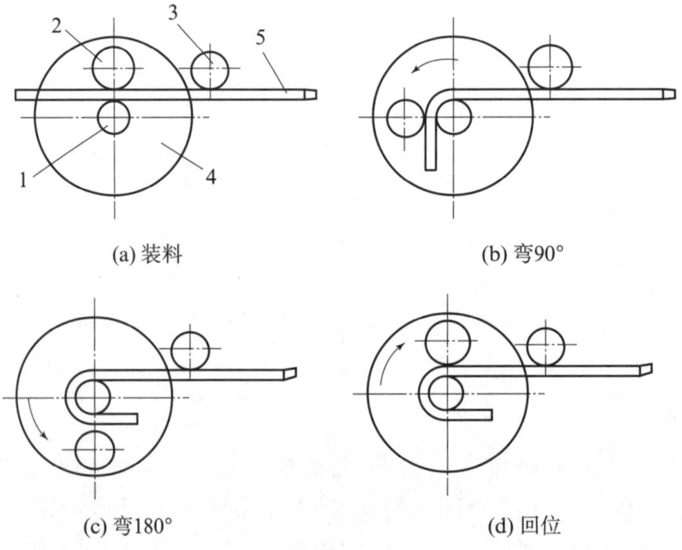

1—心轴;2—成型轴;3—挡铁轴;4—工作盘;5—钢筋

图 3－12　钢筋弯曲机原理图

(1) 将被弯钢筋平放在工作盘的心轴和成型轴之间及挡铁轴的内侧。

(2) 扭动开关，工作盘被蜗轮轴带动而旋转，心轴和成型轴随工作盘一起转动，由于心轴与工作盘同心，而成型轴与工作盘心轴不同心，因此工作盘转动时成型轴围绕心轴作弧线运动，钢筋被带动，同时受到挡铁轴的阻止，钢筋被成型轴推弯，绕着心轴弯曲。

(3) 钢筋被弯到要求形状后，及时将倒顺开关手柄扭到停的位置。

(4) 将手柄扭到反转位置，工作盘反转到原来位置时，再将手柄扭到停的位置，即可取出弯好的钢筋。

4. 性能指标

常用钢筋弯曲机的主要技术性能指标见表 3-6。

表 3-6　　钢筋弯曲机的主要技术性能指标

类　别	弯　曲　机		
型号	GW32	GW40A	GW50A
弯曲钢筋直径/mm	6～32	6～40	6～50
工作盘直径/mm	360	360	360
工作盘转速	10/20	3.7/14	6

5. 使用时的注意事项

(1) 操作前，要对机械的传动部分、工作部分、电动机接零以及各润滑部分进行全面检查，合乎要求后再进行运转。

(2) 严禁在机械运转过程中更换心轴、成型轴、挡铁轴，放入钢筋或进行检查修理，加注润滑油及清洁保养工作。

(3) 挡铁轴的直径和强度不能小于被弯曲钢筋的直径和强度；弯曲不直的钢筋禁止在弯曲机上弯曲，并应注意钢筋放入位置、长度和回转方向，以免发生事故。

(4) 刀顺开关应该接线正确、使用合理，一定要按照指示牌上的“正转—停—反转”扳动，不可直接由“正转—反转”或“反转—正反”，而不在“停”位置停留，更不允许频繁交换工作盘的旋转方向。

(5) 工作完毕，要先将开关扳到“停”位，切断电源，然后整理机具。

3.4　钢筋连接机械

钢筋网及骨架采用焊接代替人工绑扎，即可节约材料，提高混凝土构件质量，又能加速工程建设，而且连接起来的钢筋网架刚度大，尺寸精度高；同时提高了生产率。

现在常用的钢筋连接新技术有焊接连接和机械连接两种。

3.4.1　钢筋焊接机械

在钢筋预制加工及现场施工中，目前普遍采用闪光对焊接、电渣压力焊接和气压焊接。传统的电弧焊接，劳动强度大、施工速度慢、钢材耗用多，而且由于节点钢筋搭配，配筋密集，影响混凝土浇捣质量，在施工现场已较少采用。

1. 钢筋对焊机

对焊机是将两个被焊工件相对地置于对焊机夹具内并保持端部接触，当焊接电流使接触端头加热熔化时，对两端持续或断续地施加挤压力，将焊件焊牢。对焊机是对焊的专用设备。建筑工程的钢筋焊接，通常使用 UN1 系列的对焊机，该机适用于截面为 300～1 000 mm^2 的低碳钢及截面为 300 mm^2 以下的铜和铝的焊接。按焊接方式分电阻对焊、连续闪光对焊、预热闪光对焊；按结构形式分弹簧顶锻式、杠杆挤压弹簧顶锻式、电动凸轮顶锻式、气压顶锻式。

1）构造组成

对焊机主要由焊接变压器、左电极、右电极、交流接触器、送料机构和控制元件等组成，如图 3－13 所示。

图 3－13　对焊机构造示意图

2）工作原理

如图 3－14 所示，对焊机的电极分别装在固定平板和滑动平板上，滑动平板可沿机身上的导轨移动，电流通过变压器次级线圈传到电极上。当推动压力机构使两根钢筋端头接触在一起后，造成短路电阻产生热量，加热钢筋端头；当加热到高塑性后，再加力挤压，使两端头达到牢固的对接。

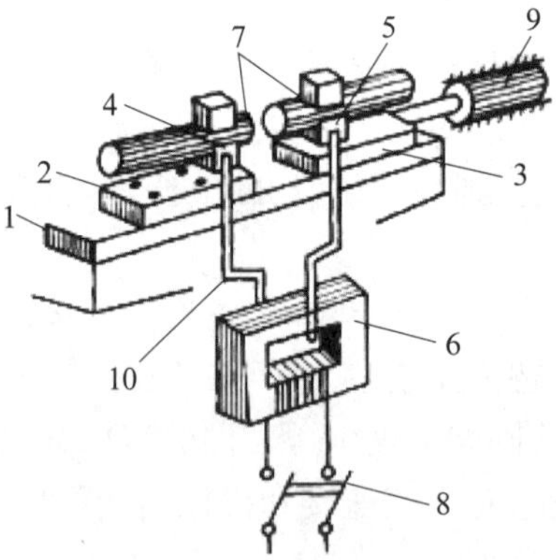

1—机身；2—固定平板；3—滑动平板；4—固定电极；5—活动电极；6—变压器；
7—钢筋；8—开关；9—压力机构；10—变压器次级线圈

图 3－14　对焊机工作原理

3）性能指标

几种常用对焊机的技术性能指标见表 3－7。

表3-7 对焊机的技术性能指标

性能指标	UN1-25	UN1-75	UN1-100
额定容量/(kV·A)	25	75	100
初级电压/V	220/380	220/380	220/380
负载持续率	20%	20%	20%
次级电压调节范围/V	1.75～3.25	3.52～7.04	4.5～7.5
次级电压调节级数	8	8	8
最大送料行程/mm	20	30	40～50
钢筋最大截面/mm^2	300	600	1 000
焊接生产率/(次·h^{-1})	110	75	20～30

4) 注意事项

(1) 对焊机应安置在室内，并应有可靠的接地或接零。

(2) 在钢筋焊接前，应检查并确认对焊机的压力机构灵活，夹具牢固，气压、液压系统无泄漏，一切正常后方可施焊；焊接前，应根据焊接钢筋截面，调整二次电压，不得焊接超过对焊机规定直径的钢筋。

(3) 在焊接较长钢筋时，应设置托架，配合搬运钢筋的操作人员，在焊接时，应防止火花烫伤。

(4) 在冬季施焊时，室内温度不应低于8℃。作业后，应放尽机内冷却水。

2. 钢筋点焊机

钢筋点焊机是用来电焊钢筋网片和骨架的专用设备，点焊是采用电阻焊的方法，使两根交叉放置的钢筋在其接处形成一个牢固的焊接点。点焊机的分类方法很多，按结构形式可分为固定式和悬挂式两种。按点焊压力的传动方式可分为杠杆弹簧式、电动凸轮式、气压式和液压式四种。按点焊机的电极头数可分为单头、双头和多头。现以杠杆弹簧式点焊机为例进行介绍。

1) 构造组成

如图3-15所示为杠杆弹簧式点焊机的外形结构，它主要由点焊变压器、电极臂、杠杆系统、分级转换开关和冷却系统等组成。

2) 工作原理

如图3-16所示为杠杆弹簧式点焊机的工作原理。点焊机的工作原理与对焊机基本相同，点焊时，将表面清理好的平直钢筋叠合在一起放在两个电极之间，踏下脚踏板，使两根钢筋的交点接触紧密，同时，断路器相接触，接通电源使钢筋交接点在短时间内产生大量的电阻热，钢筋很快被加热到熔点而处于熔化状态。放开脚踏板，断路器随杠杆下降切断电流，在压力作用下，熔化的钢筋交接点冷却凝结成焊接点。

3) 性能指标

常用点焊机的主要技术性能指标见表3-8。

4) 注意事项

(1) 作业前，应清除上、下两电极的油污。通电后，机体外壳应无漏电。

(2) 启动前，应先接通控制线路的转向开关和焊接电流的小开关，调整好级数，再接通水源、气源，最后接通电源。

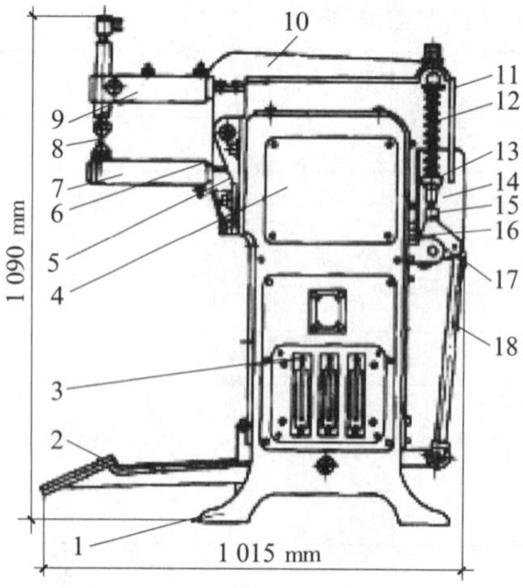

1—基础螺栓;2—踏脚;3—分级开关;4—变压器;5—夹座;6—下夹板;7—下电极臂;8—电极;9—上电极臂;10—压力臂;11—指示板;12—压簧;13—调节螺母;14—开关罩;15—转板;16—滚柱;17—三角形联杆;18—联杆

图 3-15　杠杆弹簧式点焊机外形结构

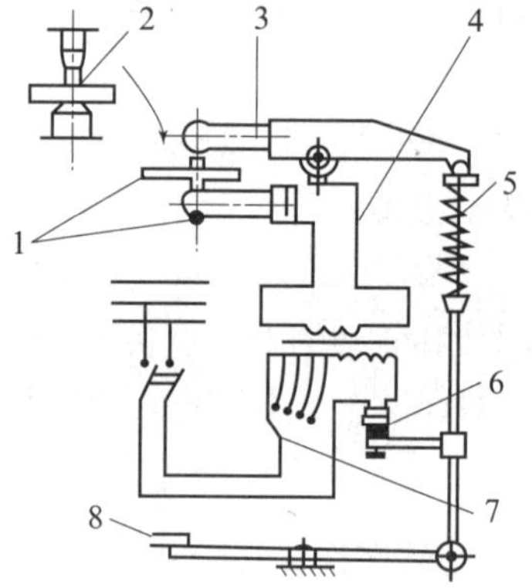

1—电极;2—钢筋;3—电极臂;4—变压器次级线圈;5—弹簧;6—断路器;7—变压器调节级数开关;8—脚踏板

图 3-16　杠杆弹簧式点焊机工作原理示意图

表 3-8　　点焊机的主要技术性能指标

性 能 指 标	DN-25	DN1-75	DN-75
形式	脚踏式	凸轮式	气动式
额定容量/(kV·A)	25	75	75
额定电压/V	220/380	220/380	220/380
初级线圈电流/A	114/66	341/197	—
每小时焊点数	~600	3 000	—
次级电压/V	1.76~3.52	3.52~7.04	8
次级电压调节数	8(9)	8	8
悬臂有效伸长距离/mm	—	—	—
上电极行程/mm	250	350	800
电极间电大压力/N	1 250	1 600(2 100)	1 900

(3) 焊机通电后，应检查电气设备、操作机构、冷却系统、气路系统及机体外壳有无漏电现象。

(4) 作业时，气路、水冷系统应畅通。气体应保持干燥。排水温度不得超过 40 ℃，排水量可根据气温调节。

(5) 当控制箱长期停用时，每月应通电加热 30 min。更换闸流管时应预热 30 min。正常工作的控制箱的预热时间不得小于 5 min。

3. 钢筋电渣压力焊机

钢筋电渣压力焊机是目前兴起的一种钢筋连接新技术，同时具有埋弧焊、电渣焊和压力焊的特点。它主要是和现浇钢筋混凝土结构中竖向或斜向钢筋的连接，一般可焊接直径为 14～40 mm 的钢筋。

1) 工作原理(图 3－17)

钢筋电渣压力焊机利用电源提供的电流，通过上下两根钢筋和端面间引燃的电弧，使电能转化为热能，将电弧周围的焊剂不断熔化，形成渣池，然后将上钢筋端部潜入渣池中，利用电阻热能使钢筋断面熔化并形成有利于保证焊接质量的端面形状。最后，在断电的同时，迅速进行挤压，排除全部熔渣和熔化金属，形成焊接接头。

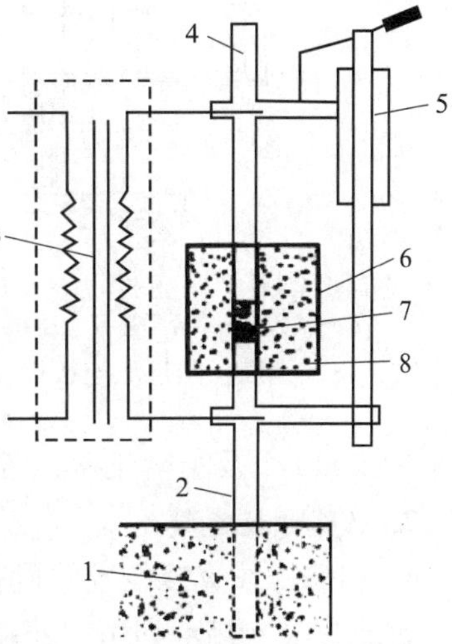

1—混凝土；2，4—钢筋；3—电源；5—夹具；6—焊剂盒；7—铁丝球；8—焊剂

图 3－17　电渣压力焊机工作原理图

2) 分类

钢筋电渣压力焊机按控制方式分可分为手动式、半自动式和自动式，按传动方式分可分为手摇齿轮式和手压杠杆式。它主要由焊接电源、控制系统、夹具和辅件等组成。

3) 注意事项

(1) 焊机操作人员必须经过培训，合格后方可上岗操作。

(2) 操作前应检查焊机各机构是否灵敏、可靠，电气系统是否安全。

(3) 按焊接钢筋的直径选择焊接电流、焊接电压和焊接时间。

(4) 正确安置夹具和钢筋，对接钢筋的两端面应保证平行，与夹具保证垂直，轴线基本保持一致。

(5) 焊接前，应对钢筋端部进行除锈，并将杂物清除干净。

3.4.2　钢筋机械连接设备

1. 钢筋挤压连接

1) 钢筋挤压连接技术的设备及工作原理

钢筋挤压连接是将需要连接的螺纹钢筋插入特制的钢套筒内，利用挤压机压缩钢套管，使之产生塑性变形，靠变形后的钢筋管与钢筋的紧固力来实现钢筋的连接。这种连接方法具有节电节能、节约钢材、不受钢筋可焊性制约、不受季节影响、不用明火、施工简单、工艺性能良好和接头质量可靠度高等特点，适用于各种直径的螺纹钢筋的连接。钢筋挤压连接技术分为径向挤压工艺和轴向挤压工艺，径向挤压连接应用广泛。

钢筋径向挤压连接是利用挤压机将钢套筒沿直径方向挤压变形，使之紧密地咬住钢筋的横肋，实现两根钢筋的连接。径向挤压方式适用于连接直径为 12～40 mm 的钢筋。

如图 3 - 18 所示为钢筋径向挤压连接设备的结构示意图，主要由超高压泵站、挤压钳、平衡器和吊挂小车等组成。

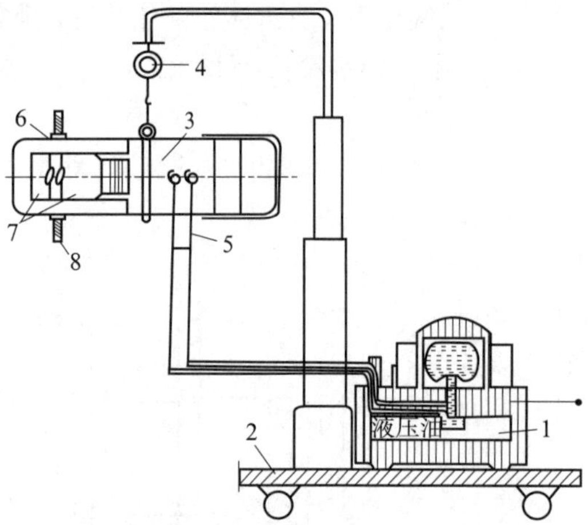

1—超高压泵站；2—吊挂小车；3—挤压钳；4—平衡器；5—软管；6—钢套管；7—压模；8—钢筋

图 3 - 18　钢筋径向挤压连接设备的结构示意图

2）钢筋挤压连接注意事项

(1) 检查挤压设备情况，并进行试压，符合要求后方可作业。

(2) 钢筋端头的锈、泥沙、油污等杂物应清理干净。

(3) 钢筋与套筒应进行试套，如钢筋有马蹄、弯折或纵肋尺寸过大者，应预先矫正或用砂轮打磨；不同直径钢筋的套筒不得串用。

(4) 挤压设备使用超过一年、挤压的机头超过 5 000 个及套筒压痕异常且查不出原因时，应对挤压机的挤压力进行标定。

2. 钢筋螺纹连接

1）钢筋螺纹连接技术的设备及工作原理

钢筋螺纹连接是利用钢筋端部的外螺纹和特制钢套管上的内螺纹连接钢筋的一种机械连接方法。钢筋螺纹连接按螺纹形式有锥螺纹连接和直螺纹连接两种。

锥螺纹连接是利用钢筋端部的外锥螺纹和套筒上的内锥螺纹连接钢筋(图 3 - 19)，具有连接速度快、对中性好、工艺简单、安全可靠、无明火作业、可全天候施工、节约钢材和能源等优点。其中，锥螺纹连接适用于在施工现场连接直径为 16～40 mm 的同径或异径钢筋，连接钢筋直径之差不超过 9 mm。

直螺纹连接是利用钢筋端部的外直螺纹和套筒上的内直螺纹来连接钢筋(图 3 - 20)。直螺纹连接是钢筋等强度连接的新技术，这种方法不仅接头强度高，而且施工操作简便，质量稳定可靠。直螺纹连接适用于 20～40 mm 的同径、异径、不能转动或位置不能移动钢筋的连接。直螺纹连接有镦粗的直螺纹连接工艺和滚压直螺纹连接工艺。

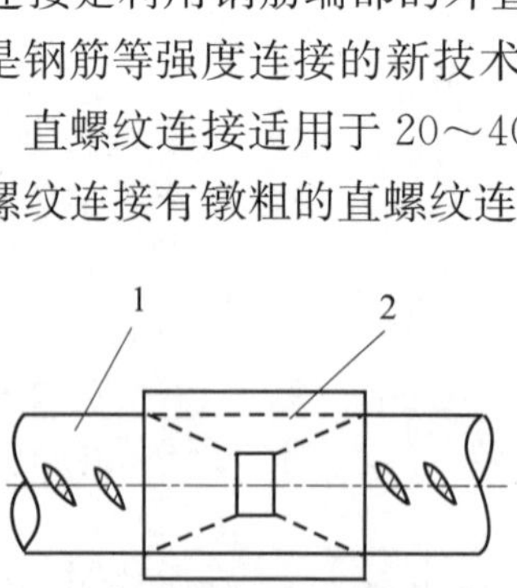

1—钢筋；2—套管

图 3 - 19　钢筋锥螺纹连接

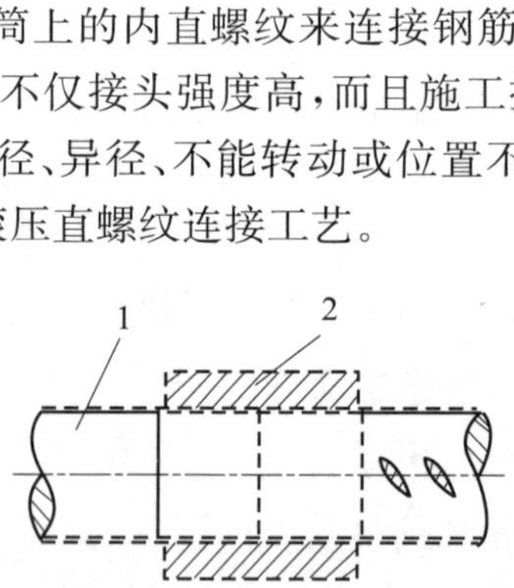

1—钢筋；2—套管

图 3 - 20　钢筋直螺纹连接

锥螺纹连接采用的设备和工具主要有钢筋套丝机、量具、力矩扳手和砂轮锯等。如图 3 - 21 所示是钢筋套丝机的结构示意图。钢筋套丝机由夹紧机构、切削头、退刀机构、减速器、冷却泵和机体等组成。

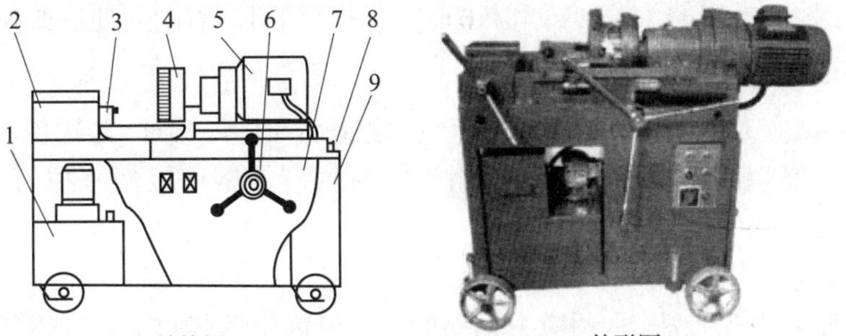

(a) 结构图　　(b) 外形图

1—冷却泵；2—尾架；3—夹紧机构；4—切削头；5—减速箱；6—进给手柄；7—机体；8—退刀机构；9—电气箱

图 3-21　钢筋套丝机结构示意图

镦粗直螺纹连接所用的设备和工具主要有镦粗直螺纹套丝机、量具、管钳和力矩扳手等。

滚压直螺纹连接所用的设备和工具主要有滚压直螺纹套丝机、量具、力矩扳手等。如图 3-22 所示是剥肋钢筋滚压直螺纹成型机示意图，主要有台钳、剥肋机构、滚丝头、减速机和机座等组成。其工作原理是：钢筋夹持在台钳上，扳动进给手柄，减速机向前移动，剥肋机构对钢筋进剥肋，到调定长度后，通过涨刀触头使剥肋机构停止剥肋，减速机继续向前进给，涨刀触头缩回，滚丝头开始滚压螺纹，滚到设定长度后，行程挡块与限位开关接触断电，设备自动停机并延时反转，将钢筋退出滚丝头，扳动进给手柄后退，通过收刀触头收刀复位，减速机退到极限位置后停机，松开台钳、取出钢筋，完成螺纹加工。

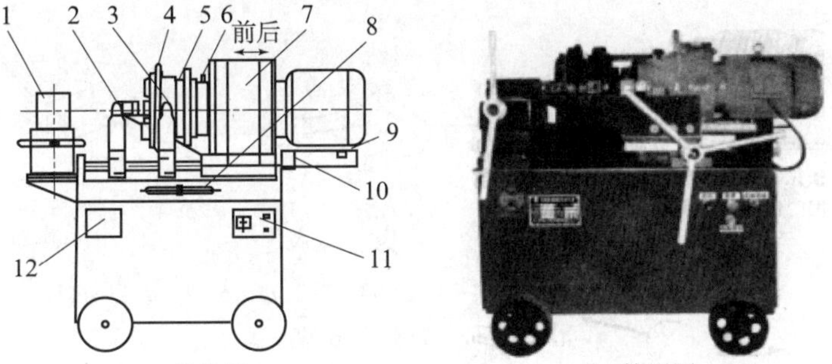

(a) 结构图　　(b) 外形图

1—台钳；2—涨刀触头；3—收刀触头；4—剥肋机构；5—滚丝头；6—卡盘；7—减速机；
8—进给手柄；9—限位开关；10—行程挡块；11—电气控制板；12—观察孔

图 3-22　剥肋钢筋滚压直螺纹成型机

2）注意事项

(1) 在加工前，电器箱上的正反开关置于规定位置。加工标准螺纹开关置于“标准螺纹”的位置，加工左旋螺纹开关置于“左旋螺纹”位置。

(2) 钢筋端头弯曲时，应调直或切去后才能加工，严禁用气割下料。

(3) 整机应设有防雨篷，防止雨水进入设备。

(4) 停止加工后，应关闭所有电源开关并切断电源。

3.5　预应力张拉机械

预应力张拉机械是对预应力混凝土构件中钢筋施加张拉力的专用设备，分为液压式、机械式和电热式三种。常用的为液压式和机械式,张拉钢筋时,需配套使用张拉锚具和夹具。

3.5.1 预应力张拉锚具和夹具

它们是锚固预应力钢筋和钢束的工具,锚具是锚固在构件端部,与构件一起共同承受拉力,不再取下的钢筋端部紧固件。夹具是用于夹持预应力钢筋以便张拉,预应力构件制成后,取下来再重复使用的钢筋端部紧固件。

1. 夹具的种类

夹具种类繁多,在先张法中,预应力钢筋的夹具分为钢丝张拉夹具和钢筋张拉夹具。

1)钢丝夹具

钢丝张拉夹具分两类:一类是将预应力钢丝锚固在台座或钢模上的锚固夹具;另一类是张拉时夹持预应力钢丝用的夹具。如图 3-23 所示是常用的钢丝锚固夹具,如图 3-24 所示是常用的钢丝张拉夹具。

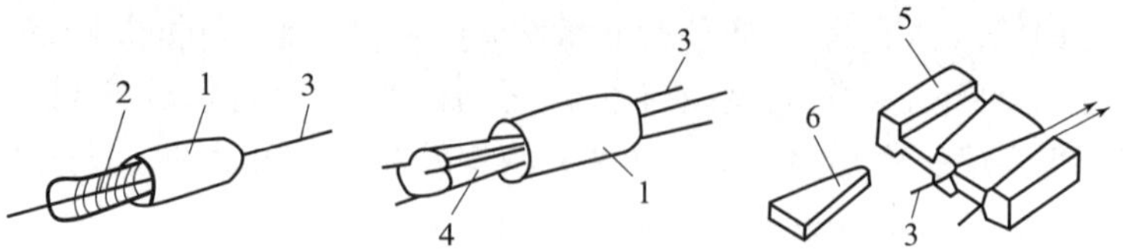

(a) 圆锥齿板式　(b) 圆锥槽式　(c) 楔形

1—套筒;2—齿板;3—钢丝;4—锥塞;5—锚板;6—楔块

图 3-23　钢丝锚固夹具

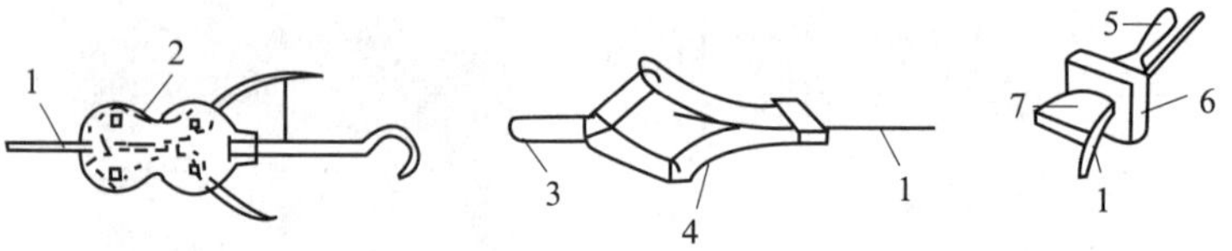

(a) 钳式　(b) 偏心式　(c) 楔形

1—钢丝;2—钳齿;3—拉钩;4—偏心齿条;5—拉环;6—锚板;7—楔块

图 3-24　钢丝张拉夹具

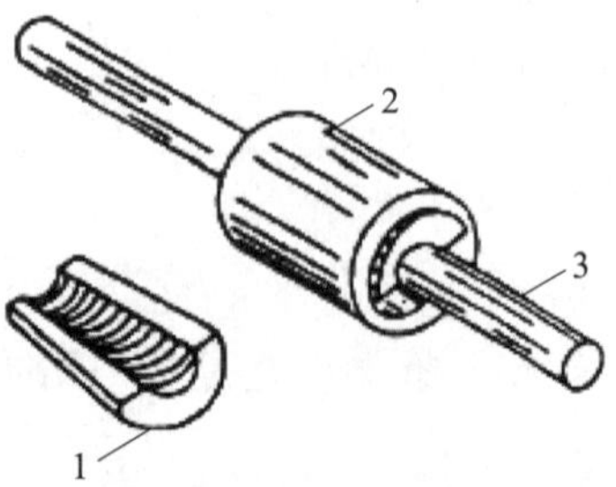

1—销片;2—套筒;3—预应力钢筋

图 3-25　两片式销片夹具

2)钢筋夹具

钢筋锚固多用螺丝端杆锚具、镦头锚具和销片夹具,如图 3-25 所示。张拉时可用连接器与螺丝端杆锚具连接,或用销片夹具等。

2. 锚具的种类

锚具的种类繁多,不同类型的预应力钢筋所配用的锚具不同,常用的锚具有以下几种。

1)螺丝端杆锚具

螺丝端杆锚具适用于直径为 18~36 mm 的钢筋,如图 3-26 所示。螺丝端杆与预应力钢筋用对焊连接,焊接应在预应力钢筋冷却前进行。

2)帮条锚具

帮条锚具由帮条和衬板组成,如图 3-27 所示。

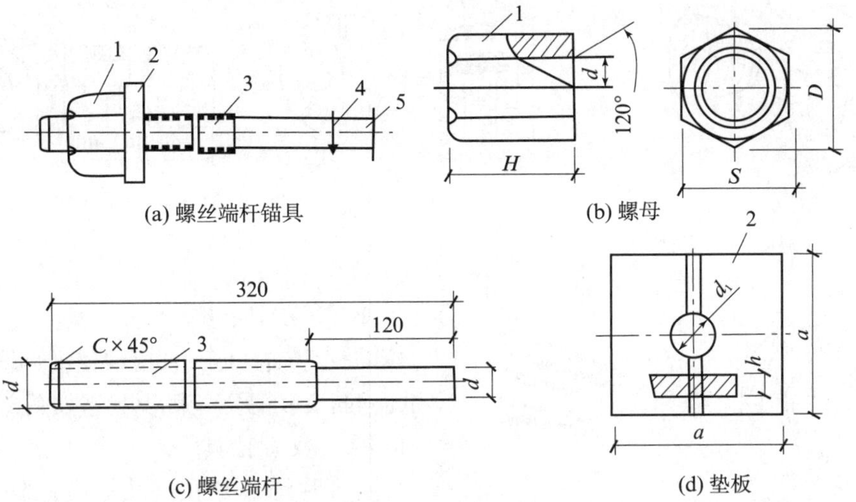

1—螺母；2—垫板；3—螺丝端杆；4—对焊接头；5—预应力钢筋

图 3-26　螺丝端杆锚具(单位：mm)

3）镦头锚具

用于单根粗钢筋的镦头锚具，一般直接在预应力筋端热镦、冷镦或锻打成型。镦头锚具也适用于锚固任意根数的钢丝束，如图 3-28 所示。

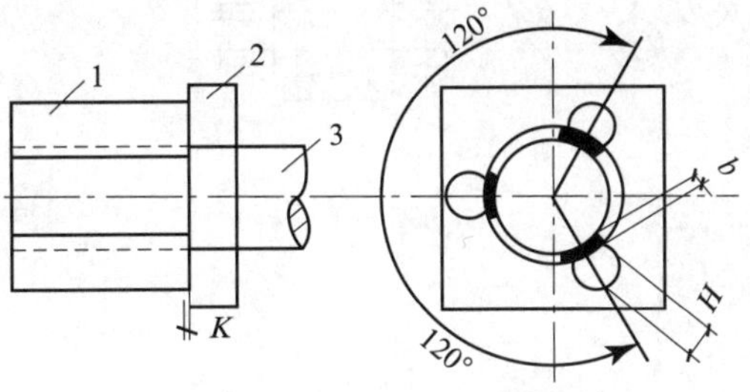

1—帮条；2—衬板；3—螺丝端杆

图 3-27　帮条锚具

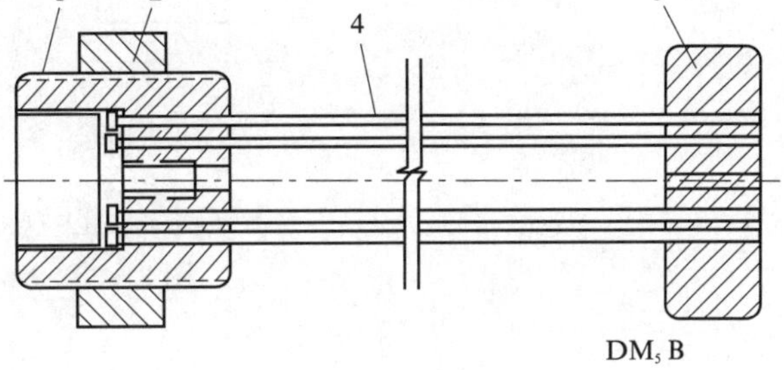

1—锚环；2—螺母；3—锚板；4—钢丝束

图 3-28　钢丝束镦头锚具

4）锥形螺杆锚具

用于锚固 14～28 根直径为 50 mm 的钢丝束。锥形螺杆锚具由锥形螺杆、套筒和螺母等组成，如图 3-29 所示。

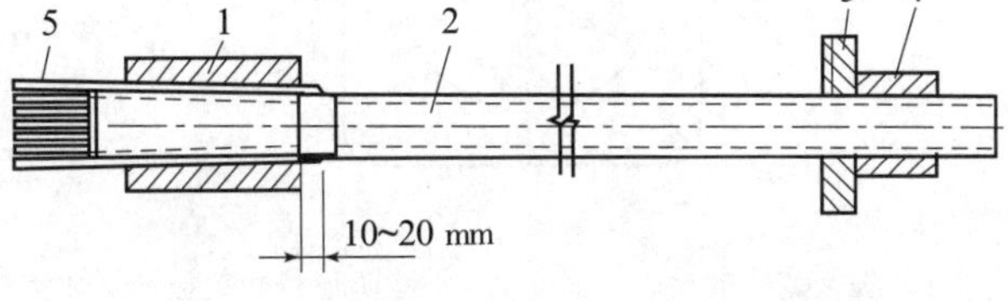

1—套筒；2—锥形螺杆；3—垫板；4—螺母；5—钢丝束

图 3-29　锥形螺杆锚具

5）钢质锥形锚具

钢质锥形锚具由锚环和锚塞组成，用于锚固以锥锚式双作用千斤顶张拉的钢丝束，如图 3-30 所示。

6）JM 型锚具

JM 型锚具由锚环和夹片组成，用于锚固钢筋束和钢绞丝束，如图 3-31 所示。

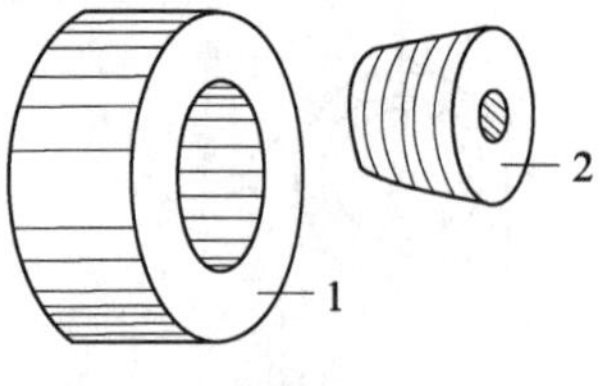

1—锚环;2—锚塞

图 3-30 钢质锥形锚具

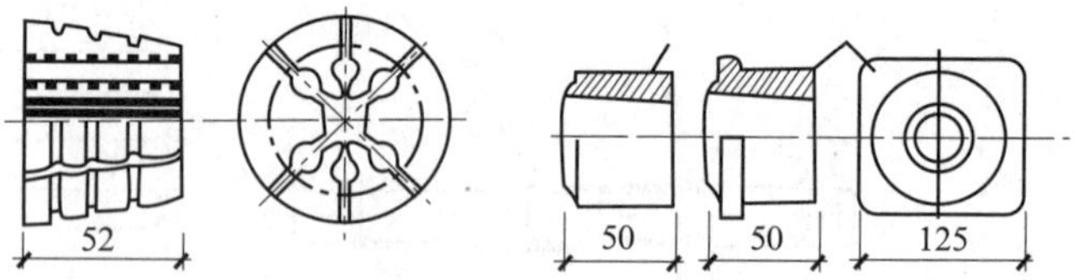

图 3-31 JM12-6 型锚具(单位: mm)

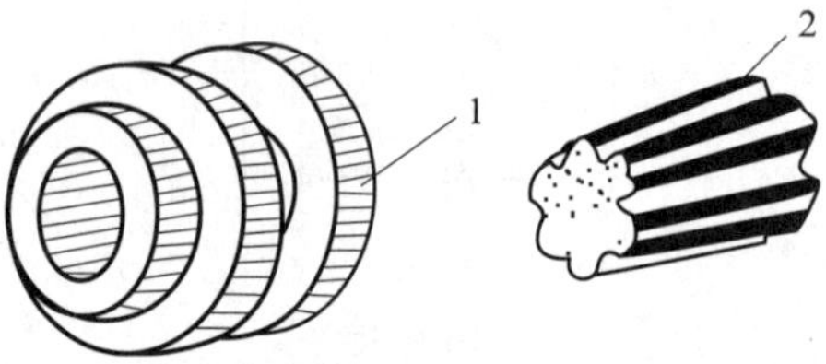

1—锚环;2—锚塞

图 3-32 KT-Z 型锚具

7) KT-Z 型锚具

KT-Z 型锚具是一种可锻铸锥形锚具,主要用于锚固钢筋束和钢绞线束,其构造如图 3-32 所示。

8) 多孔夹片锚具

多孔夹片锚具是在一块多孔的锚板上,利用每个锥形孔装一副夹片夹持一根钢绞线和一种楔紧式锚具,主要类型有 XM 型锚具、QM 型锚具,如图 3-33、图 3-34 所示。

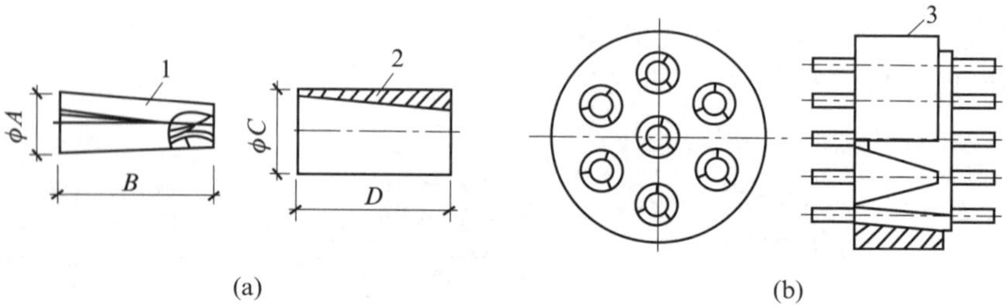

1—夹片;2—锚环;3—锚板

图 3-33 XM 型锚具

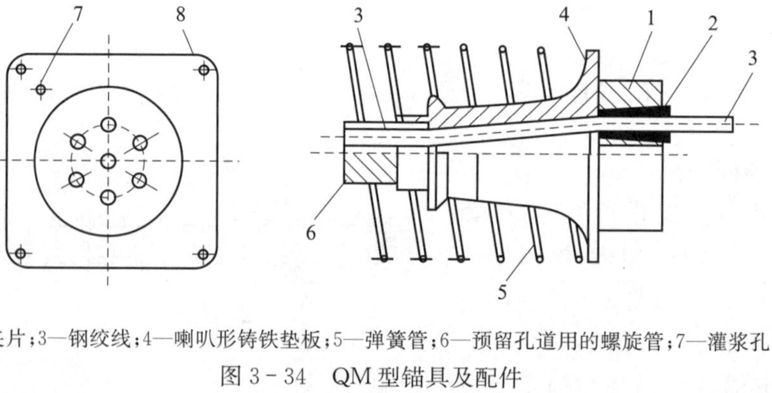

1—锚板;2—夹片;3—钢绞线;4—喇叭形铸铁垫板;5—弹簧管;6—预留孔道用的螺旋管;7—灌浆孔;8—锚垫板

图 3-34 QM 型锚具及配件

3.5.2 预应力张拉机

1. 液压式张拉机

先张法张拉预应力粗钢筋和后张法张拉预应力钢筋时,用液压式张拉机张拉。液压式张拉机由千斤顶、高压油泵、油管和各种附件等组成,其工作原理如图 3-35 所示。

1）液压千斤顶

液压千斤顶是液压张拉机的主要设备。按工作特点分为单作用、双作用和三作用三种类型；按构造特点分为台座式、拉杆式、穿心式和锥锚式四种类型。

（1）台座式千斤顶。台座式千斤顶是一种普通油压千斤顶，与台座、横梁或张拉架等装置配合才能进行张拉工作，主要用于粗钢筋的张拉，如图 3－36 所示。

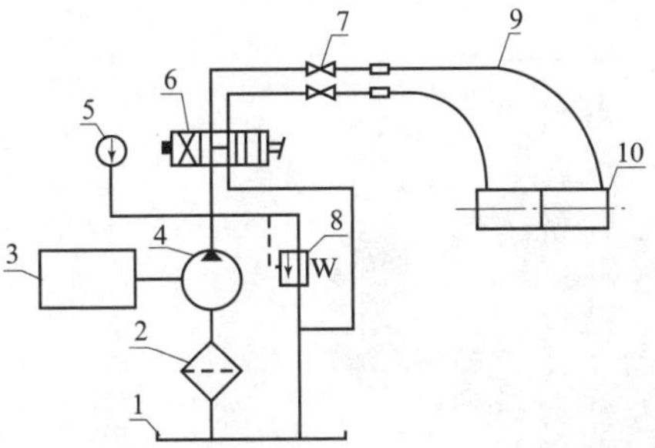

1—油箱；2—滤油器；3—电动机；4—油泵；5—油压表；6—换向阀；7—截止阀；8—溢流阀；9—高压软管；10—千斤顶

图 3－35　液压式张拉机工作原理

图 3－36　台座式千斤顶

（2）拉杆式千斤顶。拉杆式千斤顶是以活塞杆为拉杆的单作用液压张拉千斤顶，适用于张拉带有螺纹端杆的粗钢筋，YL60 型拉杆式液压千斤顶如图 3－37 所示。

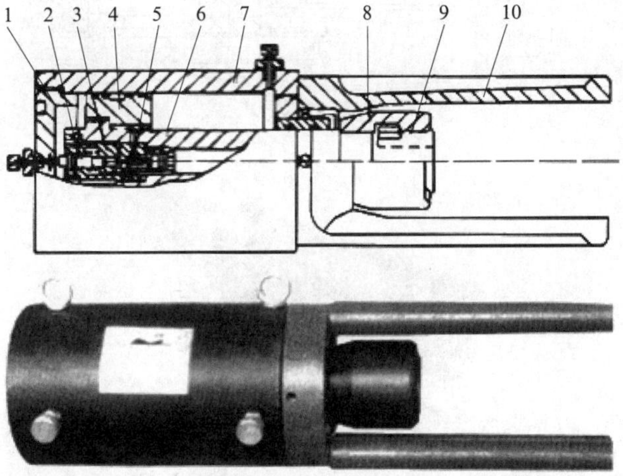

1—端盖；2—差动阀活塞杆；3—阀体；4—活塞；5—锥阀；6—拉杆；7—液压缸；8—连接头；9—张拉头；10—撑套

图 3－37　YL60 型拉杆式液压千斤顶

（3）穿心式千斤顶。穿心式千斤顶的构造特点是沿千斤顶轴线有一穿心孔道供穿入钢筋用，可张卡钢筋束或单根钢筋，YC 型穿心式液压千斤顶如图 3－38 所示，它是一种通用性强、应用较广的张拉设备。

（4）锥锚式千斤顶。锥锚式千斤顶是双作用的千斤顶，用于张拉钢筋束，TD 型锥锚式液压千斤顶如图 3－39 所示。

2）高压油泵

高压油泵是液压张拉机的动力装置，根据需要，供给液压千斤顶用高压油，有手动和电动两

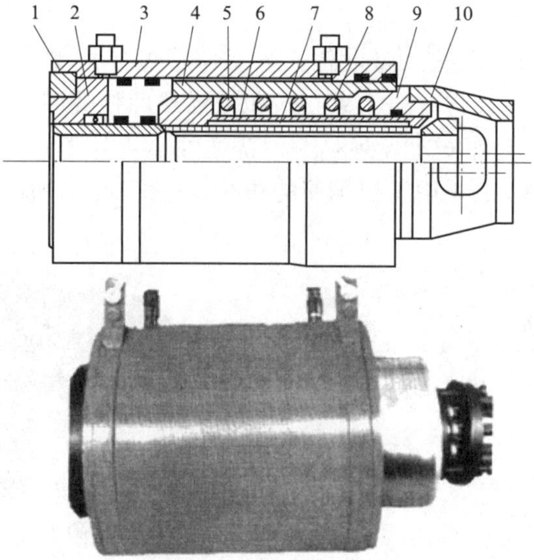

1—螺母;2—堵头;3,5—液压缸;4—弹簧;6—活塞;7—穿心套;8—保护套;9—连接套;10—撑套

图 3-38　YC 型穿心式液压千斤顶

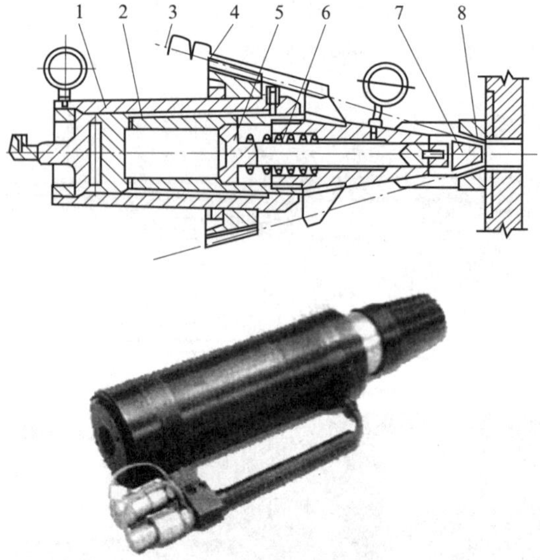

1—张拉缸;2—顶压缸;3—钢丝;4—楔块;5—活塞杆;6—弹簧;7—对中套;8—锚塞

图 3-39　TD 型锥锚式液压千斤顶

种形式。电动油泵又分为轴向式和径向式两种。如图 3-40 所示是电动油泵外形结构示意图。

2. 机械式张拉机

先张法张拉预应力钢丝时,主要使用机械式张拉机,机械式张拉机分为手动式和电动式。常用的电动张拉机又分为千斤顶测力卷扬机式和弹簧测力螺杆式,如图 3-41 所示是千斤顶测力卷扬机式电动张拉机的机构示意图。工作原理是:顶杆顶在台座横梁上,钢筋端头夹紧在夹具中,开动电动机,钢丝绳带动千斤顶向右移动,千斤顶和夹具连在一起,钢筋被张拉。张拉力的大小由压力表示,达到规定拉力时,将钢筋用锚具锚固在台座上。

1—油箱；2—换向阀；3—节流阀；4—控制阀；5—压力表；6—电动机

图 3－40　电动油泵外形结构图

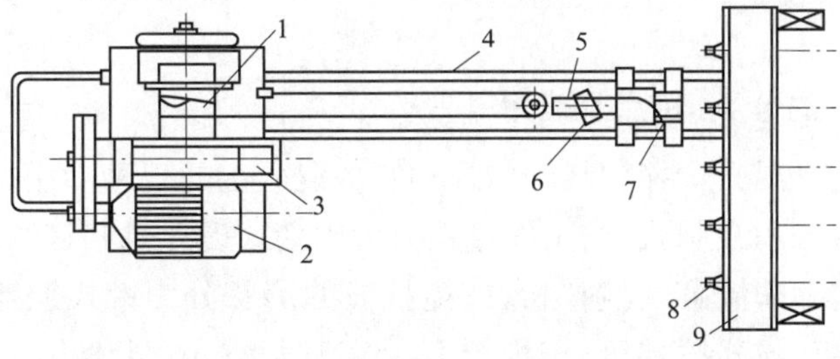

1—卷筒；2—电动机；3—变速器；4—顶杆；5—千斤顶；6—压力表；7—表具；8—锚具；9—台座

图 3－41　千斤顶测力卷扬机式电动张拉机

3. 注意事项

(1) 液压千斤顶不允许在超载和超行程范围中使用。

(2) 油泵宜采用 10 号或 20 号机械油，在加入油箱前，油液应过滤。油箱应定期清洗，油箱内一般保持 85%左右的油位，添加油的标号应与存油相同。

(3) 油泵不宜在超负荷下工作，安全阀必须按设备额定油压调整，严禁任意调整。

(4) 机械式张拉机开机前，应对设备的传动机构和电气系统进行检查，试运行后方可作业。

(5) 检查测力装置和行程开关是否灵敏。

(6) 张拉设备的张拉力不小于预应力钢筋张拉力的 1.5 倍，张拉行程不小于预应力钢筋张拉伸长值的 1.1～1.3 倍。

(7) 张拉时设备两侧及夹具、锚具后面严禁站人。

习　题

1. 钢筋冷拉方法有哪几种？试述钢筋冷加工原理。
2. 钢筋冷拉机有哪几种类型？各适合于何种场合？
3. 钢筋调直切断机、钢筋弯曲机的使用注意事项有哪些？
4. 以钢筋弯曲 180°为例说明钢筋弯曲机的工作过程。
5. 简述钢筋点焊机、对焊机的工作原理。它们分别适于何种场合？
6. 液压千斤顶包括哪几种类型？各自适于何种场合？
7. 简述钢筋挤压连接、钢筋螺纹连接的使用注意事项。

第4章 混凝土机械

教学目标：了解混凝土机械的类型和工作原理；掌握混凝土搅拌机、混凝土振荡器的构造、类型和特点；熟悉混凝土搅拌机和混凝土振荡器的使用场合、安全操作规程及合理选用。

能力要求：能够在混凝土施工过程中正确选择、使用和管理混凝土搅拌机及混凝土振荡器。

4.1 混凝土搅拌机械

4.1.1 混凝土搅拌机的分类、特点及应用

混凝土搅拌机是将混凝土拌和料均匀拌和制备混凝土的一种专用机械。混凝土搅拌机按工作原理分为自落式和强制式；按工作过程分为周期式搅拌机和连续式搅拌机；按卸料方式分为倾翻式搅拌机和非倾翻式搅拌机；按搅拌筒的形状分为锥式搅拌机、盘式搅拌机、梨式搅拌机、槽式搅拌机、鼓式搅拌机；按搅拌容量分为大型、中型和小型；按搅拌轴的位置分为立轴式搅拌机和卧轴式搅拌机。

混凝土搅拌机型号的表示方法见表4-1。

表4-1 混凝土搅拌机型号的表示方法

类型		特性	代号	代号含义	主参数
混凝土搅拌机 J(搅)	强制式 Q(强)	强制式搅拌机	JQ	强制式搅拌机	出料容量/L
		单卧轴式(D)	JD	单卧轴强制式搅拌机	
		单卧轴液压式(Y)	JDY	单卧轴液压强制式搅拌机	
		双卧轴式(S)	JS	双卧轴强制式搅拌机	
		立轴涡浆式(W)	JW	立轴涡浆强制式搅拌机	
		立轴行星式(X)	JX	立轴行星强制式搅拌机	
	锥形反转出料式 Z(锥)	反转出料	JZ	锥形反转出料式搅拌机	
		齿圈(C)	JZC	齿圈锥形反转出料式搅拌机	
		摩擦(M)	JZM	摩擦锥形反转出料式搅拌机	
	锥形倾翻出料式 F(翻)	倾翻出料	JF	锥形倾翻出料式搅拌机	
		齿圈(C)	JFC	齿圈锥形倾翻出料式搅拌机	
		摩擦(M)	JFM	摩擦锥形倾翻出料式搅拌机	

混凝土搅拌机的型号由搅拌机形式、特性和主参数等组成，其详细内容如图4-1所示。

J □ □ △ □

- 更新代号：A,B,C,…
- 主参数：搅拌筒的出料容量(L)
- 内燃机驱动特性代号(电动机驱动代号省略)
- 型代号：Z— 锥形反转出料；F— 锥形倾翻出料；X— 行星式；D— 单卧轴；S— 双卧轴；W— 涡浆式
- 类代号：搅拌机

图 4－1　搅拌机型号表示

JZ200 型搅拌机——表示出料容量 200 L，电动机驱动的锥形反转出料式搅拌机。

4.1.2　混凝土搅拌机的构造组成

1. 锥形反转出料式混凝土搅拌机

锥形反转出料式混凝土搅拌机是目前使用较多的一种，主要型号有 JZY150，JZC200，JZM200，JZY200，JZC350，JZM350，JZY350，JZ350，JZ750。

JZ 系列的搅拌机结构基本相同，多采用齿轮传动的 JZC 型，动力经减速后带动搅拌筒上的大齿圈旋转。

如图 4－2 所示为 JZ350 型锥形反转出料式混凝土搅拌机，该机进料容量为 560 L，额定出料容量为 350 L，主要由动力装置、传动装置、上料机构、搅拌系统、供水系统、底盘和电气控制系统等组成。

1—牵引架；2—前支轮；3—上料架；4—底盘；5—料斗；6—中间料车；7—锥形搅拌筒；8—电器箱；9—支腿；10—行走轮；11—搅拌动力和传动机构；12—供水系统；13—卷扬系统

图 4－2　JZ350 型锥形反转出料式混凝土搅拌机

2. 锥形倾翻出料式搅拌机

锥形倾翻出料式搅拌机为自落式，搅拌筒为锥形，进料出料在同一口。搅拌时，搅拌筒轴线具有约 15°倾角；出料时，搅拌筒向下旋转俯角 50°～60°，将拌和料卸出。这种搅拌机卸料快，搅拌筒容积利用系数大，能搅拌大骨料的混凝土，适用于搅拌楼。现已批量生产的有 JF750，JF1000，JF1500，JF3000 等型号，各型号结构相似，现以 JF1000 型为例，其构造如图 4－3 所示。

3. 立轴强制式混凝土搅拌机

这种搅拌机靠安装在搅拌筒中央带有搅拌叶片和刮铲的立轴在旋转时将混凝土物料挤压、翻转和抛掷等复合动作进行强制搅拌。立轴强制式搅拌机有涡浆式和行星式两种。

如图 4－4 所示为 JW250 型移动涡浆强制式混凝土搅拌机的外形构造，进料容量为 375 L，

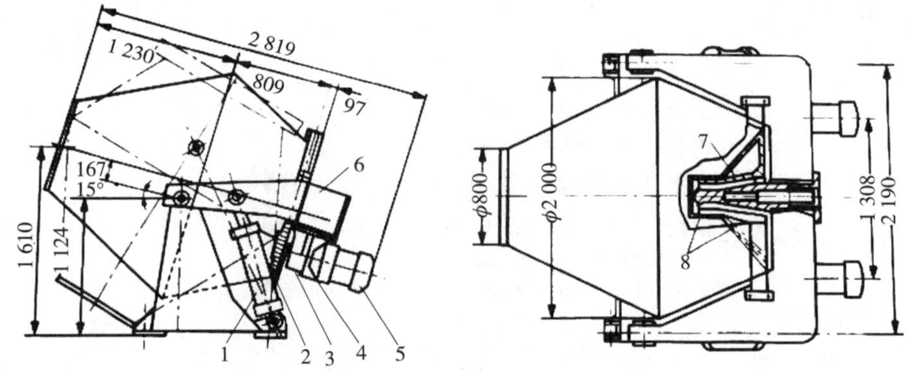

1—倾翻汽缸;2—大齿圈;3—小齿轮;4—行星摆线针轮减速机;
5—电动机;6—倾翻机架;7—锥形轴;8—单列圆锥滚子轴承

图 4-3 JF1000 型混凝土搅拌机外形图(单位:mm)

出料容量为 250 L。该机主要由搅拌机构、传动机构、进出料机构和供水系统等组成。

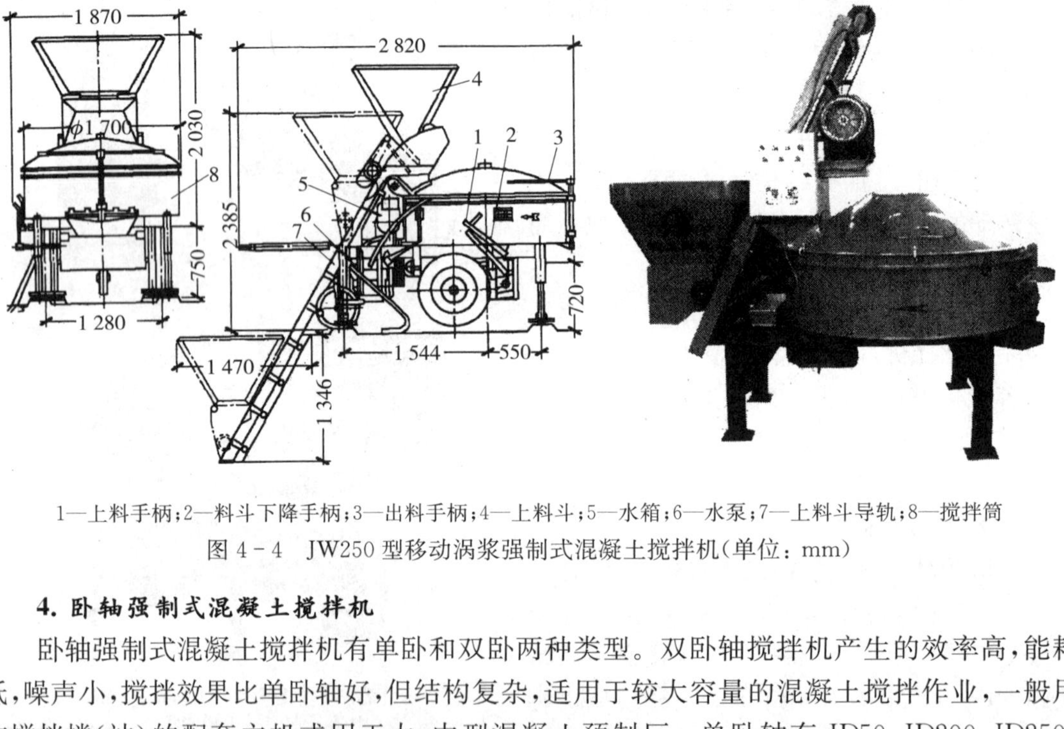

1—上料手柄;2—料斗下降手柄;3—出料手柄;4—上料斗;5—水箱;6—水泵;7—上料斗导轨;8—搅拌筒

图 4-4 JW250 型移动涡浆强制式混凝土搅拌机(单位:mm)

4. 卧轴强制式混凝土搅拌机

卧轴强制式混凝土搅拌机有单卧和双卧两种类型。双卧轴搅拌机产生的效率高,能耗低,噪声小,搅拌效果比单卧轴好,但结构复杂,适用于较大容量的混凝土搅拌作业,一般用作搅拌楼(站)的配套主机或用于大、中型混凝土预制厂。单卧轴有 JD50,JD200,JD250,JD300,JD350 等规格型号,双卧轴有 JS350,JS500,JS1000,JS1500 等规格型号。

如图 4-5 所示为 JS500 型双卧轴强制式混凝土搅拌机。该机主要由搅拌机构、上料机构、传动机构、卸料装置等组成。

4.1.3 混凝土搅拌机的工作原理

如图 4-6(a)所示,自落式搅拌机的主要工作装置为一个拌筒,其内壁沿圆周设置有若干搅拌叶片。工作时,拌筒绕其轴线回转,靠叶片对物料进行分割、提升,物料又在重力作用下洒落、冲击,从而使各部分物料的相互位置不断地重新分布,以此进行搅拌。

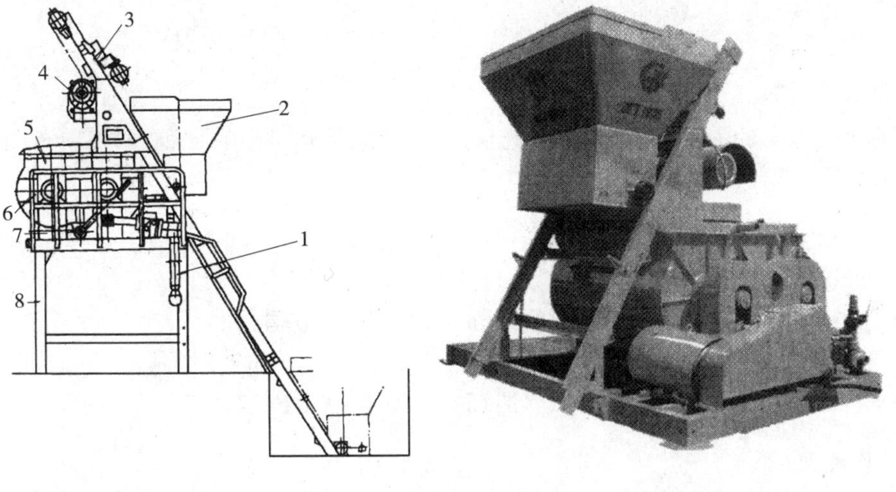

1—供水系统；2—上料斗；3—上料架；4—卷扬装置；5—搅拌筒；6—搅拌装置；7—卸料门；8—机架

图 4－5　JS500 型双卧轴强制式混凝土搅拌机

如图 4－6(b)所示，强制式搅拌机的工作装置主要由垂直在拌筒内的转轴及轴上安装的若干搅拌叶片组成。工作时，转轴带动叶片转动，叶片对物料进行强制剪切、推压、翻滚和抛出等作用，使物料在剧烈的相对运动中得到均匀搅拌。

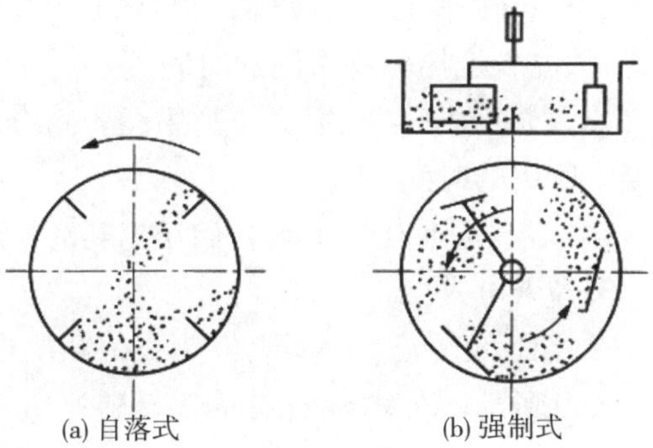

(a) 自落式　　(b) 强制式

图 4－6　混凝土搅拌机工作原理图

4.1.4　混凝土搅拌机的技术参数

周期式混凝土搅拌机的主要技术参数为额定容量、工作时间和搅拌转速。

1. 额定容量

(1) 进料容量 V_1(又称装料容量)，是指装进搅拌筒未经搅拌的干料体积。

(2) 出料容量 V_2(又称公称容量)，是指一罐次混凝土出料后经捣实的体积。出料容量是搅拌机的主要性能指标，它决定着搅拌机的生产率，是选用搅拌机的重要依据。国家标准规定以其出料容量 L($1\ \mathrm{L}=10^{-3}\ \mathrm{m}^3$)为搅拌机的主参数并系列化，其系列见表 4－2。

表 4－2　混凝土搅拌机主参数(公称容量)系列　　单位：L

公 称 容 量
50,100,150,200,250,350,500,750,1 000,1 250
1 500,2 000,2 500,3 000,3 500,4 000,4 500,6 000

(3) 各种容量之间的关系。

① 搅拌筒的几何容积 V_0(指搅拌筒能容纳配合料的体积)和进料容量 V_1 的关系：

$$\frac{V_0}{V_1}=2\sim 4$$

② 出料容量 V_2 和进料容量 V_1 的关系：

$$\varphi=\frac{V_2}{V_1}=0.65\sim0.7 \qquad 即\ V_2=(0.65\sim0.7)V_1$$

式中，φ 为出料系数。

③ 拌和后卸出的混凝土拌和物体积和捣实后混凝土体积的比值，称为压缩系数，它和混凝土的性质有关。

对于干硬性混凝土：$\varphi_2=\frac{V_2}{V_3}$，$\varphi_2$ 的取值在 1.26～1.45 范围内。

对于塑性混凝土：$\varphi_2'=\frac{V_2}{V_3}$，$\varphi_2'$的取值在 1.11～1.25 范围内。

对于软性混凝土：$\varphi_2''=\frac{V_2}{V_3}$，$\varphi_2''$的取值在 1.04～1.10 范围内。

2. 工作时间

工作时间可分为上料时间、出料时间、搅拌时间和工作周期 4 种，以 s 为单位。

(1) 上料时间：从料斗提升开始到料斗内混合干料全部卸入搅拌筒的时间。

(2) 出料时间：从搅拌筒内卸出的不少于搅拌筒公称容量的 90%(自落式)或 93%(强制式)的混凝土拌和物所用的时间。

(3) 搅拌时间：从混合干料中粗骨料全部投入搅拌筒开始，到搅拌机混合料搅拌成匀质混凝土所用的时间。

(4) 工作周期：从上料开始至出料完毕一罐次作业所用的时间。

3. 搅拌转速

搅拌筒的转度为 n，单位为 r/min。自落式搅拌机搅拌筒旋转转速值一般为 14～33 r/min；强制式搅拌机搅拌筒旋转转速值一般为 28～36 r/min。

4. 各类混凝土搅拌机的基本参数

各类混凝土搅拌机基本参数如表 4-3—表 4-6 所示。

表 4-3　锥形反转出料式搅拌机基本参数

基本参数	型号					
	JZ150	JZ200	JZ250	JZ350	JZ500	JZ750
出料容量/L	150	200	250	350	500	750
进料容量/L	240	320	400	560	800	1 200
搅拌额定功率/kW	3	4	4	5.5	10	15
每小时工作循环次数≥	30	30	30	30	30	30
骨料最大粒径/mm	60	60	60	60	60	60

表 4-4　锥形倾翻出料式搅拌机基本参数

基本参数	型号				
	JF50	JF100	JF150	JF250	JF350
出料容量/L	50	100	150	250	350
进料容量/L	80	160	240	400	560
搅拌额定功率/kW	1.5	2.2	3	4	5.5
每小时工作循环次数≥	30	30	30	30	30
骨料最大粒径/mm	40	60	60	60	80

表 4-5　　立轴涡浆式搅拌机基本参数

基本参数	型号				
	JW50 JX50	JW100 JX100	JW150 JX150	JW200 JX200	JW250 JW250
出料容量/L	50	100	150	200	250
进料容量/L	80	160	240	320	400
搅拌额定功率/kW	4	7.5	10	13	15
每小时工作循环次数≥	50	50	50	50	50
骨料最大粒径/mm	40	40	40	40	40

表 4-6　　单卧轴、双卧轴式搅拌机基本参数

基本参数	型号					
	JD50	JD100	JD150	JD200	JD250	JD350
出料容量/L	50	100	150	200	250	350
进料容量/L	80	150	240	320	400	560
搅拌额定功率/kW	2.2	4	5.5	7.5	10	15
每小时工作循环次数≥	50	50	50	50	50	50
骨料最大粒径/mm	40	40	40	40	40	40

4.1.5　混凝土搅拌机的生产率计算

搅拌机生产率的高低，取决于每拌制一罐混凝土所需要的时间和每罐的出料体积，其计算公式为

$$Q=\frac{3\,600VK_1}{t_1+t_2+t_3}$$

式中　Q——搅拌机的生产率(m^3/h)；

V——搅拌机的额定出料容量(m^3)；

t_1——每次上料时间(s)，使用上料进料时，一般为 8～15 s；通过漏斗或链斗提升机上料时，可取 15～26 s；

t_2——每次搅拌时间(s)，随混凝土坍落度和搅拌机容量大小而异，可根据实测确定，或参考表 4-7；

t_3——每次出料时间(s)，倾翻出料时间一般为 10～15 s，非倾翻出料时间为 40～50 s；

K_1——时间利用系数，根据施工组织而定，一般为 0.9。

表 4-7　　拌和物在自落式搅拌机中延续的最短时间

出料容量/m^3	坍落度≤60 mm	坍落度>60 mm
≤0.25	60 s	45 s
0.75	120 s	90 s
1.50	150 s	120 s

4.1.6 混凝土搅拌机的合理选用

1. 按工程量和工期要求选择

当混凝土工程量大且工期长时,宜选用中型或大型固定式混凝土搅拌机群或搅拌站;当混凝土工程量小且工期短时,宜选用中小型移动式搅拌机。

2. 按设计的混凝土种类选择

若搅拌混凝土为塑性半塑式时,宜选用自落式搅拌机;如搅拌混凝土为高强度、干硬性或为轻质混凝土时,宜选用强制式搅拌机。

3. 按混凝土的组成特性和稠度方面选择

如搅拌混凝土稠度小且骨料粒度大时,宜选用容量较大的自落式搅拌机;如搅拌稠度大且骨料粒度大的混凝土时,宜选用搅拌筒转速较快的自落式搅拌机;如稠度大而骨料粒度小时,宜选用强制式搅拌机或中、小容量的锥形反转出料式搅拌机。

4.1.7 混凝土搅拌机的使用注意事项

(1) 新机使用前应按照使用说明书的要求,对各系统和部件进行检验和试运行,达到要求方可使用。当料斗放到最低位置时,在料斗与地面之间应加一层缓冲垫木。

(2) 接线前检查电源电压,电压升、降幅度不得超过搅拌机电气设备规定的5%。

(3) 作业前应先进行空载试运转,观察搅拌筒或叶片旋转方向是否与箭头所示方向一致。

(4) 拌筒或叶片运转正常后,进行料斗提升试验,观察离合器、制动器是否灵活可靠。

(5) 每次加入的拌和料,不得超过搅拌机规定值的10%。减少粘罐,加料的次序应为粗骨料→水泥→砂子,或砂子→水泥→粗骨料。料斗提升时,严禁任何人在料斗下停留或通过。如必须在料斗下检查时,应将料斗提升后,用铁链锁住。

(6) 作业中不得进行检修、调整和加油,并勿使砂、石等物料落入机器的传动机构内。

(7) 搅拌过程中不宜停车,如因故必须停车,在再次启动前应卸出荷载,不得带载启动。

(8) 以内燃机为动力的搅拌机,在停机前先脱离离合器,停机后仍应合上离合器。

(9) 如遇冰冻气候,停机后应将供水系统的积水放尽,内燃机的冷却水应放尽。

(10) 搅拌机在场内移动或远距离运输时,应将进料斗提升到上止点,用保险铁链锁好。

(11) 每天作业完毕,均应对机械进行清洁和保养。料斗必须放置在最低位置,切断电源、锁好电闸箱,确保机械各部位处于空位。

表4-8 混凝土最短搅拌时间 单位:min

搅拌机容器/L	混凝土坍落度/mm		
	<30	30~70	>70
≤500	1.5	1.0	1.0
>500	2.5	1.5	1.5

注:(1) 搅拌掺用外加剂和矿物料的混凝土时,搅拌时间应适当延长。

(2) 当使用搅拌车运输混凝土时,可适当缩短搅拌时间,但不应少于2 min。

(3) 搅拌机装料数量不应大于搅拌机核定容量的110%。

(4) 混凝土搅拌时间不宜过长,每一工作班至少应抽查2次。

(5) 搅拌机搅拌的第一罐混凝土粗骨料数量宜用到标准数量的2/3。在下一罐材料装入前,搅拌机内的拌和料应全部卸清。搅拌设备停用时间不宜超过30 min,最长不应超过混凝土的初凝时间,否则,应将搅拌筒彻底清洗后才能重新拌和混凝土。

4.2　混凝土振动器

混凝土振动器是通过装置产生连续振动而对浇筑的混凝土进行振捣密实的机具。混凝土拌和物被连续振动，其内部的各微颗粒在一定的位置上产生振动，从而使颗粒间的摩擦力和黏着力急剧地下降，集料在重力作用下相互滑动，重新排列，集料之间的间隙由砂浆所填充，气泡被挤出，使混凝土达到密实的效果。

4.2.1　混凝土振动器的作用及分类

1. 混凝土振动器的作用

混凝土振动器就是借助动力通过一定的装置作为振源产生频繁的振动，并使这种振动传给混凝土，排除混凝土中的气泡，振动捣实混凝土使混凝土结合密实，消除混凝土的蜂窝麻面等现象，以提高其强度，保证混凝土构件的质量。

2. 混凝土振动器的分类

混凝土振动器的种类很多，按传递振动的方式分为内部振动器、外部振动器、平板式振动器和振动台等，如图 4－7 所示；按振动器的动力源分为电动式、内燃式和风动式三种，以电动式应用最广；按振动器的振动频率分为低频式、中频式和高频式三种；按振动器产生振动的原理分为偏心式和行星式两种。

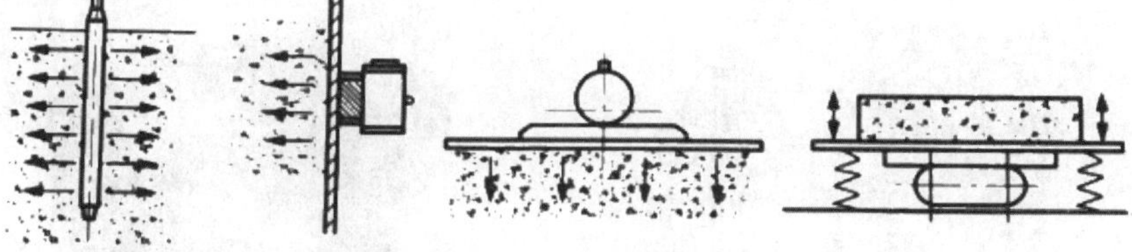

(a) 插入式内部振动器　(b) 附着式外部振动器　(c) 表面振动器　(d) 振动台

图 4－7　混凝土振动器的振动传递方式

4.2.2　构造组成

1. 插入式振动器

(1) 电动偏心插入式混凝土振动器，是由电动机通过软轴驱动偏心式振动子，在振动棒体内旋转，产生惯性离心力以振动捣实混凝土，其结构如图 4－8 所示。

(a) 振动棒结构　(b) 振动棒工作原理

1—偏心轴；2—套管；3—轴承

图 4－8　偏心式振动棒结构和工作原理示意图

(2) 电动软轴行星插入式混凝土振动器一般采用高频、外滚、软轴连接方式,主要由振动棒、软轴套、防逆装置、电动机、电器开关、电动机座支座等部分组成。其外形结构如图 4－9 所示。

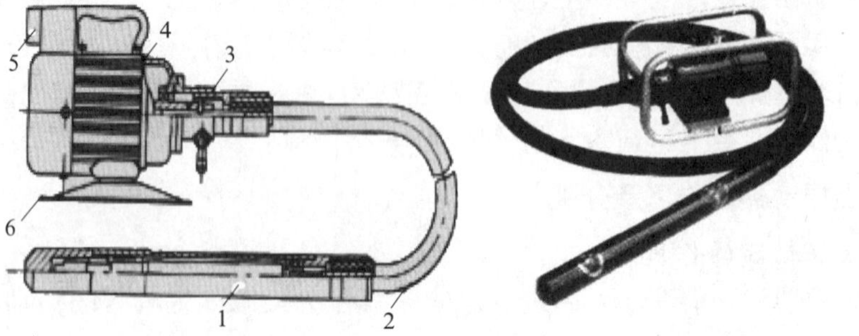

1—振动棒;2—软轴;3—防逆装置;4—电动机;5—电源开关;6—电动机底座

图 4－9　电动行星插入式振动器

2. 附着式振动器的构造

附着式振动器是依靠其底部螺栓或其他锁紧装置固定在模板、滑槽、料斗、振动导管等上面,间接将振动波传递给混凝土或其他被振密的物料,作为振动输送、振动给料或振动筛分之用。按动力及频率的不同,附着式振动器有多种规格,但其构造基本相同,都是由主机和振动装置组合而成的,如图 4－10 所示。

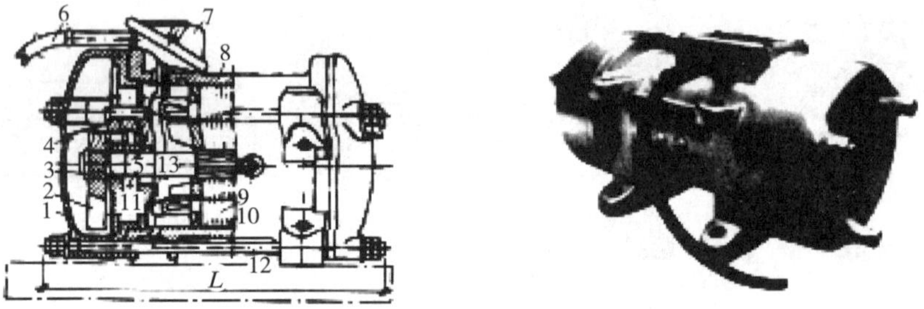

1—端盖;2—偏心振动子;3—平键;4—轴承压盖;5—滚动轴承;6—电缆;
7—接线盒;8—机壳;9—转子;10—定子;11—轴承座;12—螺栓;13—轴

图 4－10　附着式振动器结构示意图

3. 平板式振动器的构造

平板式振动器又称表面振动器,它是直接浮放在混凝土表面上,可移动地进行振捣作业。工作时,电动机振动,固定在转子轴上的偏心块便产生周期变化的离心力,促使电极振子振动,并将振动传给振板,振板再将振动传递给混凝土,从而达到捣实的目的,其构造如图 4－11 所示。

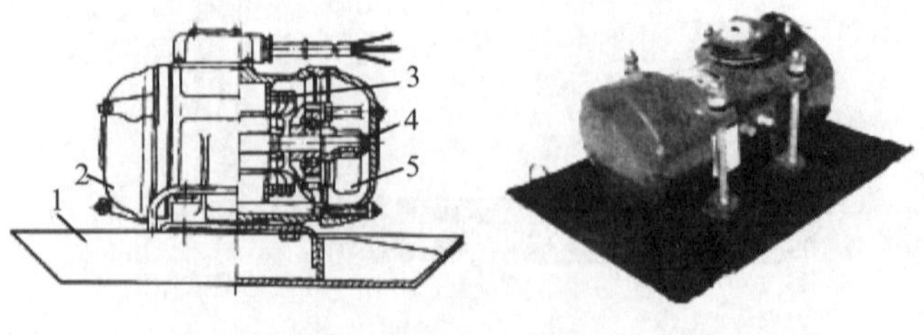

1—底板;2—外壳;3—定子;4—转子轴;5—偏心振动子

图 4－11　平板式振动器外形结构图

4. 混凝土振动台的构造

混凝土振动台又称台式振动器,它是混凝土拌和料的振动成形机械。ZT3 型振动台由上部框架、下部框架、支撑弹簧、电动机、齿轮同步器、振动子等组成,如图 4-12 所示。

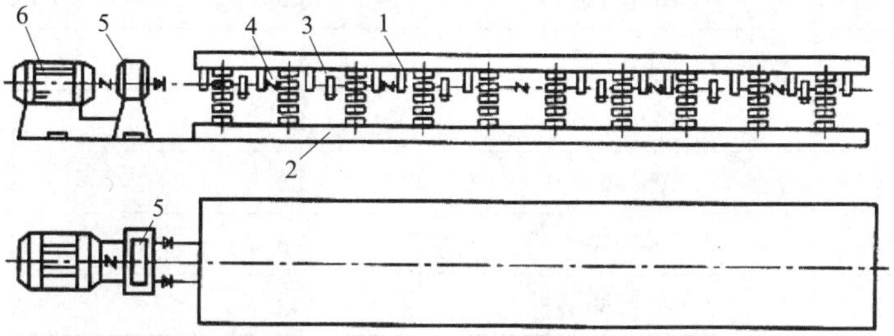

1—上部框架;2—下部框架;3—振动子;4—支撑弹簧;5—齿轮同步器;6—电动机

图 4-12　ZT3 型振动台结构示意图

4.2.3　性能指标

混凝土振动器主要技术性能指标如表 4-9—表 4-11 所示。

表 4-9　插入式混凝土振动器主要技术性能指标

形　式	型　号	振动棒(器)					软轴软管	
		直径/mm	长度/mm	频率/(次·min^{-1})	振动力/kN	振动幅/mm	软轴直径/mm	软管直径/mm
电动软轴行星式	ZN25	26	370	15 500	2.2	0.75	8	24
	ZN35	36	422	13 000~14 000	2.5	0.8	10	30
	ZN45	45	460	12 000	3~4	1.2	10	30
	ZN50	51	451	12 000	5~6	1.15	13	36
	ZN60	60	450	12 000	7~8	1.2	13	36
	ZN70	68	460	11 000~12 000	9~10	1.2	13	36
电动软轴偏心式	ZPN18	18	250	17 000	—	0.4	—	—
	ZPN35	26	260	15 000	—	0.5	8	30
	ZPN35	36	240	14 000	—	0.8	10	30
	ZPN50	48	220	13 000	—	1.1	10	30
	ZPN70	71	400	6 200	—	2.25	13	36

表 4-10　附着式振动器主要技术性能指标

型　号	附着台面尺寸(长×宽)/(mm×mm)	空载最大激振力/kN	空振振动频率/Hz	偏心力矩/(N·cm)
ZF18-50(ZFI)	215-750	1.0	47.5	10
ZF55-50	600×400	5	50	—
ZF80-50(ZW-3)	336×195	6.3	47.5	70
ZF100-50(ZW-13)	700×500	—	50	—
ZF150-50(ZW-10)	600×400	5~10	50	5~100
ZF180-50	560×360	8~10	48.2	170
ZF220-50(ZW-20)	400×700	10~18	47.3	100~200
ZF300-50(YZF-3)	650×410	10~20	46.5	220

表 4-11　　平板式振动器主要技术性能指标

型　号	振动平板 尺寸(长×宽)/(mm×mm)	空载最大激振力/ kN	空振振动频率/ Hz	偏心力矩/ (N·cm)
ZB55-50	780×468	5.5	47.5	55
ZB75-50(B-5)	500×400	3.1	47.5	50
ZB110-50(B-11)	700×400	4.3	48	65
ZB150-50(B-15)	400×600	9.5	50	85
ZB220-50(B-22)	800×500	9.8	47	100
ZB300-50(B-22)	800×600	13.2	47.5	146

4.2.4　混凝土振动器的使用

1. 插入式振动器

(1) 使用时,前手应紧握在振动棒上端约 50 cm 外,以控制插点;后手扶正管,前后手相距 40～50 cm,使振动棒自然沉入混凝土内。切记用力硬插或斜推振动器。振动方向有直插和斜插两种,如图 4-13 所示。

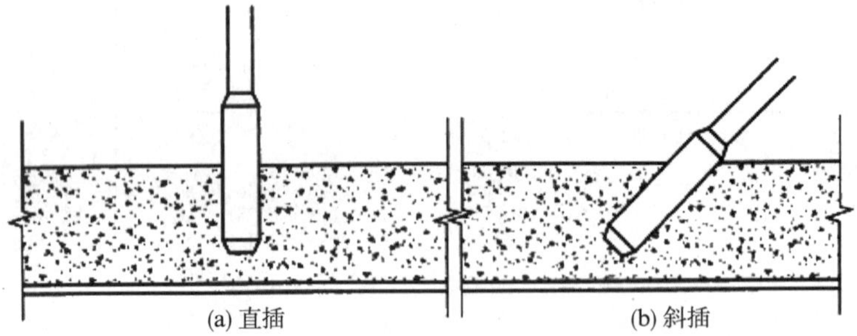

图 4-13　插入式振动器的振捣方法

(2) 在混凝土分层浇筑时,每层的厚度不应超过振动棒长的 1.25 倍,在振动上一层的混凝土时,要将振动棒插入下一层混凝土中约 5 cm,如图 4-14 所示,使上下混凝土结合成一个整体。振动上层混凝土要在下层混凝土初凝前进行。

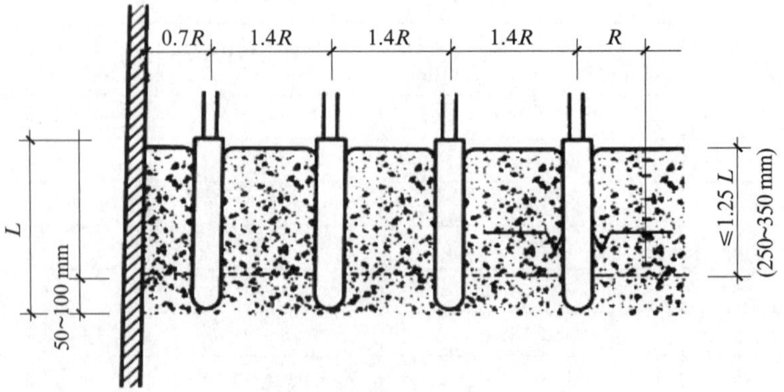

图 4-14　插入式振动器的插入深度

(3) 振动器插点排列要均匀,可按"行列式"或"交叉式"的次序移动,如图 4-15 所示。两种排列形式不宜混用,以防漏振。普通混凝土的移动间距不宜大于振动器作用半径的 1.5 倍;轻骨料混凝土的移动间距不宜大于振动器作用半径的 1 倍。振动器距离模板不应大于作用半径的 1/2 并应避免碰撞钢筋、模板、芯管及预埋件等。

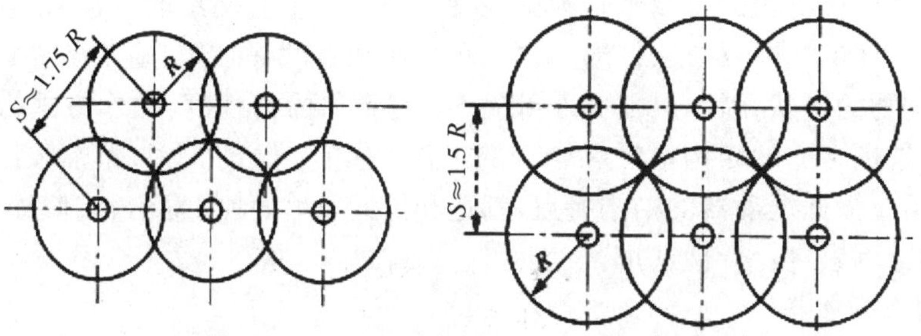

(a) 交错形排列　　(b) 正方形排列

图 4-15　插入式振动器两相邻插点排列图

2. 附着式振动器

(1) 附着式振动器的有效作用深度约为 25 cm,如构件较厚时,可在构件对应两侧安装振动器,同时进行振捣。

(2) 在同一模板上同时使用多台附着式振动器时,各振动器的频率须保持一致,两面的振动器应错开位置排列。其位置和间距根据结构形状、模板坚固程度、混凝土坍落度及振动器功率大小经试验确定。一般每隔 1～1.5 m 设置一台振动器。

(3) 当结构构件断面较深、较狭窄时,可采用边浇筑边振捣的方法。但对于其他垂直构件须在混凝土浇筑高度超过振动器的高度时,方可开动振动器进行振捣。振捣的延续时间以混凝土表面水平,且无气泡出现时方可停止振捣。

3. 平板振动器的使用

(1) 平板振动器在每一位置上连续振动的时间,一般情况为 25～40 s,以混凝土表面均匀出现清浆为准。移动时应成排一次振捣前进。前后位置和排与排之间应保证振动器的平板覆盖已振实部分的边缘,一般重叠 3～5 cm 为宜,以防漏振。移动方向应与电动机转动方向一致。

(2) 平板振动器的有效作用深度。在无筋或单筋平板中为 20 cm,在双筋平板中约为 12 cm。因此,混凝土厚度一般不超过振动器的有效作用深度。

(3) 大面积的混凝土楼地面,可采用两台振动器以同一方向安装在两条木杠上,通过木杠的振动,使混凝土密实,但两台振动器的频率保持一致。

(4) 在振捣带斜面的混凝土时,振动器应由低处逐渐向高处移动,以保证混凝土密实。

4. 振动台

(1) 振动台是一种强力振动设备,应安装在牢固的基础上,地脚螺栓应有足够强度并拧紧,同时在基础中间必须留有地下坑道,以便调整和维修。

(2) 使用前要进行检查和试运转。检查机件是否完好,所有紧固件特别是轴承座螺栓、偏心块螺栓、电动机和齿轮箱螺栓等,必须紧固牢靠。

(3) 振动台不宜空载长时运转。作业时必须安置牢固可靠的模板并锁紧夹具,以保证模板、混凝土和振动台面一起振动。

(4) 齿轮因承受高速重负荷,故需要有良好的润滑和冷却。齿轮箱内油面应保持在规定的水平面上,工作时温升不得超过 70 ℃。

4.2.5 混凝土振动器的合理选择

选用混凝土振捣机械的总原则是根据混凝土的施工工艺确定的,换句话说,就是应根据混凝土的组成特性(如骨料粒径、粒形、级配、水灰比和稠度等)以及施工条件(如建筑物的类别、规模和结构物的形状、断面尺寸大小和宽窄、钢筋和稀密程度、操作方式方法、动力来源等具体情况),选用合适的结构形式和合理的工作参数(如振动频率、振幅和振动加速度)的振动器;同时还应根据振动器的结构特点、制造和供应条件、使用寿命、维修配套和功率消耗等技术经济指标因素进行合理选择。

1. 动力形式的选择

建筑施工普遍采用电动式振动器,当工地附近只有单相电源时,应选用单相串激电动机的振动器;有三相电源时,则可选用各种电动式振动器。在有瓦斯的工作环境,必须选择风动式振动器,以保证安全。如果在远离城镇、没有电源的临时性工程施工,可以选用内燃式振动器。

2. 结构形式的合理选择

对大面积现浇混凝土基础的柱、梁、墙、厚度较大的板以及预制构件的捣实,可选用插入式振动器;钢筋稠密或混凝土较薄的结构以及不宜使用插入式振动器的地方,可选用附着式振动器;表面积大而平整的结构物,如地面、屋面、道路路面等,通常选用平板式振动器。而钢筋混凝土预制构件厂生产的空心板、平板及厚度不大的梁柱构件等,则选用振动台可收到快速而有效的捣实效果。

3. 插入式振动器的选择

振动器的振动频率是影响捣实效果的重要因素,只有振动器的振动频率与混凝土颗粒的自振频率相同或相近时,才能达到最佳捣实效果。由于颗粒的共振频率取决于颗粒的尺寸,尺寸大的自振频率较低,尺寸小的自振频率较高,故对于骨料颗粒大而光滑的混凝土,应选用低频、振幅大的插入式振动器。

干硬性混凝土则应选用高频振动器,能改善振实效果,增加液化作用,扩大捣实范围,缩短捣实时间,但不适用于流动度较大的混凝土,否则混凝土将会产生离析现象。插入式振动器的结构多采用软轴式,轻便灵活,可单人携带使用,对上下楼层或通过狭隘场所通道等均能适应,转移十分方便,适合基层建筑施工单位使用。

习 题

1. 自落式搅拌机和强制式搅拌机在混凝土拌和原理方面有何不同?它们分别适宜搅拌什么种类的混凝土?
2. 常用混凝土搅拌机的类型有哪些?其型号如何表示?
3. 混凝土搅拌机的技术参数包括哪些内容?
4. 如何合理使用混凝土搅拌机?
5. 混凝土振动器的作用是什么?如何分类?各自有什么特点?分别适用何种场合?
6. 如何合理选择混凝土振动器?

第5章　其他施工机械

教学目标：了解交流弧焊机、水泵、手持电动工具的类型和工作原理；熟悉上述机具的构造和特点；掌握它们的使用、管理及安全操作规程。

能力要求：能够在现场施工过程中正确选用和合理使用、管理弧焊机、水泵、手持电动工具。

5.1　交流弧焊机

5.1.1　概述

交流弧焊机是电焊机的一种，我们通常所说的电焊机，实际上包括电阻焊机和电弧焊机两大类。电阻焊机又称接触式焊机，它是通过大电流使焊接部分加热并将其压合而完成焊接作业的，如点焊机、对焊机等。电弧焊机是利用电极间电弧放电来融化焊件结合处而实现焊接的。根据所使用的电源不同，电弧焊机又分为直流弧焊机和交流弧焊机两种。直流弧焊机具有功率因素较高，三相负载平衡，电弧稳定，焊接质量可靠等优点，但其结构复杂，价格昂贵，管理和保养要求高，因此通常只用于较重要的或要求较高的电弧焊接。与此相反，交流弧焊机因结构简单，价格便宜，使用和维护方便，所以建筑工程中大量的焊接作业都用交流弧焊机来完成。目前最常用的交流弧焊机是 BX1－330 型。另外 BX6－120 型交流弧焊机适用于中、小型焊件非频繁操作，在凡有交流电的地方都可使用。同时由于该机还具有结构简单、重量轻、体积小、携带方便等特点，故对于维修和野外流动性的零星作业尤为适应。

交流弧焊机的型号由拼音字母和阿拉伯数字组成，如图 5－1 所示。

BX1－330
- 330——弧焊机的额定焊接电流
- 1——弧焊机的系列品种序号
- X——表示下降外特性，即当焊接过程中弧长变化时，电流变化较小，因此可使焊接比较稳定
- B——表示交流弧焊机（A 为直流）

图 5－1　交流弧焊机型号表示

5.1.2　交流弧焊机的结构和性能

1. BX1－330 型交流弧焊机

BX1－330 型交流弧焊机是最常用的一种交流弧焊机，其外形如图 5－2 所示。该机属于动铁芯漏磁式，它主要由一个口字形固定铁芯、一个放在固定铁芯中的活动铁芯和初、次级线圈组成（图 5－3）。固定铁芯固定在机架上，活动铁芯可通过转动焊机一侧的手柄使其在固定铁芯内改变位置，带动焊机上面的一根指针移动，从而显示焊机电流的大小。在电焊机的两侧还装

图 5－2　BX1－330 型交流弧焊机

有接线板,一侧为初级接线板,供接入网络电源,另一侧为次级接线板,供接入焊接回路。

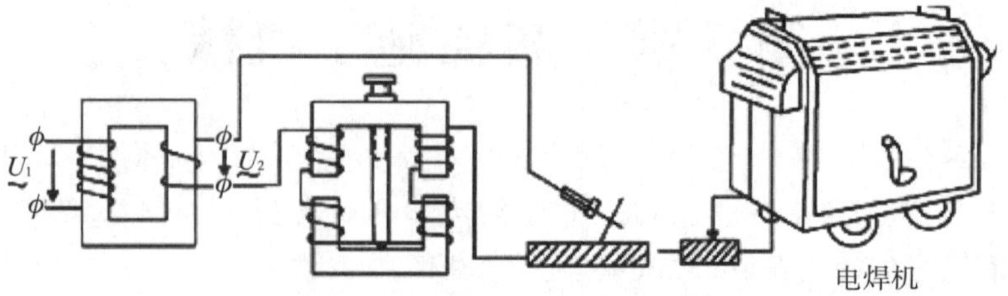

图 5-3　交流电焊机工作原理图

电焊机的初级线圈为筒形,绕在固定铁芯的一侧。次级线圈分为两部分,一部分绕在初级线圈外面,它只起到产生二次电压的作用;另一部分绕在固定铁芯的另一侧,它除了产生二次电压外还兼有电抗器的作用。当电焊机上接有电源但尚未进行焊接时,电焊机处于空载状态,次级线圈内没有电流流过,因此电抗线圈不会产生反电动势,所以能得到较高的空载电压,便于引弧施焊。当电焊机进行焊接时,次级线圈内就有电流流过并产生磁通,这部分磁通通过活动铁芯形成回路,称为漏磁通。由于漏磁通又切割次级线圈,并在次级线圈内感应出一个反电动势,因而电压被减低,使电焊机得到了下降外特性(图 5-4)。

为了适应焊接不同形体、大小和材质的焊接件,电弧焊机需要具有良好的可调节电流的特性。电路的调节分为粗调和细调两种,粗调是次级线圈采用的不同接法,以改变次级线圈的匝数来进行的。在次级线圈的接线板上有两种接法:当连接片接在Ⅰ位置时,空载电压为 70 V,焊接电流调节范围为 50～180 A;当连接片接到Ⅱ位置时,空载电压为60 V,焊接电流调节范围为 160～450 A。细调节是通过改变可动铁芯的位置来进行的,当转动手柄是活动铁芯离开固定铁芯时,漏磁通减少,反向电动势下降,焊接电流增大。反之,当铁芯内移时,漏磁通增加,反向电势上升,焊接电流则减少(图 5-5)。

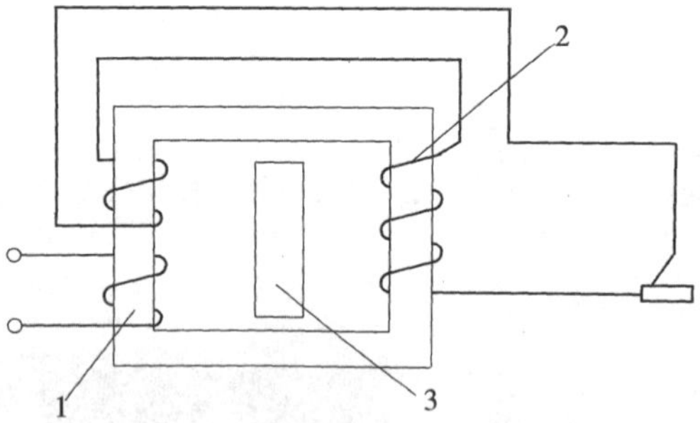

1—初级线圈;2—次级线圈;3—可动铁芯

图 5-4　BX1-330 型结构示意图

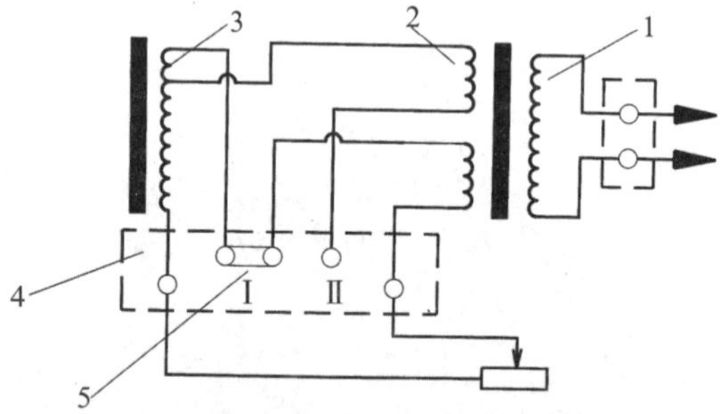

1—初级线圈;2—次级线圈;3—电抗线圈;
4—次级接线板;5—连接片

图 5-5　BX1-330 型电流粗调示意图

2. BX6-120 型交流弧焊机

BX6-120 型为抽头式手提交流弧焊机,该机由单相漏磁变压器、转换开关、外壳和电缆组成。漏磁变压器为一芯式变压器,初级绕组共有两只,分置在铁芯的两侧,次级绕组置于一侧,一部分初级绕组与次级绕组套合时,使漏磁减少,输出增大。因此,改变这两部分初级绕组的匝数分配,就可获得不同的焊接电流。电流的调节一般分为九级,利用特殊的转换开关进行调节。

交流弧焊机的主要技术性能如表 5－1 所示。

表 5－1　　**交流弧焊机主要技术性能**

型号			BX1－135			BX1－330			BX1－120		
结构形式		单位	动铁芯式			动铁芯式			手提抽头式		
额定焊机电流		A	135			330			120		
额定初级电压		V	220/380			220/380			220/380		
电流调节范围	接法Ⅰ	A	25～85			50～180					
	接法Ⅱ		50～150			160～450			45～160		
次级空载电压	接法Ⅰ	V	70			70					
	接法Ⅱ		60			60			50		
工作电压		V	30			30			25		
额定暂载率		%	65			65			10		
频率		Hz	50			50			50		
额定暂载率时的输入容量		%	100	65	50	100	65	35	72	10	5.5
		kV·A		8.7		17	21	28			
焊条直径		mm	1.5～4			2～7			2～3		
质量		kg	100			185			20		
外形尺寸(长×宽×高)		mm×mm×mm	680×48×580			882×577×786			445×240×190		

5.2　水泵

5.2.1　概述

1. 水泵的分类

水泵是一种常用的吸排水机械，按照抽水原理不同，一般分为离心泵、轴流泵和混流泵三类。

1）离心泵

离心泵的工作原理是靠叶轮旋转时产生的离心力把水甩进泵壳内产生压力从而把水送到高处。当叶轮中的水被甩出时形成的真空产生了吸力，这时水源的水在大气压力的作用下通过进水管流进泵体的低压区，填补那里的真空，如此往返不停，形成了抽水过程(图 5－6)。由于水泵只有在进水管全部充水并排净空气的情况下才能使叶轮起到甩水和吸水的作用，故离心水泵抽水之前要先加满引水就是这个道理。

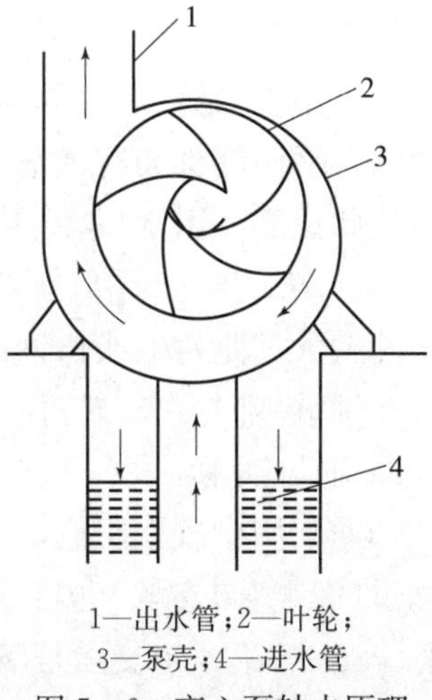

1—出水管；2—叶轮；
3—泵壳；4—进水管

图 5－6　离心泵轴水原理

2）轴流泵

轴流泵也叫螺浆式水泵，它抽水是依靠叶轮的推力来实现的。当轴流泵工作时，飞快旋转的叶轮把水不断向上推升，从出水管流出，由于水泵泵壳中流动的方向与轴平行，故

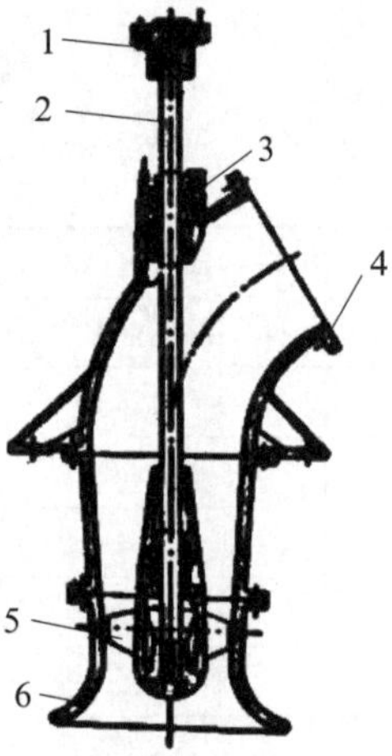

1—联轴器;2—轴;
3—填料函;4—出水弯管;
5—叶轮;6—进水口

图 5-7　立式轴流泵构造示意图

称轴流泵(图 5-7)。轴流泵的特点是出水量大、扬程低、效率高,并且结构简单,安装占地小,起动时不需加引水,故操作简单方便。

3) 混流泵

混流泵的外形和离心泵相似,但其叶轮形状介于离心泵和轴流泵之间。因为它是依靠离心力和推力的混合作用来抽水的,所以叫作混流泵。另外由于这种水泵的水流方向与轴既不平行又不垂直,而是倾斜的,故又称斜流泵。混流泵的特点是体积小、重量轻、结构简单、操作方便,一般适合农村排灌使用。

4) 其他离心泵

在建筑工地使用最多的是单级单吸悬臂式离心水泵,另外潜水泵的使用也逐渐增多。单级单吸悬臂式离心水泵的特点是结构简单、体积小、效率高,固定或移动使用都很适合,同时由于这种水泵故障少,使用维护方便,故建筑工地应用最广。

5) 离心水泵的型号意义举例说明

4BA-12A 离心水泵数字及字母表示的意义如下所述。

(1) 4——以英寸表示的吸水管口径,即吸水管口径为 4 英寸(英寸即 inch,单位为 in)。1 in=25.4 mm。

(2) BA——单级单吸悬臂式离心水泵。

(3) 12——比转数的 1/10(即比转数为 120)。比转数也叫比速,它表示水泵的特性,在相同情况下,比转数高的水泵流量大、扬程低;比转数低的水泵流量小、扬程高,一般离心泵的比速为 40~350。

(4) A——表示更换了不同外径的叶轮。

5.2.2　BA 型水泵的结构和性能

1. BA 型水泵的结构

BA 型水泵是单级叶轮、单面进水的悬臂式水泵,它主要由下列部件组成:

1) 泵体

泵体用生铁铸成,内部为蜗形体。泵内安装叶轮,两头连接进出水管。泵体与泵盖及托架的结合平面间都装有纸垫,以防泄漏并保证结合面的平整。在泵体的上端有引水螺塞,开动前从此处灌入引水。在泵体的底部还有四方螺塞,供冬季放掉泵内存水,以防泵体冻裂。

2) 叶轮

叶轮大都是铸铁或铸钢件,是水泵最重要的部件之一,由轴上的台阶,叶轮螺母和平键固定在轴端,叶轮在旋转过程中将水吸入和压出。

3) 轴与轴承

轴通常用中碳钢制成,一端装有叶轮,一端装有皮带盘或联轴器,中间用滚动轴承或滑动轴承(即铜套)支承。按照轴的支承方式不同,BA 型水泵又分甲式和乙式两种。甲式水泵(图 5-8) 的第一个支承是滚动轴承,用黄油润滑;第二个支承是压入泵体内的青铜套,它用所抽吸的液体来润滑和冷却。甲式水泵的特点是单面密封,单口环,工作叶轮上无均衡孔,工作时轴向推力由滚动轴承来支承，同时轴承座与轴承架连成一体，中间的中空部分放润滑油，用以润滑两边的轴承。乙式水泵的特点是两面密封，双口环，工作叶轮上有均衡孔，以平衡部分轴向推力，其余的轴向推力则由滚动轴承来承受。

4）填料函

俗称盘根箱，装置在泵轴与泵壳相接处，用来防止水泵内液体流出和空气透入泵内，同时还可引水润滑和冷却泵轴。装置填料（盘根）时要松紧适宜（可用压盖螺丝调节），太紧，轴易发热，耗费动力；太松，水泵中液体漏损太大，同时又会使空气漏进水泵，降低水泵效率，一般以填料处每分钟滴水不超过5～6滴为宜。

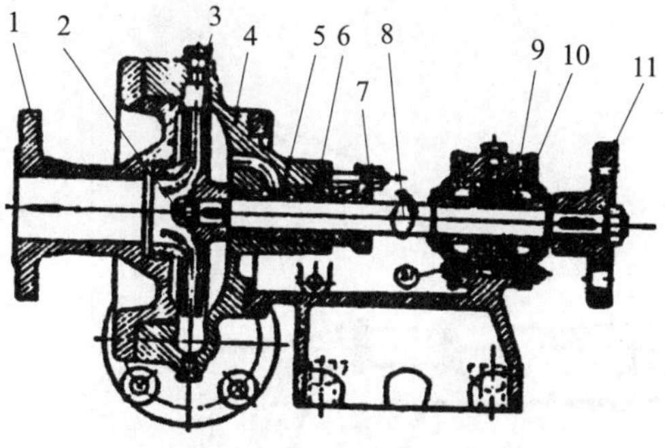

1—泵盖；2—螺母；3—叶轮；4—泵体；5—青铜套；
6—浸油棉质填料；7—填料压盖；8—泵轴；
9—滚动轴承；10—轴承盖；11—联轴器

图5-8　甲式BA型水泵

5）水泵附件

主要包括进出水管、弯头和莲蓬头等。小型水泵的水管多用钢管或胶管，胶管有埋线胶管和铠装胶管两种。埋线胶管钢丝贴近内表面，用来吸水，故又名埋线吸引胶管。铠装胶管钢丝露于外表面，只适于作出水管。弯头分固定弯头（死弯头）和活络弯头。活络弯头要以上下左右四方移动，所以使用较为方便。莲蓬头包括底阀（即单向活门）和滤网两部分。底阀装在进水管的最下面，其作用是当水泵工作时活门被吸开，水通过滤网进入水泵。当水泵停止工作时，活门因本身和水管内水的重量而自然关闭，使水留在管内，不致漏失，以免下次起动时再加引水。滤网的作用是防止水草杂物吸入泵内，损伤叶轮。

2. BA型水泵的性能

水泵的性能是用水泵的工作参数来表示的。

1）流量

流量也叫输水量，是指单位时间内水泵能输出多少水。它以m^3/h或L/s为计算单位。$1\ L/s=3\ 600\ L/h=3.6\ m^3/h$，$1\ m^3/h=1/3.6\ L/s=0.278\ L/s$。

2）扬程

扬程也叫输水高度，具体分为以下几种：

（1）吸入扬程。进水面到水泵中心的垂直距离，一般在4～7 m。

（2）出水扬程。水泵轴中心到出水口中心之间的垂直距离。

（3）实际扬程。进水面到出水面的距离，即吸入扬程和出水扬程之和。

（4）损失扬程。指克服水泵各部阻力所需要的力量，实际是看不见的扬程。

（5）总扬程。简称扬程，即实际扬程和损失扬程之和。水泵铭牌上所标的是总扬程，在实际使用过程中，实际扬程一般能达到总扬程的70%～80%（图5-9）。

3）转速

转速指水泵叶轮每分钟转多少转。水泵的转速不能任意变动，转速过高，会使动力机超载，并且水泵本身零件也容易损坏；转速过低，会使出水量和扬程减少，不够经济。

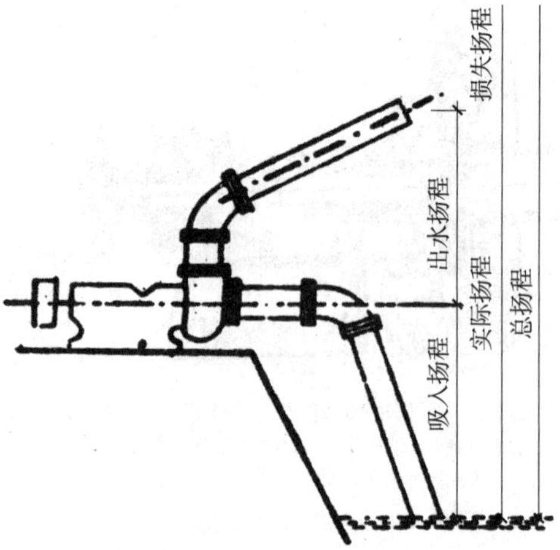

图 5-9　水泵扬程示意图

4）轴功率

轴功率也叫轴马力，表示水泵接受动力机传过来的净功率数(1 kW=1.36 马力)。

5）效率

水泵在工作时都要损耗一部分功率。所以，动力机传给水泵轴的功率不可能全部转化为有效功率，要打一个折扣，这个折扣就是水泵的效率。一般水泵的效率为 60%～80%。

6）叶轮直径

叶轮直径指叶轮边缘的直径，单位是 mm。

7）水管直径

水管直径指进出水管的内孔直径，单位为 mm。

BA 型水泵的主要技术性能如表 5-2 所示。

表 5-2　常用离心水泵的主要技术性能

型号		2BA-6	3BA-9	4BA-12	4BA-18	6BA-12	8BA-25
流量	m/h	20	45	90	190	160	270
	L/s	5.5	12.5	25	25	44.5	75
扬程/m		30.8	32.6	34.6	20	20.1	12.7
转速/($r \cdot min^{-1}$)		2 900	2 900	2 900	2 900	1 450	1 450
功率/kW	轴功率	2.6	5.56	10.8	6.28	10.8	11.3
	电动机功率	4	7.5	17	10	17	17
电动机型号		JO2-32-2	JO2-42-2	JO2-61-2	JO2-51-2	JO2-62-4	JO2-62-4
功率/%		64	71.5	78	78	81	83
允许吸上真空度/m		7.2	5	5.8	5	7.9	5
叶轮直径/mm		162	168	178	143	268	226
泵口径/mm	吸入	50	80	100	100	150	200
	吐出	40	50	80	80	100	150
泵外形尺寸/mm	长	432	472	477	611	611	—
	宽	276	295	353	331	488	508
	高	310	316	360	310	488	486
泵质量/kg		37	40	48	51.6	104	111

5.2.3　QY 型潜水泵的结构和性能

潜水泵是潜入水下工作的，它没有吸水管、底阀等附件，因此体积小、重量轻，由于起动前无须加引水，故安装操作都很方便，对野外流动作业尤为适应。潜水泵的电动机一般有干式和充油式两种。江西鹰潭水泵厂生产的 QY 型水泵系油浸式潜水电泵，其型号含义如图 5－10所示。

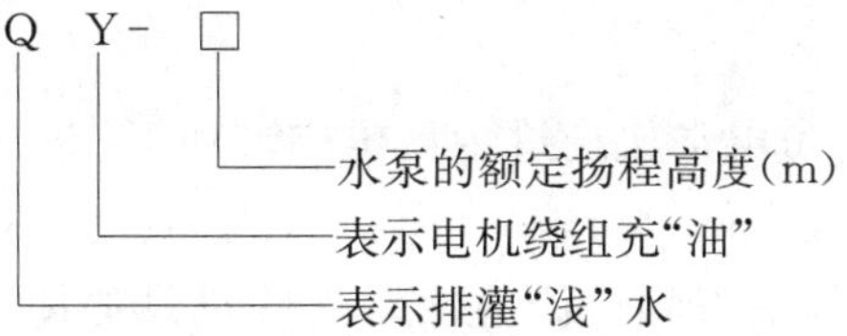

图 5－10　QY 型潜水泵型号表示

QY 型潜水泵由水泵、电机和密封三部分组成。

1. 水泵部分

水泵位于潜水泵的上端，随扬程不同而装用不同类型的水泵，它们分别是：QY－3.5，装轴流泵；QY－7，装混流泵；QY－15，装离心泵；QY－25，装离心泵；QY－35，装离心泵；QY－40，装离心泵。

因为潜水泵是机泵合一，叶轮就装在电动机轴的延伸端部，泵又是浸在水中，故可减少机械损失和水力损失，因而提高了工作效率。

2. 电机部分

电机为三相鼠笼立式异步电动机，装在潜水泵的下端，上述 6 种水泵均通用这一种规格的电机。在电机定子和转子的所有空隙中，都充满了 5 号机械油，这样不仅对电机的绕组散热极为有利，同时也解决了轴承的润滑和电机内部的防腐蚀等问题。

3. 密封部分

密封式潜水泵的关键，主要采取以下两项措施：

(1) 在潜水泵各零件(主要是电机部分)的止口配合处均用“○”形橡胶密封环密封，此属静密封。

(2) 在电机的输出轴带动水泵叶轮转动部分，采用整体式密封盒(双端面机械密封，此属动密封，使用寿命可达 1 000 h。

QY 型潜水泵的规格和性能见表 5－3。

表 5－3　　QY 型潜水泵的规格和性能

型　号		QY－3.5	QY－7	QY－15	QY－25	QY－35	QY－40
额定扬程/m		3.5	7	15	25	35	40
额定流量/(m·h^{-1})		100	65	25	15	10	10
扬程使用范围/m		2～3.8	3.5～8.5	12～17	22～26	33～37	38～41.8
水泵出水管内径		—	—	—	—	—	—
配用出水管内径/mm		152	102	64	51	51	51
质量/kg		—	49	55	64	52	54
水泵形式		轴流式	混流式	离心式	离心式	离心式	离心式
电动机	额定功离/kW	2.2	—	—	—	—	—
	额定转速/(r·min^{-1})	2 870	—	—	—	—	—
	额定电流/A	6.5	—	—	—	—	—
	额定电压/V	380	—	—	—	—	—

5.3 手持电动工具

5.3.1 概述

电动工具一般是由小容量电动机通过传动机构带动工作装置进行工作的。由于这类机具一般动力供给方便,使用成本低,操作易于掌握,而且具有体积小、重量轻、效率高和搬动方便等优点,因此在建筑工程中得到广泛应用。这些机具的使用,不仅改善了施工条件,减轻了工人的劳动强度,而且保证了工程质量,加快了工程进度。

电动机绝大部分为交直流两用串激电动机(一般称为单相串激电动机),因为这种电动机转速高、体积小、启动力矩大、承受短时过载能力强等优点,故很适合作为手持机具的动力。但是这种电动机随着功率的增加,换向性能逐步减退,往往使整流子火花难以控制,因此,一般较大规格的电动工具仍大多采用三相工频异步鼠笼型感应电动机。

电动工具的类型代号由六项组成,其含义如图 5-11 所示。

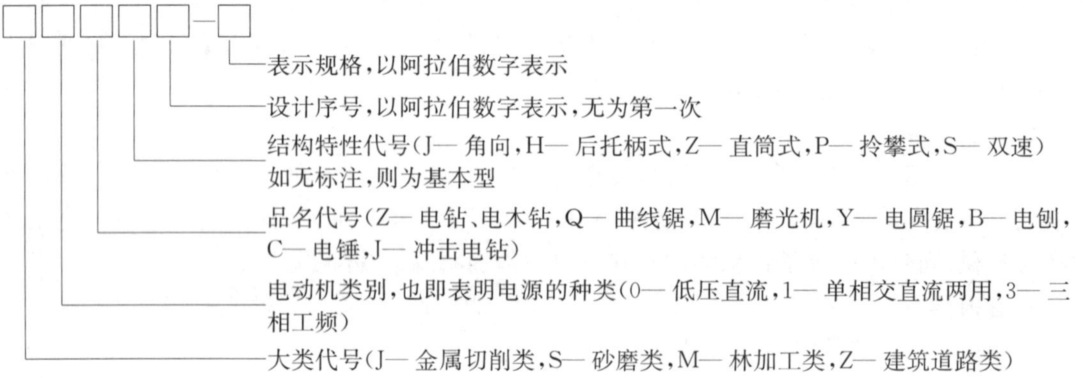

图 5-11 电动工具型号表示

在代号前面如有符号“回”者,系双重绝缘标志,也即属于Ⅱ类电动工具。

代号举例:回 J1Z-6 型表示双重绝缘,单相串激电钻,工作头是 6 mm;回 S1MJ-125 型表示双重绝缘,交直流两用角向磨光机,砂轮外径为 125 mm。

5.3.2 手持电动工具的分类

Ⅰ类工具是普通型电动工具,这类工具在绝缘结构中只有工作绝缘,即基本绝缘,如电动机绕组绝缘、浸渍漆等均属基本绝缘。这种绝缘一旦破坏,操作者有触电的危险,故使用时一定要进行接地或接零,装设漏电保护器。

Ⅱ类工具的防触电保护不仅依靠基本绝缘,而且还包含附加的安全保护措施(但不提供保护接地或不依赖设备条件),如采用双重绝缘或加强绝缘,外壳具有“回”标志。它的基本形式有:①绝缘材料外壳型,系具有坚固的基本上连续的绝缘外壳;②金属外壳型,它有基本连续的金属外壳,全部使用双重绝缘,当应用双重绝缘不行时,便运用加强绝缘;③绝缘材料和金属外壳组合型。

Ⅲ类工具是电源采用安全电压的工具,其额定电压不超过 50 V,一般为 36 V,故工作更加安全可靠。

常用的手持电动工具如图 5 - 12 所示。

(a) 手电钻　　(b) 电动砂轮机　　(c) 电动圆锯

图 5 - 12　常用手持电动工具

5.3.3　手持电动工具的合理选用

(1) 一般场所,为保证安全,应选Ⅱ类工具。若选Ⅰ类,其金属外壳与 PE 线的连接点不应少于两处,还应另外采取防护措施:①使用绝缘用具(手套、鞋、垫、台);②装设漏电保护器;③安全隔离变压器。

(2) 在潮湿场所或金属构架上等导电良好的作业场所,必须使用Ⅱ类或Ⅲ类手持式电动工具。严禁使用Ⅰ类手持式电动工具。使用金属外壳Ⅱ类手持式电动工具时,其金属外壳可与 PE 线相连接,并装设漏电保护,以强化其安全保护。

(3) 在锅炉、金属容器、管道等狭窄且导电良好的场所,应使用Ⅲ类。

5.3.4　手持电动工具的安全要求

(1) 电源开关灵活、牢固,接线无松动。

(2) 电源线应采用橡皮护套多股铜芯软线,电缆各部分应保证完好,不得有中间接头,不得破损。

(3) Ⅰ类设备应有良好的接地或接零措施、机械防护装置无损伤、变形、松动。

(4) 绝缘电阻合格标准:①Ⅰ类不低于 2 MΩ;②Ⅱ类不低于 7 MΩ;③Ⅲ类不低于 1 MΩ。

习　题

1. 试述 BX1 - 500 型交流弧焊机型号的含义。
2. 交流弧焊机的结构和工作原理是什么?
3. 水泵按抽水原理可分为哪几类?使用上各有什么特点?施工现场常用哪几类?
4. 手持电动工具可分为哪几类?各有什么特点?其绝缘电阻各有什么安全要求?
5. 试述手持电动工具的合理选用。

参 考 文 献

[1] 住房和城乡建设部工程质量安全监管司.建筑施工特种作业人员安全技术考核培训教材[M].北京：中国建筑工业出版社，2009.

[2] 吴志强.建筑施工机械[M].北京：北京大学出版社，2011.

[3] 中华人民共和国住房和城乡建设部.建筑机械使用安全技术规程：JGJ 33—2012[S].北京：中国建筑工业出版社，2012.

[4] 周立新.中小型建筑机械[M].北京：中国建筑工业出版社，1993.

[5] 全国升降工作平台标准化技术委员会.吊笼有垂直导向的人货两用施工升降机：GB 26557—2011[S].北京：中国标准出版社，2012.

[6] 全国起重机械标准化技术委员会.塔式起重机安全规程：GB 5144—2006[S].北京：中国标准出版社，2006.

[7] 中华人民共和国国家质量监督检验检疫总局，中国国家标准化管理委员会.高处作业吊篮：GB/T 19155—2017[S].北京：中国标准出版社，2017.

[8] 中华人民共和国住房和城乡建设部.龙门架及井架物料提升机安全技术规范：JGJ 88—2010[S].北京：中国建筑工业出版社，2010.

[9] 中华人民共和国国家质量监督检验检疫总局，中国国家标准化管理委员会.起重机械超载保护装置：GB 12602—2009[S].北京：中国标准出版社，2009.

[10] 中华人民共和国国家质量监督检验检疫总局，中华人民共和国建设部.振动桩锤：JB/T 10599—2006[S].北京：机械工业出版社，2006.

[11] 中华人民共和国建设部.导杆式柴油打桩锤：JG/T 5109—1999[S].北京：中国标准出版社，1999.

[12] 建设部标准定额研究所.筒式柴油打桩锤 分类：JG/T 5053.1—1995[S].北京：中国建筑工业出版社，1995.

[13] 中华人民共和国国家质量监督检验检疫总局，中国国家标准化管理委员会.货用施工升降机 第1部分：运载装置可进人的升降机：GB 10054.1—2014[S].北京：中国标准出版社，2014.

[14] 中华人民共和国国家质量监督检验检疫总局，中国国家标准化管理委员会.货用货用施工升降机 第2部分：运载装置不可进人的倾斜式升降机：GB 10054.2—2014[S].北京：中国标准出版社，2014.

[15] 中华人民共和国国家质量监督检验检疫总局，中国国家标准化管理委员会.钢丝绳 术语、标记和分类：GB/T 8706—2017[S].北京：中国标准出版社，2017.

[16] 中华人民共和国住房和城乡建设部.建筑施工用附着式升降作业安全防护平台：JG/T 546—2019[S].北京：中国标准出版社，2019.

[17] 中华人民共和国住房和城乡建设部.建筑施工工具式脚手架安全技术规范：JGJ 202—2010[S].北京：中国建筑工业出版社，2010.

[18] 中华人民共和国住房和城乡建设部.建筑施工升降设备设施检验标准：JGJ 305—2013[S].北京：中国建筑工业出版社，2013.

[19] 中华人民共和国住房和城乡建设部.建筑施工安全检查标准：JGJ 59—2011[S].北京：中国建筑工业出版社，2012.